职业教育基础课教学改革成果教材

初 等 数 学

第 2 版

高职数学教材编写组　编
本套教材主编　　薛吉伟　　王化久
本册主编　　　　耿　莹
主审　　　　　　张淑华

U0239153

机 械 工 业 出 版 社

本套教材是在第 1 版五年制高等职业技术教育数学教材的基础上，以满足培养学生素质能力的要求、浅入浅出、易教乐学的指导思想编写而成的。本套教材共分《初等数学》、《高等数学》、《应用数学（理工类）》和《应用数学（经济、管理类）》。

本书内容包括集合与不等式、函数、任意角的三角函数、数列、复数、平面向量、直线和圆、圆锥曲线、空间图形。建议参考学时为 90~100 学时。

本书适合职业学校相关专业的师生使用。

图书在版编目（CIP）数据

初等数学/高职数学教材编写组编. —2 版. —北京：机械工业出版社，2010（2023.9 重印）
职业教育基础课教学改革成果教材
ISBN 978-7-111-32317-4

I.①初… Ⅱ.①高… Ⅲ.①初等数学-高等学校：技术学校-教材 Ⅳ.①O12

中国版本图书馆 CIP 数据核字（2010）第 208001 号

机械工业出版社（北京市百万庄大街 22 号 邮政编码 100037）
策划编辑：宋 华 宋学敏 责任编辑：陈崇昱
责任校对：姚培新 封面设计：王伟光
责任印制：常天培
固安县铭成印刷有限公司印刷
2023 年 9 月第 2 版第 20 次印刷
169mm×239mm · 15.75 印张 · 298 千字
标准书号：ISBN 978-7-111-32317-4
定价：29.00 元

电话服务　　　　　　　　　　网络服务
客服电话：010-88361066　机 工 官 网：www.cmpbook.com
　　　　　010-88379833　机 工 官 博：weibo.com/cmp1952
　　　　　010-68326294　金 书 网：www.golden-book.com
封底无防伪标均为盗版　机工教育服务网：www.cmpedu.com

第 2 版前言

本套教材是在机械工业出版社出版的第 1 版五年制高等职业技术教育教材的基础上，以满足培养学生素质能力的要求、浅入浅出、易教乐学的指导思想编写而成的。

编写中，注意体现职业教育的特点和专业特色，针对目前教学的实际状况，以通俗易懂的实例引入知识，以简单重复的实例强化学生对知识的理解，删减了一些抽象、繁杂的概念和一些不适合职业教育的教学内容，降低了教与学双方的负担，注重学生的数学基本能力的培养，注重学生未来发展的实际需要。

为了适应现代化教学的需要，教材配有电子教案，改变了传统的教学模式，减轻了教与学双方的负担，辅助学生对知识的理解，增强学生的接受能力，激发学生的学习兴趣，养成学生勤于动脑、动手的习惯，培养学生数学学习的基本能力，为学生将来的继续学习与发展打下良好基础。总之，一切从教学出发，一切为学生的现在与将来服务。

本套教材包括《初等数学》、《高等数学》、《应用数学(理工类)》和《应用数学(经济、管理类)》。本书是《初等数学》，内容包括集合与不等式、函数、任意角的三角函数、数列、复数、平面向量、直线和圆、圆锥曲线、空间图形。本书参考学时为 90~100 学时。

与原教材相比较，空间图形部分改动较大。

参加本书编写的有王涛、吴志丹、杨淑辉、詹强龙。薛吉伟、王化久任本套教材的主编，耿莹任本册主编。本书由张淑华主审。

编写中，得到了机械工业出版社的热情关怀和帮助，各编、审同志所在学校对编审工作给予了大力支持和帮助，在此一并表示感谢。对没有参加这次修改工作的原编、审教师也一并表示感谢。

由于编者水平有限，不妥之处在所难免，敬请广大读者批评指正。

高职数学教材编写组

第1版前言

本套教材是根据教育部 2000 年颁布的全国五年制高等职业教育《〈应用数学基础〉课程基本要求》编写的。在编写过程中紧密围绕高职培养目标，以"必需、够用"为度，遵循"强化能力，立足应用"的原则，在教材内容、体例安排、习题设置等方面，力求体现五年制高等职业教育的特点。

全套书共包括《初等数学》(第 1 章至第 11 章)、《高等数学》(第 12 章至第 17 章)、《技术数学》(第 18 章至第 23 章)三册，供招收初中毕业生的五年制高职院校使用。

本教材有以下特点：

1. 注重基础知识

对传统的初等数学、高等数学内容进行精选，把在理论上、方法上以及在现代生产、生活及各类专业学习中广泛应用的基础知识作为必学内容，以保证必要的、基本的数学水准，同时适度更新，增加逻辑用语、映射、向量、计算器使用简介、计算机软件使用简介等内容，并注意渗透数学建模思想和方法。

2. 教材富有弹性

本教材采用模块式结构编排方式，将教材内容分为必学、选学(标有 *)部分，便于各类院校根据不同专业的不同要求灵活选用，增强了教材的弹性和适用性。

3. 深入浅出，易教易学

针对目前五年制高职学生的数学基础和实际水平，在编写中力求做到降低知识起点，温故知新、深入浅出，并采用数形结合的方法，以图、表直观地讲解概念、定理，加强分析过程，使教材易教易学。

4. 突出应用与实践，注意培养学生应用数学的意识与能力

本教材采取分散与集中相结合的方式，编排了有价值的应用题。基本上每章设有应用节，每节设有应用题，并安排了专题学习内容，列为"应用与实践"，引导学生运用所学的数学知识解决日常生产生活中的简单实际问题。同时，尽量安排能够使用计算器、计算机来计算各类数值的例题与习题，培养和提高学生使用计算工具的能力。

本册为《初等数学》，内容包括集合、不等式与逻辑用语、函数、幂函数、指数函数、对数函数、任意角的三角函数、三角函数的图像与性质、解斜三角

形、数列、平面向量、复数、空间图形、直线、二次曲线、计算器的使用方法简介、Mathematica 使用简介(一)等。在每章、节后配有一定数量的习题、复习题，供教师和学生选用，并附有部分习题答案。

参加本册编写的有卢秀慧、杨松梅、张宏斌、姜俊彬、张雷、王化久。本册主编卢秀慧，副主编杨松梅，主审岳文宇。

本册参编院校：渤海船舶职业学院、辽宁石化职业技术学院、沈阳职业技术学院机械电子学院、朝阳工业学校。

本书在编写过程中，得到了机械工业出版社的热情关怀和指导，各编、审同志所在院校对编审工作给予了大力支持和协助，在此一并致谢。

由于编者水平有限，不妥之处在所难免，敬请广大读者批评指正。

高职数学教材编写组

目　　录

第1章 集合与不等式

【学习目标】

1. 了解集合的概念及其表示方法.

2. 掌握集合之间的运算(子集、真子集、相等、交集、并集、补集).

3. 理解区间的概念,会在数轴上表示区间.

4. 掌握绝对值不等式、一元二次不等式、分式不等式的解法.

5. 培养学生应用数学概念的能力和计算能力.

1.1 集合

1. 集合的概念

集合是现代数学中最基本的概念之一. 研究集合的数学理论称为集合论,它是数学的一个基本分支,是近代许多数学分支的基础.

我们在初中就已经接触到"集合"一词,如:"自然数的集合","有理数的集合","不等式的解集"等. 在数学和日常生活中,也经常把某些指定的对象作为一个整体加以研究,例如:

集合理论的创始人是康托尔(Cantor, G. F. L. P, 1845—1918),德国数学家.

(1) 一个班里的全体学生;

(2) 某图书馆的全部藏书;

(3) 所有的直角三角形;

(4) 与一个角的两边距离相等的所有点;

(5) 不等式 $2x - 1 > 3$ 的所有解;

(6) 某工厂金工车间的所有机床.

它们分别是由一些人、书、图形、点、数和机床组成的.

一般地,指定的某些对象的全体称为**集合**(简称**集**),用大写字母 A, B, C, …表示. 集合中的每个对象叫做这个集合的**元素**,用小写字母 a, b, c, …表示.

如果 a 是集合 A 的元素，就说"a 属于集合 A"，记作 $a \in A$；如果 a 不是集合 A 的元素，就说"a 不属于集合 A"，记作 $a \notin A$.

例如，某校高一(1)班全体学生构成了一个集合，则该校内的任一学生，或者是高一(1)班的同学，或者不是，二者必居其一，这表明集合的元素具有**确定性**；在书写高一(1)班全体同学的名单时，谁写在前面或者后面，不论次序如何，都是高一(1)班全体同学的名单，这表明集合的元素具有**无序性**；另外，每名同学的名字，必须写而且只需写一次就可以了，这表明集合的元素具有**互异性**.

练一练

判断下列各组元素能否构成一个集合：

(1) 所有爱唱歌的孩子；

(2) 0，1，1，2.

2. 常用数集

下面介绍几种常用数集的表示符号：

整数集，记作 **Z**；

自然数集(即非负整数集)，记作 **N**；

正整数集，记作 $\mathbf{N}_+$(或 $\mathbf{N}^*$)；

有理数集，记作 **Q**；

实数集，记作 **R**.

有时，正实数集记作 $\mathbf{R}_+$，负有理数集记作 $\mathbf{Q}_-$，等等.

不含任何元素的集合称为**空集**，用 $\varnothing$ 表示，如 $x^2 + 1 = 0$ 的实数解的集合.

思考：数 0 与集合 $\{0\}$ 有何区别？空集 $\varnothing$ 与集合 $\{0\}$ 有何区别？

3. 集合的表示方法

集合的表示方法通常有两种：列举法和描述法.

把集合中的元素一一列举出来，写在大括号内，这种表示集合的方法称为**列举法**.

例如，单词 book 中所有字母的集合 $A = \{b, o, k\}$；大于 1 而小于 10 的正整数所组成的集合 $B = \{2, 3, 4, 5, 6, 7, 8, 9\}$ 等.

把集合中元素的共同性质描述出来，写在大括号内，这种表示集合的方法称为**描述法**.

例如，不等式 $x + 3 < 0$ 的所有实数解组成的集合，记作 $A = \{x \mid x + 3 < 0\}$；所有三角形的集合记作 $B = \{三角形\}$.

究竟用哪种方法表示一个集合，要视具体情况而定.

例 用列举法或描述法表示下列集合.

（1）大于 4 而小于 17 的奇数；

（2）某校的所有计算机；

（3）一次函数 $y = 3x - 1$ 图像上的所有点.

解 （1）用列举法表示，即
$$\{5,7,9,11,13,15\}$$

（2）用描述法表示，即
$$\{某校的所有计算机\}$$

（3）用描述法表示，即
$$\{(x,y) \mid y = 3x - 1\}$$
或
$$\{一次函数\ y = 3x - 1\ 图像上的所有点\}$$

> 思考：用描述法表示集合时，大括号中哪些时候需要竖线，哪些时候不需要.

练一练

用列举法和描述法表示下列集合.

（1）$x^2 - 5x + 6 = 0$ 的解集；

（2）大于 0 且小于 5 的整数.

【习题 1.1】

1. 判断下列各组元素能否构成一个集合.

（1）所有长发的女生；

（2）0，1，2，2，3，4，5.

2. 用适当的方法表示下列元素构成的集合.

（1）方程 $x^2 - 5x + 6 = 0$ 的所有实根；

（2）大于 0 的偶数；

（3）组成中国国旗图案的颜色；

（4）中国古代的四大发明.

3. 用另一种方法表示下列集合.

（1）$\{一年的四个季节\}$；　　（2）$\{2,4,6,8,10\}$；

（3）$\{x\mid x^2=1\}$;　　　　　（4）$\{6$ 的因数$\}$.

4. 用列举法和描述法各举一个集合的例子.

5. 下列结论中不正确的是（　　　）.

A. $0\in\mathbf{N}$　B. $\sqrt{2}\notin\mathbf{Q}$　C. $0\notin\mathbf{Q}$　D. $-1\in\mathbf{Z}$

1.2　集合之间的关系

1. 子集

观察下列集合：

$A=\{1,2\}$，$B=\{1,2,3,4,5,6\}$.

可以发现，集合 A 中的每一个元素都是集合 B 中的元素，对于集合间的这种关系，给出下面的定义.

思考：符号∈与符号⊆表达的含义相同吗?

如果集合 A 的任何一个元素都是集合 B 的元素，那么称集合 A 是集合 B 的**子集**，记作 $A\subseteq B$（或 $B\supseteq A$），读作 A **包含于** B（或 B 包含 A）. 并规定：**空集是任何集合的子集**，即 $\varnothing\subseteq A$. 因此，任何一个集合是它本身的子集，即 $A\subseteq A$.

集合 A 不包含于集合 B 时，记作 $A\nsubseteq B$.

例1　写出集合 $\{a,b,c\}$ 的所有子集.

解　集合 $\{a,b,c\}$ 的所有子集是：

$\varnothing$，$\{a\}$，$\{b\}$，$\{c\}$，$\{a,b\}$，$\{a,c\}$，$\{b,c\}$，$\{a,b,c\}$.

2. 真子集

由例1可以看出，在集合 $\{a,b,c\}$ 的所有子集中，除去它本身 $\{a,b,c\}$ 外，集合 $\{a,b,c\}$ 中至少有一个元素不在其余的某个子集中.

如果集合 A 是集合 B 的子集，且集合 B 中至少有一个元素不属于 A，则称集合 A 是集合 B 的**真子集**，记作 $A\subsetneqq B$（或 $B\supsetneqq A$），读作 "A 真包含于 B"（或 B 真包含 A）. 如图 1-1 所示.

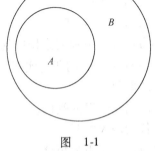

图　1-1

集合 $\{a,b,c\}$ 的子集中，除了 $\{a,b,c\}$ 外，其他子集都是 $\{a,b,c\}$ 的真子集. 显然，**空集是任何非空集合的真子集**.

4

练一练

判断集合 A 与 B 的关系：

（1）集合 $A = \{1,2,3\}$，$B = \{1,2,3,4\}$；

（2）集合 $A = \{1,2,3\}$，$B = \{1,3,2\}$.

思考：集合 $\{a,b,c\}$ 有三个元素，子集个数为 8 个，即 2^3 个；真子集个数为 $2^3 - 1$ 个；推广到含有 n 个元素的集合，则子集个数和真子集的个数分别为多少？

3. 集合的相等

如果集合 A 与集合 B 的元素完全相同，即 $A \subseteq B$，且 $B \subseteq A$，则称集合 A 与集合 B **相等**，记作 $A = B$.

练一练

对于集合 $A = \{1,2\}$，$B = \{1,2,3,4,5,6\}$，$C = \{2,7\}$，$D = \{x \mid (x-1)(x-2) = 0\}$，判断下列关系是否成立.

$$A = D, \quad A \subseteq B, \quad A \subsetneqq B, \quad A \subseteq C.$$

例 2　指出下列各组中两个集合之间的关系：

（1）$A = \{1,7\}$，$B = \{1,2,3,7\}$；

（2）$C = \{x \mid x^2 = 1\}$，$D = \{-1,1\}$；

（3）$E = \{偶数\}$，$F = \{整数\}$.

解　（1）$A \subsetneqq B$；　　　（2）$C = D$；　　　（3）$E \subsetneqq F$.

例 3　讨论集合 $A = \{x \mid x - 2 = 0\}$ 与集合 $B = \{x \mid x^2 + x - 6 = 0\}$ 的关系.

解　因为集合 $A = \{x \mid x - 2 = 0\} = \{2\}$，

集合 $B = \{x \mid x^2 + x - 6 = 0\} = \{-3, 2\}$，

所以集合 A 是集合 B 的真子集，即 $A \subsetneqq B$.

【习题 1. 2】

1. 用符号 $\in$、$\notin$、$=$、$\subsetneqq$、$\supsetneqq$ 填空.

（1）1 ＿＿＿ **N**；　　　　　　　（2）0 ＿＿＿ **Z**；

（3）-2 ＿＿＿ **Q**$_-$；　　　　　（4）$\dfrac{3}{4}$ ＿＿＿ **Q**；

（5）π ＿＿＿ **Q**；　　　　　　（6）$\sqrt{2}$ ＿＿＿ **R**；

（7）$\{1,2\}$ ＿＿＿ $\{2,1\}$；　　　（8）$\{3,5\}$ ＿＿＿ $\{1,3,5\}$；

（9）$\{2,4,6,8\}$ ＿＿＿ $\{2,8\}$；　（10）$\varnothing$ ＿＿＿ $\{1,2,3\}$.

2. 如图 1-2 所示，A、B、C 表示集合，说明它们之间的关系．

3. 写出集合 $\{1,3,5\}$ 的所有子集．

4. 设 $A = \{1,3,5,7,9\}$，$B = \{1,2,4,6\}$，写出由 A 和 B 的所有元素组成的集合 C.

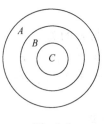

图 1-2

5. 设 $A = \{1,3,5,7,9\}$，$B = \{1,2,3,4,6,8,10\}$，写出由 A 和 B 的公共元素组成的集合 C.

1.3 集合的运算

1. 交集

观察集合 $A = \{1,2,3,7\}$ 与集合 $B = \{2,3,6,7\}$，容易看出，集合 $\{2,3,7\}$ 是由集合 A 与集合 B 的所有公共元素组成的，对于这样的集合给出如下定义．

定义 由集合 A 与集合 B 的所有公共元素组成的集合，叫做集合 A 与集合 B 的**交集**（如图 1-3 所示的阴影部分），记作 $A \cap B$，读作 "A 交 B".

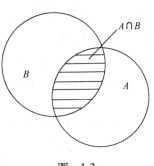

图 1-3

$$A \cap B = \{x \mid x \in A \text{ 且 } x \in B\}$$

由交集的定义及图 1-3 可以看出，$A \cap B$ 既是 A 的子集，又是 B 的子集，即 $A \cap B \subseteq A$ 且 $A \cap B \subseteq B$.

另外，交集还有如下性质：

$A \cap \varnothing = \varnothing$；

$A \cap A = A$；

$A \cap B = B \cap A$.

若 $A \cap B = A$，则 $A \subseteq B$，反之亦成立．

例1 设集合：

(1) $A = \{2,5,7,8\}$，$B = \{5,6,8,10\}$；

(2) $A = \{\text{奇数}\}$，$B = \{\text{偶数}\}$；

(3) $A = \{\text{奇数}\}$，$B = \{\text{整数}\}$；

(4) $A = \{$等腰三角形$\}$，$B = \{$直角三角形$\}$；

(5) $A = \{(x,y) \mid 2x + y = 5\}$，$B = \{(x,y) \mid x + 2y = 7\}$；

(6) $A = \{x \mid 1 \leqslant x \leqslant 3\}$，$B = \{x \mid 2 \leqslant x \leqslant 5\}$.

求 $A \cap B$.

解 (1) $A \cap B = \{2,5,7,8\} \cap \{5,6,8,10\} = \{5,8\}$；

(2) $A \cap B = \{$奇数$\} \cap \{$偶数$\} = \varnothing$；

(3) $A \cap B = \{$奇数$\} \cap \{$整数$\} = \{$奇数$\} = A$；

(4) $A \cap B = \{$等腰三角形$\} \cap \{$直角三角形$\} = \{$等腰直角三角形$\}$；

(5) $A \cap B = \{(x,y) \mid 2x + y = 5\} \cap \{(x,y) \mid x + 2y = 7\}$

$$= \left\{ (x,y) \middle| \begin{cases} 2x + y = 5 \\ x + 2y = 7 \end{cases} \right\} = \{(1,3)\}；$$

(6) $A \cap B = \{x \mid 1 \leqslant x \leqslant 3\} \cap \{x \mid 2 \leqslant x \leqslant 5\} = \{x \mid 2 \leqslant x \leqslant 3\}$，如图 1-4 所示.

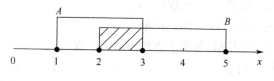

图 1-4

2. 并集

我们把集合 $A = \{1,2,3,7\}$ 与 $B = \{2,3,6,7\}$ 的元素放在一起，构成新的集合，由集合元素的互异性可知新的集合为 $\{1,2,3,6,7\}$. 它是由所有属于 A 或属于 B 的元素组成的. 对于这样的集合，给出如下定义.

定义 由所有属于集合 A 或属于集合 B 的元素组成的集合，称为集合 A 与集合 B 的**并集**(如图 1-5 所示的阴影部分)，记作 $A \cup B$，读作 "A 并 B". 即

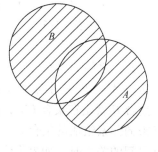

图 1-5

$$A \cup B = \{x \mid x \in A \text{或} x \in B\}$$

由并集的定义及图 1-5 可以看出，集合 A、B 都是 $A \cup B$ 的子集，即 $A \subseteq A \cup B$，$B \subseteq A \cup B$.

另外，并集还有如下性质：

$A \cup \varnothing = A$；

$A \cup A = A$；

$A \cup B = B \cup A$.

若 $A \cup B = B$，则 $A \subseteq B$，反之亦成立.

例2 设集合：

(1) $A = \{2,5,7,8\}$，$B = \{5,6,8,10\}$；

(2) $A = \{奇数\}$，$B = \{偶数\}$；

(3) $A = \{奇数\}$，$B = \{整数\}$；

(4) $A = \{等腰三角形\}$，$B = \{直角三角形\}$；

(5) $A = \{x \mid 1 \leqslant x \leqslant 3\}$，$B = \{x \mid 2 \leqslant x \leqslant 5\}$.

求 $A \cup B$.

解 (1) $A \cup B = \{2,5,7,8\} \cup \{5,6,8,10\} = \{2,5,6,7,8,10\}$；

(2) $A \cup B = \{奇数\} \cup \{偶数\} = \{整数\}$；

(3) $A \cup B = \{奇数\} \cup \{整数\} = \{整数\} = B$；

(4) $A \cup B = \{等腰三角形\} \cup \{直角三角形\}$

$$= \left\{ \begin{array}{l} 等腰直角三角形,等腰非直角三角形,直角 \\ 非等腰三角形 \end{array} \right\}$$

在求集合的并集时，同时属于 A 和 B 的公共元素，在它们的并集中只列举一次.

(5) $A \cup B = \{x \mid 1 \leqslant x \leqslant 3\} \cup \{x \mid 2 \leqslant x \leqslant 5\} = \{x \mid 1 \leqslant x \leqslant 5\}$，如图 1-6 所示.

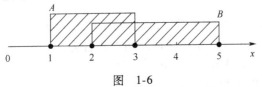

图 1-6

3. 补集

观察下列三个集合之间的关系：

$I = \{全班同学\}$，$A = \{班上男同学\}$，$B = \{班上女同学\}$.

容易看出，集合 B 就是在集合 I 中，去掉集合 A 的所有元素之后，由余下来的元素组成的集合.

在研究集合之间的关系时，如果集合 I 包含所要研究的各个集合，则称 I 为**全集**.

设 I 是全集，A 是 I 的一个子集（即 $A \subseteq I$），则由 I 中所有不属于 A 的元素组成的集合，叫做集合 A 在 I 中的补集（如图

1-7 所示），简称集合 A 的**补集**，记作 C_IA，读作 "A 补". 即

$$C_IA = \{x \mid x \in I \text{ 且 } x \notin A\}$$

由全集与补集的定义可得

$$A \cup C_IA = I, \quad A \cap C_IA = \varnothing$$
$$C_II = \varnothing, \quad C_I\varnothing = I$$
$$C_I(C_IA) = A$$

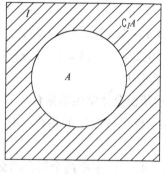

图 1-7

例3 设 $I = \{$三角形$\}$，$A = \{$锐角三角形$\}$，求 C_IA.

解 $C_IA = \{$直角三角形,钝角三角形$\}$.

例4 设全集 $I = \{1,3,5,7,9\}$，$A = \{1,5,7\}$，$B = \{1,7,9\}$，求：

(1) C_IA 和 C_IB；　　　(2) $(C_IA) \cap (C_IB)$；

(3) $(C_IA) \cup (C_IB)$；　　(4) $C_I(A \cup B)$；

(5) $C_I(A \cap B)$.

解 (1) $C_IA = \{3,9\}$，$C_IB = \{3,5\}$；

(2) $(C_IA) \cap (C_IB) = \{3,9\} \cap \{3,5\} = \{3\}$；

(3) $(C_IA) \cup (C_IB) = \{3,9\} \cup \{3,5\} = \{3,5,9\}$；

(4) $C_I(A \cup B) = C_I(\{1,5,7\} \cup \{1,7,9\}) = C_I\{1,5,7,9\} = \{3\}$；

(5) $C_I(A \cap B) = C_I(\{1,5,7\} \cap \{1,7,9\}) = C_I\{1,7\} = \{3,5,9\}$.

【习题 1.3】

1. 设集合 $A = \{(x,y) \mid 3x + 2y = 1\}$，$B = \{(x,y) \mid x - y = 2\}$，求 $A \cap B$.

2. 设集合：

(1) $I = \{1,2,3,4,5,6,7\}$，$A = \{1,2,3,4,5\}$，$B = \{3,4,5,6,7\}$；

(2) $I = \{x \mid -3 \leqslant x \leqslant 3, \text{ 且 } x \in \mathbf{Z}\}$，$A = \{$不小于 -3 的负整数$\}$，$B = \{$小于 3 的非负整数$\}$.

求 C_IA，C_IB，$A \cap B$，$A \cup B$，$C_I(A \cap B)$，$C_I(A \cup B)$.

3. 设 $I = \{1,2,3,4,5\}$，$A = \varnothing$，求 $\complement_I A$.

4. 若 $I = \{1,3,a^2 + 2a + 1\}$，$A = \{1,3\}$，$\complement_I A = \{5\}$，求 a 的值.

5. 已知 $A = \{0,2,4\}$，$\complement_I A = \{-1,1\}$，$\complement_I B = \{-1,0,2\}$，请用列举法表示集合 B.

6. 设 A_1 表示某校全体学生的集合，A_2 表示该校全体男生的集合，A_3 表示该校全体女生的集合，A_4 表示该校全体教工的集合.

（1）A_1、A_2、A_3、A_4 中哪两个集合的交集是非空集合？

（2）求 $A_2 \cup A_3$；

（3）求 $A_1 \cup A_4$；

（4）A_2、A_3、A_4 中哪些集合是 A_1 的真子集？

1.4 区间

设 a，b 是两个实数，且 $a < b$，则：

满足不等式 $a \leqslant x \leqslant b$ 的所有实数 x 的集合，叫做由 a 到 b 的**闭区间**，记作 $[a,b]$.

满足不等式 $a < x < b$ 的所有实数 x 的集合，叫做由 a 到 b 的**开区间**，记作 (a,b).

满足不等式 $a \leqslant x < b$（或 $a < x \leqslant b$）的所有实数 x 的集合，叫做由 a 到 b 的**半开区间**，记作 $[a,b)$（或 $(a,b]$）.

在这里，实数 a，b 叫做相应区间的**端点**. 上述区间 $[a,b]$，(a,b)，$[a,b)$，$(a,b]$ 统称为**有限区间**.

满足 $x \geqslant a$，$x > a$，$x \leqslant b$，$x < b$ 的实数 x 的集合，分别记作 $[a,+\infty)$，$(a,+\infty)$，$(-\infty,b]$，$(-\infty,b)$，这些区间称为**无限区间**.

其中，符号"$+\infty$"与"$-\infty$"分别读作"正无穷大"与"负无穷大".

全体实数的集合 **R** 也是无限区间，记作 $(-\infty,+\infty)$.

区间可以用数轴上的点集来表示，其中，用实心点表示端点包含在区间内，用空心点表示端点不包含在区间内，如图 1-8 所示.

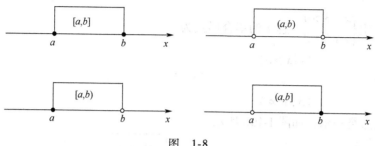

图 1-8

无限区间也可以用数轴上的点集来表示,如图 1-9 所示.

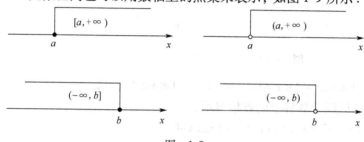

图 1-9

例1 用区间表示下列集合:

(1) $\{x \mid 1 < x \leqslant 6\}$;　　(2) $\{x \mid x \in \mathbf{R}, x \neq 1, x \neq 2\}$.

解 各集合用区间分别表示为

(1) $(1, 6]$;　　　　(2) $(-\infty, 1) \cup (1, 2) \cup (2, +\infty)$.

练一练

用区间表示下列集合:

(1) $\{x \mid -1 \leqslant x \leqslant 6\}$;　　(2) $\{x \mid x \geqslant 5\}$;

例2 把下列不等式组的解集用集合、区间及数轴上相应的点集表示:

(1) $\begin{cases} x > -2 \\ x \leqslant 0 \end{cases}$;　　(2) $\begin{cases} x - 3 > 0 \\ x + 2 > 0 \end{cases}$.

解 (1) 不等式组 $\begin{cases} x > -2 \\ x \leqslant 0 \end{cases}$,解集的集合形式为

$$\{x \mid -2 < x \leqslant 0\}$$

区间形式为

$$(-2, 0]$$

数轴上的点集表示如图 1-10a 所示.

(2) 不等式组 $\begin{cases} x-3>0 \\ x+2>0 \end{cases}$，解集的集合形式为

$$\{x \mid x>3\}$$

区间形式为

$$(3,+\infty)$$

用数轴上的点集表示，如图 1-10b 所示.

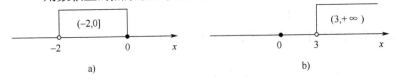

图 1-10

例3 设集合 $A=\{x \mid -2<x<1\}$，$B=\{x \mid -1 \leqslant x \leqslant 4\}$，求 $A \cap B$，$A \cup B$，并用区间及数轴上的点集表示.

解 $A \cap B = \{x \mid -2<x<1\} \cap \{x \mid -1 \leqslant x \leqslant 4\}$
$\qquad\qquad = \{x \mid -1 \leqslant x<1\}$

所以，区间形式为 $[-1,1)$.

用数轴上的点集表示，如图 1-11a 所示.

$\qquad A \cup B = \{x \mid -2<x<1\} \cup \{x \mid -1 \leqslant x \leqslant 4\}$
$\qquad\qquad = \{x \mid -2<x \leqslant 4\}$

所以，区间形式为 $(-2,4]$.

用数轴上的点集表示，如图 1-11b 所示.

图 1-11

今后，可以采用不等式、集合、区间、数轴上的点集等不同的方法表示数集.

【习题 1.4】

1. 用区间形式表示下列集合:

(1) $\{x \mid -1<x<5\}$;　　　　(2) $\{x \mid 1 \leqslant x \leqslant 4\}$;

(3) $\{x \mid x \leqslant 3\}$;　　　　　(4) $\{x \mid x \geqslant 5 \text{ 或 } x<-3\}$.

2. 把下列不等式组的解集用三种方式——集合、区间及数轴上点集表示出来：

(1) $\begin{cases} x > 4 \\ x \geqslant 7 \end{cases}$;　　　　　　(2) $\begin{cases} x - 4 \leqslant 0 \\ x + 3 > 0 \end{cases}$.

3. 设集合 $A = \{x \mid -2 < x < +\infty\}$，$B = \{x \mid -2 < x \leqslant 2\}$，求 $A \cap B$，$A \cup B$，并用区间及数轴上的点集表示．

1.5　绝对值不等式的解法

一个数的绝对值，表示数轴上与这个数所对应的点到原点的距离．实数 a 的绝对值记作 $|a|$，是指由 a 所唯一确定的非负实数，且

$$|a| = \begin{cases} a & \text{当 } a > 0 \\ 0 & \text{当 } a = 0 \\ -a & \text{当 } a < 0 \end{cases}$$

下面，学习绝对值不等式的解法．

依据绝对值的定义可知，$|x|$ 是数轴上表示 x 的点到原点的距离．从而当 $a > 0$ 时，$|x| < a$ 的解集，是数轴上与原点的距离小于 a 的点的集合，即 $\{x \mid -a < x < a\}$，如图 1-12a 所示；$|x| > a$ 的解集，是数轴上与原点的距离大于 a 的点的集合，即 $\{x \mid x < -a \text{ 或 } x > a\}$，如图 1-12b 所示．

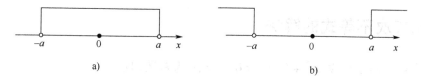

a)　　　　　　　　　　　　　　b)

图　1-12

例1　解下列不等式．

(1) $|x| < 3$;　　　　　　(2) $|x| \geqslant 5$.

解　(1) $|x| < 3$ 的解集为 $\{x \mid -3 < x < 3\}$；

(2) $|x| \geqslant 5$ 的解集为 $\{x \mid x \leqslant -5 \text{ 或 } x \geqslant 5\}$．

对于 $|ax + b| < c$ 或 $|ax + b| > c (c > 0)$ 型的不等式，可以把 $ax + b$ 看作一个整体，转化成 $|x| < a$ 或 $|x| > a (a > 0)$ 型不等式来求解．

例2　解下列不等式，并用区间表示解集．

(1) $|x-8| \leqslant 7$； (2) $|4x+2| > 14$.

解 (1) 由 $|x-8| \leqslant 7$，得
$$-7 \leqslant x-8 \leqslant 7$$
整理得
$$1 \leqslant x \leqslant 15$$
所以原不等式的解集为 $[1,15]$

(2) 由 $|4x+2| > 14$，得
$$4x+2 > 14 \text{ 或 } 4x+2 < -14$$
解得
$$x > 3 \text{ 或 } x < -4$$
所以原不等式的解集为
$$(-\infty, -4) \cup (3, +\infty)$$

当不等号取"$\leqslant$"，"$\geqslant$"时有类似的性质，其解集可简记为"小于在(两个解的)中间，大于在(两个解的)两边".

【习题 1.5】

1. 解下列不等式，将解集表示为集合的形式.

(1) $\left| \dfrac{1}{2}x \right| \geqslant 3$； (2) $|10x| \leqslant \dfrac{1}{5}$；

(3) $|x-6| < 1$； (4) $3 < |8-x|$.

2. 解下列不等式，将解集表示为区间的形式.

(1) $|3x-8| < 13$； (2) $|2x-5| \leqslant 7$；

(3) $\left| \dfrac{1}{2}x+2 \right| > \dfrac{1}{3}$； (4) $\left| \dfrac{3}{4}x-2 \right| \geqslant 1$.

1.6 一元二次不等式的解法

形如 $ax^2 + bx + c > 0$ 或 $ax^2 + bx + c < 0\,(a,b,c$ 为常数，且 $a \neq 0)$ 的不等式称为**一元二次不等式**.

可以利用一元二次函数的图像，找出一元二次不等式与一元二次函数及一元二次方程之间的关系，进而得到求解一元二次不等式的方法.

在一元二次函数 $y = x^2 - x - 2$ 中，令 $y = 0$，得
$$x^2 - x - 2 = 0$$
解得
$$x = -1 \text{ 或 } x = 2$$
观察函数 $y = x^2 - x - 2$ 的图像(见图 1-13)，可得

(1) 当 $x = -1$ 或 $x = 2$ 时，$y = 0$；

（2）当 $-1 < x < 2$ 时，$y < 0$；

（3）当 $x < -1$ 或 $x > 2$ 时，$y > 0$.

由此可知

1）一元二次方程 $x^2 - x - 2 = 0$ 有两个不同的根 $x_1 = -1$，$x_2 = 2$；

2）一元二次不等式 $x^2 - x - 2 < 0$ 的解集为 $\{x \mid -1 < x < 2\}$；

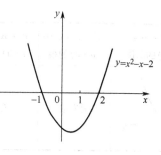

图 1-13

3）一元二次不等式 $x^2 - x - 2 > 0$ 的解集为 $\{x \mid x < -1$ 或 $x > 2\}$.

该例表明，由一元二次函数的图像与 x 轴的交点，可以确定相应的一元二次不等式的解集.

练一练

讨论：当 x 取何值时，下列一元二次函数的值 $y > 0$，$y = 0$，$y < 0$？

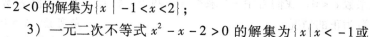

（1）$y = x^2 - x + 2$；（2）$y = x^2 - 4x + 4$；（3）$y = x^2 - 2x + 2$.

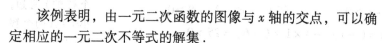

表 1-1 按一元二次函数 $y = ax^2 + bx + c(a > 0)$ 的判别式 $\Delta > 0$，$\Delta = 0$，$\Delta < 0$ 三种情形，给出了一元二次不等式的解集.

表 1-1

$\Delta = b^2 - 4ac$	$y = ax^2 + bx + c$ $(a > 0)$ 的图像	$ax^2 + bx + c = 0$ $(a \neq 0)$ 的根	$ax^2 + bx + c < 0$ $(a > 0)$ 的解集	$ax^2 + bx + c > 0$ $(a > 0)$ 的解集
（1）$\Delta > 0$		$x_{1,2} = \dfrac{-b \pm \sqrt{b^2 - 4ac}}{2a}$ $(x_1 < x_2)$	$\{x \mid x_1 < x < x_2\}$	$\{x \mid x < x_1$ 或 $x > x_2\}$
（2）$\Delta = 0$		$x_1 = x_2 = -\dfrac{b}{2a}$	$\varnothing$	$\{x \mid x \in \mathbf{R},\ x \neq -\dfrac{b}{2a}\}$

15

（续）

$\Delta = b^2 - 4ac$	$y = ax^2 + bx + c$ $(a>0)$ 的图像	$ax^2 + bx + c = 0$ $(a \neq 0)$ 的根	$ax^2 + bx + c < 0$ $(a>0)$ 的解集	$ax^2 + bx + c > 0$ $(a>0)$ 的解集
(3) $\Delta < 0$		无实根	$\varnothing$	**R**

如果二次项系数 $a < 0$，我们可用 -1 乘不等式两边，将其变形为二次项系数为正的情况.

例1 解下列不等式：

（1）$x^2 - x - 6 > 0$； （2）$-x^2 + 2x + 8 \geqslant 0$.

解 （1）$\Delta = (-1)^2 - 4 \times 1 \times (-6) = 25 > 0$,

方程 $x^2 - x - 6 = 0$ 有两个不相等的实根

$$x_1 = -2, \quad x_2 = 3$$

不等式 $x^2 - x - 6 > 0$ 的解集为

$$\{x \mid x < -2 \text{ 或 } x > 3\}$$

（2）将不等式 $-x^2 + 2x + 8 \geqslant 0$ 变形为

$$x^2 - 2x - 8 \leqslant 0$$

$$\Delta = (-2)^2 - 4 \times 1 \times (-8) = 36 > 0$$

方程 $x^2 - 2x - 8 = 0$ 有两个不相等的实根

$$x_1 = -2, \quad x_2 = 4$$

不等式 $x^2 - 2x - 8 \leqslant 0$ 的解集为

$$\{x \mid -2 \leqslant x \leqslant 4\}$$

所以，不等式 $-x^2 + 2x + 8 \geqslant 0$ 的解集为

$$\{x \mid -2 \leqslant x \leqslant 4\}$$

例2 解下列不等式：

（1）$x^2 - 4x + 4 > 0$； （2）$x^2 - 6x + 9 < 0$；

（3）$x^2 - 4x + 8 > 0$； （4）$-x^2 + 2x - 3 > 0$.

解 （1）$\Delta = (-4)^2 - 4 \times 1 \times 4 = 0$，方程 $x^2 - 4x + 4 = 0$ 有两个相等的实根

$$x_1 = x_2 = 2$$

不等式 $x^2 - 4x + 4 > 0$ 的解集为

16

思考：当 $\Delta = 0$ 时，不等式 $ax^2 + bx + c \geqslant 0$ 的解集是什么？要解二次不等式，二次系数先变正. $\Delta > 0$ 时，大于在（两个解的）两边，小于在（两个解的）中间.

$$\{x \mid x \in \mathbf{R}, x \neq 2\}$$

（2）$\Delta = (-6)^2 - 4 \times 1 \times 9 = 0$，方程 $x^2 - 6x + 9 < 0$ 有两个相等的实根

$$x_1 = x_2 = 3$$

不等式 $x^2 - 6x + 9 < 0$ 的解集为 $\varnothing$.

（3）$\Delta = (-4)^2 - 4 \times 1 \times 8 = -16 < 0$，方程 $x^2 - 4x + 8 = 0$ 无实根. 不等式 $x^2 - 4x + 8 > 0$ 的解集为

$$\{x \mid x \in \mathbf{R}\}$$

（4）将不等式 $-x^2 + 2x - 3 > 0$ 变形为

$$x^2 - 2x + 3 < 0$$

将二次项系数变成正的.

$\Delta = (-2)^2 - 4 \times 1 \times 3 = -8 < 0$，方程 $x^2 - 2x + 3 = 0$ 无实根. 不等式 $x^2 - 2x + 3 < 0$ 的解集为 $\varnothing$.

所以，不等式 $-x^2 + 2x - 3 > 0$ 的解集为 $\varnothing$.

【习题 1. 6】

1. 解下列不等式：

（1）$6x^2 - 7x + 2 < 0$； （2）$4x^2 - 11x - 3 > 0$.

2. 解下列不等式：

（1）$x^2 + 10 \geq 6x + 1$； （2）$-2x^2 + 3x - 4 > 0$；

（3）$2x^2 < -x$； （4）$x^2 - 2x + 1 < 0$.

3. 某产品的总成本 c 与产量 x 之间的关系为 $c = 6000 + 40x - 0.2x^2$，若产品售价为 50 元/件，问至少销售多少件才不亏本？

4. 讨论当 x 取何值时，函数 $y = x^2 - 7x + 10$ 的值

（1）大于零；

（2）等于零；

（3）小于零.

5. k 取何值时，方程 $x^2 - (k+2)x + 4 = 0$ 有两个不等的实根.

1.7 分式不等式的解法

含有分式的不等式叫做**分式不等式**. 形如 $\dfrac{ax+b}{cx+d} > 0$

或 $\dfrac{ax+b}{cx+d}<0$ 的分式不等式，可化为一元二次不等式（或不等式组）来求解.

思考：
$(ax+b)(cx+d)$ 的符号与 $\dfrac{ax+b}{cx+d}$ 的符号的关系.

例1 解下列不等式：

(1) $\dfrac{x+2}{2x-5}>0$；　　(2) $\dfrac{x-3}{x+5}\leqslant 0$.

解 （1） 不等式 $\dfrac{x+2}{2x-5}>0$ 等价于

$$(x+2)(2x-5)>0.$$

方程 $(x+2)(2x-5)=0$ 有两个不相等的实根

$$x_1=-2, \quad x_2=\dfrac{5}{2}$$

所以，$\dfrac{x+2}{2x-5}>0$ 的解集为

$$\left\{x\,\middle|\,x<-2 \text{或} x>\dfrac{5}{2}\right\}$$

（2） 不等式 $\dfrac{x-3}{x+5}\leqslant 0$ 等价于

$$\begin{cases}(x-3)(x+5)\leqslant 0\\x+5\neq 0\end{cases}$$

方程 $(x-3)(x+5)=0$ 有两个不相等的实根

$$x_1=-5, \quad x_2=3$$

所以，$\dfrac{x-3}{x+5}\leqslant 0$ 的解集为

$$\{x\,|\,-5<x\leqslant 3\}$$

当分式不等式的不等号是"$\leqslant$"或"$\geqslant$"时，分母不能为零.

例2 解不等式 $\dfrac{x-1}{3x+5}<1$.

解 将不等式 $\dfrac{x-1}{3x+5}<1$ 移项并整理得

$$\dfrac{x+3}{3x+5}>0$$

这个不等式等价于

$$(x+3)(3x+5)>0$$

故不等式 $\dfrac{x-1}{3x+5}<1$ 的解集为

$$\left\{ x \mid x < -3 \text{或} x > -\frac{5}{3} \right\}$$

【习题1.7】

解下列不等式.

(1) $\dfrac{3x-4}{2x+5} > 0$； (2) $\dfrac{2x-15}{5x+12} > 0$；

(3) $\dfrac{5x+3}{x-3} > 3$； (4) $\dfrac{2x+1}{3x-5} \leqslant 0$.

复 习 题 1

A 组

1. 用适当的符号"$\in$"，"$\notin$"，"$=$"，"$\subseteq$"，"$\subsetneqq$"填空.

-1 ____ $\mathbf{N}$； -5 ____ $\mathbf{Q}$； 0.6 ____ $\mathbf{Q}_+$；

$-\sqrt{5}$ ____ $\mathbf{Q}_-$； $-\sqrt{2}$ ____ $\mathbf{R}_+$； $\sqrt{3}$ ____ $\mathbf{R}$；

$\varnothing$ ____ $\{0\}$； a ____ $\{a,b\}$； $A \cap B$ ____ $A \cup B$.

2. 用另一种方法表示下列集合.

(1) $A = \{ x \mid x^2 + 2x - 15 = 0 \}$；

(2) $B = \{ x \mid -4 \leqslant x \leqslant 4, x \in \mathbf{Z} \}$；

(3) {绝对值等于4的数}；

(4) $A = \{ x \mid 2x + 1 = 5, x \in \mathbf{Z} \}$.

3. 判断下列各组元素是否构成一个集合.

(1) 非常小的数； (2) 本班兴趣广泛的同学；

(3) 0 与 1 之间的实数； (4) 非常漂亮的孩子.

4. 写出集合{红,绿,蓝}的所有子集和真子集.

5. 设集合 $A = \{ x \mid -2 \leqslant x < 5 \}$，$B = \{ x \mid -3 < x < 2 \}$.

(1) 用区间及数轴上相应的点集表示 A、B；

(2) 求 $A \cap B$，$A \cup B$.

6. 解下列绝对值不等式.

(1) $|x| \leqslant 2$； (2) $|x| > 5$；

(3) $|2x - 5| < 15$； (4) $|2x + 1| \geqslant 2$.

7. 解下列不等式.

(1) $-x^2 + x - 4 > 0$;   (2) $4x^2 > 3(4x - 3)$;

(3) $3x^2 - 6x + 2 < 0$;   (4) $9x^2 - 6x + 1 < 0$.

8. 解下列不等式.

(1) $\dfrac{3x + 2}{x - 2} \geqslant 1$;   (2) $\dfrac{x + 1}{x - 1} \leqslant 11$;

(3) $\dfrac{4 - 5x}{x - 2} > 0$;   (4) $\dfrac{3x - 4}{x + 3} < 4$.

B 组

1. 设集合 $A = \{(x, y) \mid x - y = 3\}$，$B = \{(x, y) \mid 3x + y = 1\}$，$C = \{(x, y) \mid 2x + y = 3\}$，求 $A \cap B$，$A \cap C$，$B \cap C$.

2. 设集合 $I = \{x \mid x \leqslant 10, x \in \mathbf{N}_+\}$，$A = \{1, 2, 3, 4, 5, 9\}$，$B = \{4, 6, 7, 8, 10\}$，求 $A \cap B$，$A \cup B$，$\complement_I A \cap \complement_I B$，$\complement_I A \cup \complement_I B$.

3. 已知 $A = \{x \mid x^2 - ax + 5 = 0\}$，$B = \{x \mid x^2 - 5x + b = 0\}$. 如果 $A \cap B = \{3\}$，求 a，b 的值.

4. 已知 $x \in (-\infty, 3)$，求下列各代数式的取值范围.

(1) $x + 2$;   (2) $2 - x$;

(3) $x - 2$;   (4) $\dfrac{1}{2}x + 3$.

5. 用 60m 的栅栏，一面靠墙围出一个矩形的花坛，问垂直于墙体的边长为多少时，花坛的面积不少于 432m^2.

第2章 函　　数

【学习目标】

1. 理解函数的定义、定义域、值域和对应法则. 掌握函数定义域的求法，会求函数解析式.

2. 会用描点法绘制简单函数的图像.

3. 了解单调函数、单调区间的概念，并能根据函数的图像指出单调性，写出单调区间.

4. 了解反函数的概念，会求函数的反函数，了解函数与反函数图像之间的关系.

5. 理解分数指数幂和对数的概念，掌握有理指数幂和对数的运算.

6. 理解指数函数和对数函数的概念与性质，并能正确作出其图像.

7. 培养学生抽象概括能力、分析解决问题的能力及实际应用函数的能力.

2.1　函数的概念

1. 函数的定义

函数是描述客观世界变化规律的重要数学模型. 在初中阶段，已经学习了函数的概念. 这里，用集合的观点，对函数的概念作进一步的阐述.

设 A、B 是非空的数集，如果按照某个确定的对应关系 f，对于集合 A 中的任意一个数 x，在集合 B 中都有唯一确定的数 y 和它对应，那么就称 y 为 x 的**函数**，记作

$$y = f(x)，x \in A$$

式中，x 称为**自变量**，y 称为**因变量**，x 的取值范围 A 叫做函数的**定义域**；与 x 的值相对应的 y 的值叫做函数值，函数值的集合 $\{f(x) \mid x \in A\}$ 叫做函数的**值域**.

当 $x = a$ 时，与之对应的函数值记作 $f(a)$.

练一练

1. 下列函数的定义域、值域、对应法则分别是什么？

（1）$y = ax + b(a \neq 0)$；

（2）$y = ax^2 + bx + c(a \neq 0)$；

（3）$y = \dfrac{k}{x}$，$k \neq 0$.

2. 设 $f(x) = x^2 - 3$，求 $f(-\sqrt{2})$，$f(0)$，$f(3)$，$f(x_0)$.

因为函数的值域由函数的定义域和对应法则来确定，所以确定一个函数就只需两个要素：**定义域**和**对应法则**.

例 1 判定下列各组函数是否相同.

（1）$y = x$ 与 $y = \sqrt{x^2}$；　　　　（2）$y = x$ 与 $y = (\sqrt{x})^2$；

（3）$y = x$ 与 $y = \sqrt[3]{x^3}$.

解　（1）函数 $y = x$ 与 $y = \sqrt{x^2}$ 的定义域都是实数集 **R**，但是

$$y = \sqrt{x^2} = \begin{cases} x & x \geqslant 0 \\ -x & x < 0 \end{cases},$$

由此可见，二者的对应法则不同，故它们是不同的函数.

（2）函数 $y = x$ 的定义域是实数集 **R**，而 $y = (\sqrt{x})^2$ 的定义域是 $[0, +\infty)$，故 $y = x$ 与 $y = (\sqrt{x})^2$ 是两个不同的函数.

（3）函数 $y = x$ 与 $y = \sqrt[3]{x^3}$ 的定义域都是实数集 **R**，由于 $y = \sqrt[3]{x^3} = x$，对应法则也相同，故它们是相同的函数.

2. 函数的定义域

在某些数学问题中，常常需要求出函数的定义域. 如果只给出了函数的解析式 $y = f(x)$，那么函数的定义域就是指能使这个式子有意义的实数 x 的集合；在实际问题中，函数的定义域由自变量的实际意义来确定，如圆的面积为 $S = \pi r^2$，自变量 r 的定义域为 $(0, +\infty)$.

例 2 求下列各函数的定义域.

（1）$y = x^2 + 3x + 2$；　　　　（2）$y = \dfrac{1 + x}{4 - x}$；

思考：$f(x)$ 与 $f(a)$ 的意义相同吗？

只有当两个函数的定义域和对应法则完全相同时，才认为这两个函数是相同的.

函数的定义域、值域要写成集合或区间的形式.

求定义域时，应考虑下列问题：

$f(x)$	定义域
整式	实数集 **R**
分式	分母不为 0 的实数集
偶次根式	使根号内式子非负的实数集
多个式子构成	使各式都有意义的实数集

（3）$y = \sqrt{2x + 1}$；　　　　　（4）$y = \sqrt{x - 1} + \dfrac{1}{x^2 - 4}$.

解　（1）对于任意 $x \in \mathbf{R}$，函数

$$y = x^2 + 3x + 2$$

都有意义，故定义域是

$$\{ x \mid x \in \mathbf{R} \}$$

（2）只有当分母 $4 - x \neq 0$ 时，函数

$$y = \dfrac{1 + x}{4 - x}$$

才有意义，故定义域是

$$\{ x \mid x \in \mathbf{R}, x \neq 4 \}$$

（3）只有当 $2x + 1 \geqslant 0$ 时，函数

$$y = \sqrt{2x + 1}$$

才有意义，故定义域是

$$\left[-\dfrac{1}{2}, +\infty \right)$$

（4）要使函数

$$y = \sqrt{x - 1} + \dfrac{1}{x^2 - 4}$$

有意义，必须满足

$$\begin{cases} x - 1 \geqslant 0 \\ x^2 - 4 \neq 0 \end{cases}$$

解不等式组，得

$$\begin{cases} x \geqslant 1 \\ x \neq \pm 2 \end{cases}$$

故定义域为

$$[1, 2) \cup (2, +\infty)$$

3. 函数的表示

常用的表示函数的方法有解析法、列表法、图像法三种.

把两个变量之间的函数关系用一个等式来表示，这个等式叫做函数的**解析式**，这种表示函数的方法叫做**解析法**. 例如，$y = ax^2 + bx + c \ (a \neq 0)$，$y = \sqrt{x - 2} \ (x \geqslant 2)$ 等.

解析法的优点是简明、全面地概括了变量间的关系，容易由自变量求出其对应的函数值，便于用解析式来研究函数的性质.

列出表格来表示两个变量之间的函数关系的方法，叫做**列表法**. 例如，表 2-1 就是用列表法来表示函数关系的.

表 **2-1** 　用列表法表示函数关系的示例（单位:cm）

学号	1	2	3	4	5	6	7	8	9
身高	125	135	140	156	138	172	167	158	169

数学用表中的平方表、平方根表、三角函数表，银行里的利息表，列车时刻表等，都是用列表法来表示函数关系的.

列表法的优点是不需要计算，就可以直接看出与自变量的值相对应的函数值.

用函数图像表示两个变量之间的函数关系的方法，叫做**图像法**.

例如，气象台用自动记录仪描绘的温度随时间变化的曲线如图 2-1 所示，能直观地看到 24 小时内气温 θ 的变化情况.

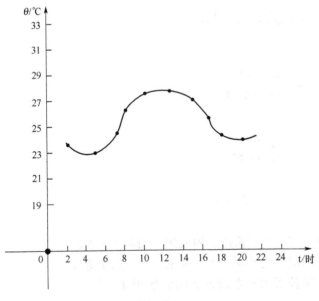

图　2-1

图像法的优点是能直观形象地表示出函数的变化情况，这

24

样便可以通过图像来研究函数的某些性质.

有些函数，在自变量的不同取值范围内，具有不同的解析式，如

$$y = f(x) = \sqrt{x^2} = \begin{cases} x & x \geq 0 \\ -x & x < 0 \end{cases}$$

它是定义在无穷区间 $(-\infty, +\infty)$ 内的一个函数. 当 $x \geq 0$ 时，$f(x) = x$；当 $x < 0$ 时，$f(x) = -x$. 其图像如图 2-2 所示.

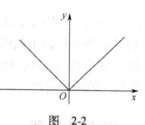

一般地，自变量在不同的取值范围内，具有不同的解析式的函数，称为**分段函数**.

图 2-2

练一练

画出函数

$$y = \begin{cases} x & x \in [0,2) \\ -x+4 & x \in [2,4) \\ x-4 & x \in [4,6] \end{cases}$$

的图像.

【习题 2.1】

1. 判断下列各组函数中，哪组函数是相同的.

（1）$y = \dfrac{x^2}{x}$ 与 $y = x$；　　（2）$y = \dfrac{x^2}{x}$ 与 $y = (\sqrt{x})^2$；

（3）$y = |x|$ 与 $y = \sqrt{x^2}$；

（4）$y = x - 3$ 与 $y = \sqrt{x^2 - 6x + 9}$.

2. 已知函数 $f(x) = \sqrt{x+3} + \dfrac{1}{x+2}$,

（1）求函数的定义域；

（2）求 $f(-3)$，$f\left(\dfrac{2}{3}\right)$ 的值；

（3）当 $a > 0$ 时，求 $f(a)$，$f(a-1)$ 的值.

3. 求下列函数的定义域.

（1）$y = 3x^2 + \dfrac{1}{x-1}$；　　　（2）$y = \sqrt[3]{x-2}$；

（3）$f(x) = \sqrt{1-x} + \sqrt{x+3} - 1$；

（4）$y = \sqrt{|x-1|}$；

（5）$y = \sqrt{x^2 - 3x + 2}$；　　　（6）$y = \dfrac{\sqrt{4-x^2}}{x-1}$.

4. 已知 $f(x) = 2x - 3$，$x \in \{0,1,2,3,4\}$，求 $f(x)$ 的值域.

5. 把一个直径 $d = 50\text{cm}$ 的圆木截成截面为长方形的长木，若此长方形截面的一条边长为 $x\text{cm}$，截面的面积为 $A\text{cm}^2$，求以 x 为自变量，面积 A 的函数表达式，并求其定义域.

2.2　函数的图像及其性质

1. 函数的图像

函数的图像不仅是函数的一种几何表达形式，也是研究函数性质的重要工具.

在初中，已经学习了函数图像的画法. 这里，用描点法来描绘函数的图像，并根据函数的图像，研究函数的性质.

描点法作图的步骤为：确定定义域、列表、描点、连线四步.

例 1　用描点法作下列函数的图像.

（1）$y = x^2$；（2）$y = 2x + 1$，$x \in \{-1,0,2,4\}$；（3）$y = x^3$.

解　（1）函数 $y = x^2$ 的定义域为 $(-\infty, +\infty)$.

列表：

x	$\cdots$	-2	-1	0	1	2	$\cdots$
y	$\cdots$	4	1	0	1	4	$\cdots$

根据表中的数对 (x,y)，在直角坐标系内描点，用光滑的曲线将各点连接起来，就得到函数 $y = x^2$ 的图像，如图 2-3 所示.

（2）函数 $y = 2x + 1$，$x \in \{-1,0,2,4\}$ 的定义域为 $\{-1,0,2,4\}$.

列表：

x	-1	0	2	4
y	-1	1	5	9

根据表中的数对(x, y)，在直角坐标系内描点，就得到函数

$$y = 2x + 1, \quad x \in \{-1, 0, 2, 4\}$$

的图像(见图2-4).

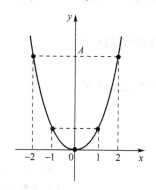

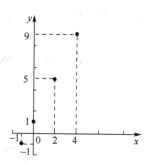

图 2-3 　　　　　　　图 2-4

（3）函数$y = x^3$的定义域为$(-\infty, +\infty)$.

列表:

x	...	-1.5	-1	-0.5	0	0.5	1	1.5	...
y	...	-3.38	-1	-0.13	0	0.13	1	3.38	...

根据表中的数对(x, y)，在直角坐标系内描点，并用光滑的曲线把它们连接起来，就得到函数$y = x^3$的图像，如图2-5所示.

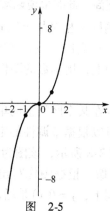

2. 函数的单调性

观察函数$y = x^2$的图像(见图2-3).

图像在y轴的右侧部分是上升的，也就是说，当自变量x在区间$[0, +\infty)$上取值时，随着自变量x的增大，相应的y值也随着增大. 即取$x_1, x_2 \in [0, +\infty)$，得到$y_1 = f(x_1)$，$y_2 = f(x_2)$. 当$x_1 < x_2$时，有

图 2-5

$$y_1 < y_2$$

图像在 y 轴的左侧部分是下降的，也就是说，当自变量 x 在区间 $(-\infty,0)$ 上取值时，随着自变量 x 的增大，相应的 y 值反而随着减小. 即取 x_1，$x_2 \in (-\infty,0)$，得到 $y_1 = f(x_1)$，$y_2 = f(x_2)$. 当 $x_1 < x_2$ 时，有

$$y_1 > y_2$$

设函数 $f(x)$ 的定义域为 A，对于属于定义域 A 的某个区间 (a,b) 内的任意两个自变量 x_1，x_2，且 $x_1 < x_2$.

（1）当 $f(x_1) < f(x_2)$ 时，$f(x)$ 在这个区间上是**增函数**（见图2-6）；

（2）当 $f(x_1) > f(x_2)$ 时，$f(x)$ 在这个区间上是**减函数**（见图2-7）.

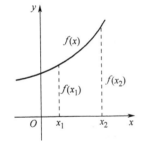 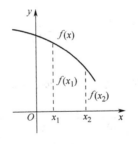

思考：能否认为函数 $y = x^2$ 在 $(-\infty,+\infty)$ 内是单调函数？

图 2-6　　　　图 2-7

若函数 $y = f(x)$ 在某个区间上是增函数或减函数，那么就说函数 $f(x)$ 在这一区间上具有（严格的）**单调性**，这一区间叫做函数 $f(x)$ 的**单调区间**. 此时也说函数是这一区间上的单调函数.

函数的单调性是相对某个区间而言的，例如，函数 $y = x^2$ 在区间 $(-\infty,0)$ 内是减函数，在区间 $[0,+\infty)$ 上是增函数.

在单调区间上，增函数的图像是上升的，减函数的图像是下降的.

要讨论函数在某个区间上的单调性，可利用函数的图像直观地判断，也可以根据单调性的定义来判断.

例2 如图2-8所示，该图为定义在闭区间 $[-5,5]$ 上的函数 $y = f(x)$ 的图像，根据图像写出 $y = f(x)$ 的单调区间，并判断在各单调区间上，$y = f(x)$ 是增函数还是减函数.

解 函数 $y = f(x)$ 的单调区间有 $[-5,-2)$，$[-2,1)$，$[1,3)$，$[3,5]$.

其中，$y = f(x)$ 在区间 $[-5,-2)$，$[1,3)$ 上是减函数；在区间 $[-2,1)$，$[3,5]$ 上是增函数.

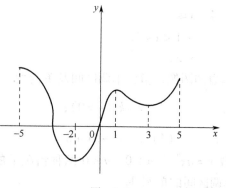

图 2-8

例3 求证：函数 $f(x) = \dfrac{1}{x}$ 在 $(0, +\infty)$ 上是减函数.

证明 任取 x_1，$x_2 \in (0, +\infty)$，且 $x_1 < x_2$，则

$$f(x_1) - f(x_2) = \frac{1}{x_1} - \frac{1}{x_2} = \frac{x_2 - x_1}{x_1 x_2}$$

由 x_1，$x_2 \in (0, +\infty)$，得 $x_1 x_2 > 0$；又由 $x_1 < x_2$，得 $x_2 - x_1 > 0$. 于是

$$f(x_1) - f(x_2) > 0$$

即

$$f(x_1) > f(x_2)$$

故函数 $f(x) = \dfrac{1}{x}$ 在 $(0, +\infty)$ 上是减函数.

用函数的单调性的定义判断函数的单调性，可按下面的步骤进行：

1. 取值；
2. 作差；
3. 判断.

练一练

作下列函数的图像，并根据图像写出其单调区间.

（1）$y = -x^2$；

（2）$y = -2x + 1$.

【习题2.2】

1. 作下列函数的图像.

（1）$y = 2x$，$x \in \{-2, -1, 0, 1, 2\}$；

（2）$y = 3x + 1$，$x \in (-2, 2]$；

（3）$y = \sqrt{x}$；

(4) $y = \begin{cases} x+2 & x \leqslant -1 \\ x^2 & -1 < x < 1. \\ 2 & x \geqslant 1 \end{cases}$

2. 作下列函数的图像，指出单调区间及单调性.

(1) $y = \dfrac{2}{x}$；   (2) $y = kx\,(k > 0)$；

(3) $y = |x|$；   (4) $y = x^2 - 5x + 6$.

3. 讨论函数 $y = ax^2$ 在 $a > 0$，$a < 0$ 两种情况下的单调区间，并说明各单调区间的单调性.

4. 讨论下列函数在给定区间的单调性.

(1) $y = x^2 - 2x + 3$，$x \in (1, +\infty)$；

(2) $y = x + \dfrac{1}{x}$，$x \in (0, 1)$.

2.3 反函数

1. 反函数的定义

在函数 $y = 2x + 6\,(x \in \mathbf{R})$ 中，x 是自变量，y 是 x 的函数，值域是 $\mathbf{R}$.

从函数 $y = 2x + 6$ 中解出 x，得 $x = \dfrac{y}{2} - 3$. 对于 y 在 $\mathbf{R}$ 中的任何一个值，通过解析式 $x = \dfrac{y}{2} - 3$，x 在 $\mathbf{R}$ 中都有唯一的值和它对应.

也就是说，可以把 y 作为自变量，x 作为 y 的函数，定义域是 $y \in \mathbf{R}$，值域是 $x \in \mathbf{R}$.

设函数 $y = f(x)$，定义域为 A，值域为 C. 如果对于 C 中的任何一个 y 值，通过 $y = f(x)$，在 A 中都有唯一确定的 x 值与之对应，那么所得到的以 y 为自变量的函数 $x = \varphi(y)$，叫做函数 $y = f(x)$ 的**反函数**，记作 $x = f^{-1}(y)$.

因为习惯上用 x 表示自变量，y 表示函数，因此将 $x = f^{-1}(y)$ 改写成 $y = f^{-1}(x)$.

如，函数 $y = 2x + 6\,(x \in \mathbf{R})$ 的反函数为 $y = \dfrac{x}{2} - 3\,(x \in \mathbf{R})$.

函数 $y=f(x)$ 与其反函数 $y=f^{-1}(x)$ 的定义域与值域的关系如表 2-2 所示：

表 2-2

	$y=f(x)$	$y=f^{-1}(x)$
定义域	A	C
值域	C	A

从反函数的定义可知，函数 $y=f(x)$ 与它的反函数 $y=f^{-1}(x)$ 互为反函数.

例 1 求下列函数的反函数.

（1） $y=3x-1(x\in\mathbf{R})$；（2） $y=x^3+1(x\in\mathbf{R})$；

（3） $y=\sqrt{x}+1(x\geqslant0)$；（4） $y=\dfrac{2x+3}{x-1}(x\in\mathbf{R}$，且 $x\neq1)$.

解 （1） 由 $y=3x-1$，解得

$$x=\frac{y+1}{3}$$

故函数 $y=3x-1(x\in\mathbf{R})$ 的反函数是

$$y=\frac{x+1}{3}\quad(x\in\mathbf{R})$$

（2） 由 $y=x^3+1(x\in\mathbf{R})$，解得

$$x=\sqrt[3]{y-1}$$

故函数 $y=x^3+1(x\in\mathbf{R})$ 的反函数是

$$y=\sqrt[3]{x-1}(x\in\mathbf{R})$$

（3） 由 $y=\sqrt{x}+1$ 解得

$$x=(y-1)^2$$

又因为　　　　　　　$x\geqslant0$，$y\geqslant1$

故函数 $y=\sqrt{x}+1\ (x\geqslant0)$ 的反函数是

$$y=(x-1)^2(x\geqslant1)$$

（4） 由 $y=\dfrac{2x+3}{x-1}$ 解得

$$x=\frac{y+3}{y-2}$$

由 $x\in\mathbf{R}$，$x\neq1$ 得 $y\in\mathbf{R}$，$y\neq2$，

本书中，如未特殊注明，函数 $y=f(x)$ 的反函数都改写成 $y=f^{-1}(x)$ 的形式.

反函数的定义域由原来函数的值域得到，而不能由反函数的解析式得到. 求反函数时，一般要注明反函数的定义域.

故函数 $y = \dfrac{2x+3}{x-1}$ $(x \in \mathbf{R}, 且\, x \neq 1)$ 的反函数是

$$y = \frac{x+3}{x-2} \ (x \in \mathbf{R}, 且\, x \neq 2)$$

练一练

求下列函数的反函数.

(1) $y = 2x$ $(x \in \mathbf{R})$;   (2) $y = 5x - 6$ $(x \in \mathbf{R})$.

2. 函数与其反函数图像之间的关系

例2 求函数 $y = 3x - 2$ $(x \in \mathbf{R})$ 的反函数, 并在同一坐标系中, 画出它们的图像.

解 由 $y = 3x - 2$, 解得

$$x = \frac{y+2}{3}$$

故函数 $y = 3x - 2$ $(x \in \mathbf{R})$ 的反函数是

$$y = \frac{x+2}{3} \ (x \in \mathbf{R})$$

函数 $y = 3x - 2$ 与其反函数的图像, 如图2-9所示.

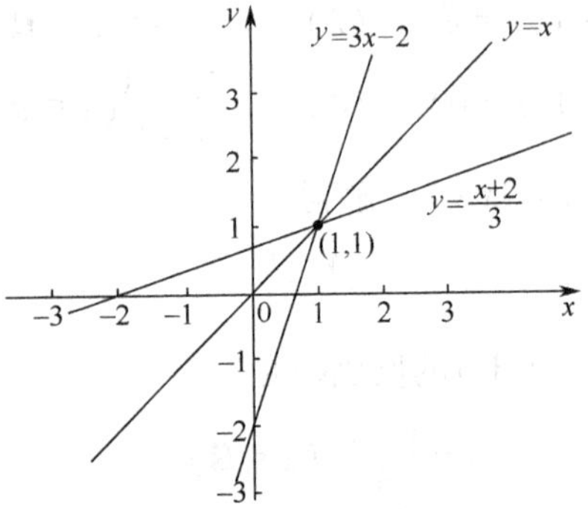

由例2可知, 函数 $y = f(x)$ 的图像与它的反函数 $y = f^{-1}(x)$ 的图像关于直线 $y = x$ 对称.

例3 求函数 $y = x^2$ $(x \leqslant 0)$ 的反函数, 并利用对称关系, 作出其反函数的图像.

解 函数的定义域是 $x \leqslant 0$, 值域是 $y \geqslant 0$, 由 $y = x^2$ 解出

$$x = -\sqrt{y}$$

所以, 函数 $y = x^2$ $(x \leqslant 0)$ 的反函数是 $y = -\sqrt{x}$ $(x \geqslant 0)$.

作 $y = x^2$ $(x \leqslant 0)$ 的图像, 再作该函数的图像关于直线 $y = x$ 的对称曲线, 即为函数 $y = -\sqrt{x}$ $(x \geqslant 0)$ 的图像 (见图2-10).

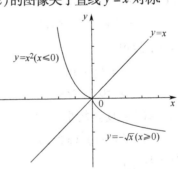

图 2-9

图 2-10

【习题2.3】

1. 下列函数是否有反函数？如果有反函数，写出反函数并指出其定义域.

（1）$y = x^2 - 1$，$x \in (-\infty, +\infty)$；

（2）$y = x^2 - 1$，$x \in (0, +\infty)$；

（3）$y = |x|$，$x \in (-\infty, +\infty)$；

（4）$y = |x|$，$x \in (-\infty, 0)$.

2. 求下列函数的反函数，并利用图像的对称性在同一坐标系内作出它们的图像.

（1）$y = 2x^3$；　　　　　　　（2）$y = \dfrac{2}{x}$；

（3）$y = 3x + 5$；　　　　　　（4）$y = \sqrt{2x}$.

3. 已知 $y = 2x - 1$，$x \in \{0, 1, 2, 3, 4\}$，求其反函数，并在同一坐标系内作出它们的图像.

2.4　分数指数

1. 根式

在初中，学习了整数指数幂和二次根式的概念及运算，这里，把指数的概念从整数推广到有理数，并介绍 n 次方根的概念.

如果一个数 x 的平方等于 a，那么把 x 叫做 a 的**平方根**；如果一个数 x 的立方等于 a，那么把 x 叫做 a 的**立方根**.

一般地，若 $x^n = a$（$n > 1$，$n \in \mathbf{N}_+$），则 x 叫做 a 的 **n 次方根**.

当 n 为奇数时，正数的 n 次方根为正数，负数的 n 次方根为负数，记作 $\sqrt[n]{a}$. 如，$\sqrt[3]{8} = 2$，$\sqrt[5]{-32} = -2$.

当 n 为偶数时，正数的 n 次方根有两个，它们互为相反数. 正数 a 的正的 n 次方根记作 $\sqrt[n]{a}$，简称**算术根**；负的 n 次方根记作 $-\sqrt[n]{a}$，正、负 n 次方根可合并记作 $\pm\sqrt[n]{a}$（$a > 0$）. 如，16 的 4 次方根有两个，一个是 $\sqrt[4]{16} = 2$，另一个是 $-\sqrt[4]{16} = -2$，它们的绝对值相等而符号相反.

33

负数没有偶次方根.

0 的任何次方根为 0.

当 $\sqrt[n]{a}$ 有意义时,把 $\sqrt[n]{a}$ 叫做**根式**,n 叫做**根指数**,a 叫做**被开方数**,并且

$$\left(\sqrt[n]{a}\right)^n = a \qquad\qquad (2\text{-}1)$$

例 1 求下列各式的值.

(1) $\sqrt[3]{(-2)^3}$;

(2) $\sqrt{(-5)^2}$;

(3) $\sqrt[4]{(3-\pi)^4}$;

(4) $\sqrt[4]{4^2}$.

解 (1) $\sqrt[3]{(-2)^3} = -2$;

(2) $\sqrt{(-5)^2} = |-5| = 5$;

(3) $\sqrt[4]{(3-\pi)^4} = |3-\pi| = \pi - 3$;

(4) $\sqrt[4]{4^2} = \sqrt[4]{2^4} = 2$.

2. 分数指数幂

当有些根式的被开方数的指数能被根指数整除时,根式可以表示成整数指数幂的形式,例如,

$$\sqrt[5]{a^{10}} = \sqrt[5]{(a^2)^5} = a^{\frac{10}{5}} = a^2$$

类似地,当根式的被开方数的指数不能被根指数整除时,根式也写成分数指数幂的形式,例如,

$$\sqrt[3]{a^2} = \sqrt[3]{\left(a^{\frac{2}{3}}\right)^3} = a^{\frac{2}{3}}$$

规定:正数的正分数指数幂的意义为

$$a^{\frac{m}{n}} = \sqrt[n]{a^m} \quad (a \geqslant 0, m, n \in \mathbf{N}_+, \text{且 } n > 1) \qquad (2\text{-}2)$$

正数的负分数指数幂的意义为

$$a^{-\frac{m}{n}} = \frac{1}{a^{\frac{m}{n}}} \quad (a > 0, m, n \in \mathbf{N}_+, \text{且 } n > 1) \qquad (2\text{-}3)$$

0 的正分数指数幂等于 0.

0 的负分数指数幂无意义.

规定了分数指数幂的意义之后,指数的概念从整数推广到了有理数. 整数指数幂的运算性质,对于有理数指数幂也同样适用,即

分数指数幂是根式的另一种表示形式. 根式与分数指数幂可以进行转化.

34

$$a^m a^n = a^{m+n} (m, n \in \mathbf{Q})$$
$$(a^m)^n = a^{mn} (m, n \in \mathbf{Q})$$
$$(ab)^n = a^n b^n (n \in \mathbf{Q})$$
(2-4)

练一练

1. 用分数指数幂表示下列各式.

(1) $\sqrt[3]{x^2}$;　　　　　(2) $\dfrac{m^3}{\sqrt{m}}$;

(3) $\sqrt[3]{(m-n)^2}$;　　(4) $\sqrt{p^6 q^5}$.

2. 用根式的形式表示下列各式($a > 0$).

(1) $a^{\frac{1}{5}}$;　　　　　(2) $a^{\frac{3}{4}}$;

(3) $a^{-\frac{3}{5}}$;　　　　(4) $a^{-\frac{2}{3}}$.

例2 求下列各式的值.

(1) $27^{\frac{2}{3}}$;　　　　　(2) $0.001^{-\frac{2}{3}}$;

(3) $\left(\dfrac{1}{4}\right)^{-3}$;　　　　(4) $\left(\dfrac{16}{81}\right)^{-\frac{3}{4}}$.

解 (1) $27^{\frac{2}{3}} = (3^3)^{\frac{2}{3}} = 3^{3 \times \frac{2}{3}} = 3^2 = 9$;

(2) $0.001^{-\frac{2}{3}} = (10^{-3})^{-\frac{2}{3}} = 10^2 = 100$;

(3) $\left(\dfrac{1}{4}\right)^{-3} = (4^{-1})^{-3} = 4^3 = 64$;

(4) $\left(\dfrac{16}{81}\right)^{-\frac{3}{4}} = \left(\dfrac{2}{3}\right)^{4 \times \left(-\frac{3}{4}\right)} = \left(\dfrac{2}{3}\right)^{-3} = \dfrac{27}{8}$.

例3 化简下列各式.

(1) $\dfrac{a^2}{\sqrt{a}\sqrt[3]{a^2}}$ ($a > 0$);　　　　(2) $\left(m^{\frac{1}{4}} n^{-\frac{3}{8}}\right)^8$;

(3) $\sqrt{\dfrac{3x}{y}}\sqrt[3]{\dfrac{y^2}{3x}}$;　　　　(4) $\dfrac{\sqrt{x\sqrt{x\sqrt{x}}}}{x^{\frac{7}{8}}}$.

如果没有特殊说明，根式中字母的取值，都在使根式有意义的范围内取.

解 (1) $\dfrac{a^2}{\sqrt{a}\sqrt[3]{a^2}} = \dfrac{a^2}{a^{\frac{1}{2}} a^{\frac{2}{3}}} = a^{2 - \frac{1}{2} - \frac{2}{3}} = a^{\frac{5}{6}}$;

(2) $\left(m^{\frac{1}{4}} n^{-\frac{3}{8}}\right)^8 = \left(m^{\frac{1}{4}}\right)^8 \left(n^{-\frac{3}{8}}\right)^8 = m^2 n^{-3} = \dfrac{m^2}{n^3}$;

(3) $\sqrt{\dfrac{3x}{y}}\sqrt[3]{\dfrac{y^2}{3x}}=\left(\dfrac{3x}{y}\right)^{\frac{1}{2}}\left(\dfrac{y^2}{3x}\right)^{\frac{1}{3}}=(3x)^{\frac{1}{2}}y^{-\frac{1}{2}}y^{2\times\frac{1}{3}}(3x)^{-\frac{1}{3}}$

$$=(3x)^{\frac{1}{6}}y^{\frac{1}{6}}=\sqrt[6]{3xy}$$

(4) $\dfrac{\sqrt{x\sqrt{x\sqrt{x}}}}{x^{\frac{7}{8}}}=\dfrac{\sqrt{x\sqrt{x\cdot x^{\frac{3}{2}}}}}{x^{\frac{7}{8}}}=\dfrac{\sqrt{x\cdot x^{\frac{3}{4}}}}{x^{\frac{7}{8}}}=\dfrac{x^{\frac{7}{8}}}{x^{\frac{7}{8}}}=1.$

【习题 2.4】

1. 求下列各式的值.

(1) $0.027^{\frac{2}{3}}$；   (2) $\sqrt[5]{(-0.1)^5}$；

(3) $\sqrt{(\pi-4)^2}$；   (4) $\sqrt[6]{(x-y)^6}$ $(x\leqslant y)$.

2. 用分数指数幂表示下列各式.

(1) $\sqrt[3]{(a-b)^2}$；   (2) $\sqrt[4]{(a+b)^3}$；

(3) $\sqrt[3]{ab^2+a^2b}$；   (4) $\sqrt[7]{a^3b^2}$.

3. 化简下列各式.

(1) $a^{\frac{1}{3}}a^{\frac{1}{6}}a^{-\frac{1}{8}}$；   (2) $\left(a^{\frac{1}{2}}b^{-\frac{1}{3}}\right)^6$；

(3) $\left(\dfrac{8a^{-3}}{27b^6}\right)^{-\frac{1}{3}}$；   (4) $\dfrac{\sqrt[3]{a^2}\sqrt[3]{a}}{\sqrt[3]{b}}$.

2.5   指数函数

1. 指数函数的定义

在形如

$$y=2^x,\ y=\left(\dfrac{1}{2}\right)^x$$

的函数中，自变量 x 出现在指数的位置上，而底数是一个大于零且不等于 1 的常数，对于这样的函数，给出下面的定义：

把函数 $y=a^x$ ($a>0$ 且 $a\neq1$) 叫做**指数函数**，其定义域为 **R**.

例如，$y=3^x$, $y=\left(\dfrac{1}{3}\right)^x$, $y=10^x$ 等都是指数函数.

思考：$y=x^2$ 是指数函数吗？为什么？

2. 指数函数的图像与性质

下面，先画出几个指数函数的图像，通过对图像的观察，来讨论指数函数的性质.

用描点法在同一坐标系内作下列函数的图像(见图2-11).

（1）$y = 2^x$；　（2）$y = \left(\dfrac{1}{2}\right)^x$；　（3）$y = 10^x$.

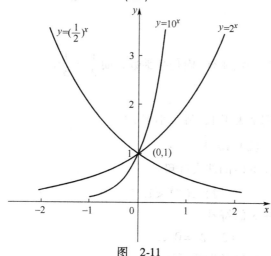

图　2-11

由图2-11中三个指数函数的图像，可以看出指数函数 $y = a^x$ 在 $a > 1$ 和 $0 < a < 1$ 时的性质. 现列表2-3进行说明.

表　2-3

a > 1		0 < a < 1	
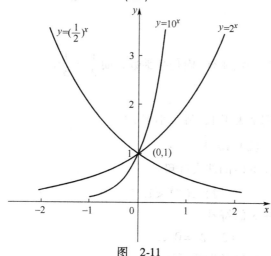			
图像特点	函数性质	图像特点	函数性质
图像在 x 轴上方，且过（0，1）点，曲线从左到右是上升的	1. $y > 0$ 2. 当 $x = 0$ 时，$y = 1$ 3. 当 $x > 0$ 时，$y > 1$ 当 $x < 0$ 时，$y < 1$ 4. 函数是增函数	图像在 x 轴上方，且过（0，1）点，曲线从左到右是下降的	1. $y > 0$ 2. 当 $x = 0$ 时，$y = 1$ 3. 当 $x > 0$ 时，$y < 1$ 当 $x < 0$ 时，$y > 1$ 4. 函数是减函数

例 1 比较下列各组中两个值的大小.

(1) $3^{\frac{1}{2}}$ 与 $3^{\frac{1}{3}}$；   (2) $0.3^{\frac{1}{2}}$ 与 $0.3^{\frac{1}{3}}$

解 （1）因为 $y=3^x$ 在 $(-\infty,+\infty)$ 内是增函数，而 $\frac{1}{2}>\frac{1}{3}$，所以 $3^{\frac{1}{2}}>3^{\frac{1}{3}}$.

（2）因为 $y=0.3^x$ 在 $(-\infty,+\infty)$ 内是减函数，而 $\frac{1}{2}>\frac{1}{3}$，所以 $0.3^{\frac{1}{2}}<0.3^{\frac{1}{3}}$.

例 2 下面两个数，哪个大于 1，哪个小于 1?

(1) $10^{\frac{2}{3}}$；   (2) $10^{-\frac{2}{3}}$.

解 根据函数 $y=a^x(a>1)$ 的性质可知：

(1) $10^{\frac{2}{3}}>1$；   (2) $10^{-\frac{2}{3}}<1$.

例 3 确定下列各式中 x 的符号：

(1) $2^x=1.2$；   (2) $2^x=0.2$.

解 根据函数 $y=a^x(a>1)$ 的性质可知：

(1) 因为 $2^x=1.2>1$，所以 $x>0$.

(2) 因为 $2^x=0.2<1$，所以 $x<0$.

例 4 求下列函数的定义域.

(1) $y=\sqrt{3^x-1}$；   (2) $y=\sqrt{\left(\frac{1}{2}\right)^{2x-1}-\frac{1}{16}}$.

解 （1）要使 $\sqrt{3^x-1}$ 有意义，必须使 $3^x-1\geqslant0$，即 $3^x\geqslant1=3^0$，解得 $x\geqslant0$，函数的定义域为 $[0,+\infty)$.

（2）要使 $\sqrt{\left(\frac{1}{2}\right)^{2x-1}-\frac{1}{16}}$ 有意义，必须使 $\left(\frac{1}{2}\right)^{2x-1}-\frac{1}{16}\geqslant0$，即 $\left(\frac{1}{2}\right)^{2x-1}\geqslant\left(\frac{1}{2}\right)^4$，所以 $2x-1\leqslant4$，解得 $x\leqslant\frac{5}{2}$，函数的定义域为 $\left(-\infty,\frac{5}{2}\right]$.

【习题 2.5】

1. 作出下列函数的图像，并说明它们的性质.

（1）$y = 3^x$；   （2）$y = \left(\dfrac{1}{3}\right)^x$.

2. 比较下列各组数值的大小.

（1）5^3 与 $5^{3.1}$；   （2）$5^{-0.2}$ 与 $5^{-0.21}$；

（3）$\pi^{\frac{3}{2}}$ 与 $\pi^{\frac{2}{3}}$；   （4）$0.3^{-0.5}$ 与 $0.3^{-0.2}$.

3. 将 $2^{\frac{2}{3}}$、$\left(\dfrac{1}{8}\right)^{\frac{7}{6}}$、$\left(\dfrac{1}{2}\right)^{\frac{1}{3}}$、$4^{\frac{5}{2}}$ 按从小到大的顺序排列.

4. 下列各数中哪些大于 1，哪些小于 1？

（1）$\left(\dfrac{5}{4}\right)^{\frac{2}{3}}$；   （2）$\left(\dfrac{5}{4}\right)^{-\frac{7}{8}}$；

（3）$\left(\dfrac{2}{3}\right)^{-\frac{5}{6}}$；   （4）$\left(\dfrac{2}{3}\right)^{\frac{5}{6}}$.

5. 确定下列各式中 x 的符号.

（1）$10^x = 7$；   （2）$10^x = \dfrac{1}{7}$；

（3）$\left(\dfrac{1}{4}\right)^x = 0.6$；   （4）$\left(\dfrac{1}{4}\right)^x = 0.2$.

6. 比较下列各式中 m 和 n 的大小.

（1）$3.5^m < 3.5^n$；   （2）$\left(\dfrac{1}{5}\right)^m > \left(\dfrac{1}{5}\right)^n$；

（3）$(\sin45°)^m < (\cos45°)^n$；   （4）$\left(\dfrac{5}{3}\right)^m > \left(\dfrac{5}{3}\right)^n$.

7. 判断下列各式中的底数 $a(a > 0)$ 是大于 1 还是小于 1.

（1）$a^{\frac{3}{5}} < a^{\frac{4}{5}}$；   （2）$a^{-\frac{5}{6}} < a^{-\frac{7}{6}}$.

8. 求下列各函数的定义域.

（1）$y = 3^{x+1}$；   （2）$y = \sqrt{2^{4x+1} - \dfrac{1}{8}}$.

2.6 对数

1. 对数的定义

2 的 4 次幂等于 16，即 $2^4 = 16$. 这里 2 是底数，4 是指数，16 是 2 的 4 次幂. 这是根据底和指数来求幂的运算.

练一练

求下列各式中的 x.

(1) $2^x = \dfrac{1}{2}$;   (2) $2^x = 8$;   (3) $2^x = 64$.

上面的练一练，是由底数和幂求指数的运算. 由于 $2^{-1} = \dfrac{1}{2}$，$2^3 = 8$，$2^6 = 64$，所以，上面各式中的 x 分别为 -1，3，6，并且把 -1 叫做以 2 为底，$\dfrac{1}{2}$ 的对数，记作 $\log_2 \dfrac{1}{2} = -1$，把 3 叫做以 2 为底，8 的对数，记作 $\log_2 8 = 3$，等.

一般地，如果 $a^b = N$（$a > 0$, 且 $a \neq 1$），那么把 b 叫做以 a 为底 N（$N > 0$）的**对数**. 记作 $b = \log_a N$，读作"b 是以 a 为底 N 的对数". 其中，a 叫做**底数**（简称**底**），N 叫做**真数**.

负数和零没有对数.

把 $a^b = N$ 叫做**指数式**，$\log_a N = b$ 叫做**对数式**.

把指数式 $a^b = N$ 中的底数、指数、幂与对数式 $\log_a N = b$ 中的底数、真数、对数的关系，列表 2-4 进行对照如下：

思考：为什么负数和零没有对数？

表 2-4

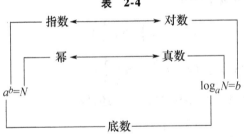

把以 10 为底的对数叫做**常用对数**. 为了简便，把 $\log_{10} N$ 简记作 $\lg N$.

例如，$\log_{10} 5$ 简记作 $\lg 5$，$\log_{10} 3.5$ 简记作 $\lg 3.5$.

把以无理数 e（$e = 2.71828\cdots$）为底的对数叫做**自然对数**，为了简便，把 $\log_e N$ 简记作 $\ln N$.

例如，$\log_e 3$ 简记作 $\ln 3$，$\log_e 10$ 简记作 $\ln 10$.

例 1 把下列指数式写成对数式.

(1) $2^6 = 64$;   (2) $4^{\frac{1}{2}} = 2$;

(3) $3^{-2} = \dfrac{1}{9}$;   (4) $25^{\frac{3}{2}} = 125$;

(5) $a^0 = 1(a > 0, \text{且} a \neq 1)$;   (6) $a^1 = a(a > 0, \text{且} a \neq 1)$.

解 各式写成对数式分别为

(1) $\log_2 64 = 6$;   (2) $\log_4 2 = \dfrac{1}{2}$;

(3) $\log_3 \dfrac{1}{9} = -2$;   (4) $\log_{25} 125 = \dfrac{3}{2}$;

(5) $\log_a 1 = 0$;   (6) $\log_a a = 1$.

例 1 中的 (5)、(6) 说明，当 $a > 0$，且 $a \neq 1$ 时，

底的对数等于 1，即 $\log_a a = 1$.

1 的对数等于 0，即 $\log_a 1 = 0$.

例 2 把下列对数式写成指数式.

(1) $\log_{16} 8 = \dfrac{3}{4}$;   (2) $\log_{10} 0.01 = -2$;

(3) $\log_{10} 1000 = 3$;   (4) $\log_4 \dfrac{1}{8} = -\dfrac{3}{2}$.

解 各式写成指数式分别为

(1) $16^{\frac{3}{4}} = 8$;   (2) $10^{-2} = 0.01$;

(3) $10^3 = 1000$;   (4) $4^{-\frac{3}{2}} = \dfrac{1}{8}$.

例 3 求下列各式的值.

(1) $\log_5 25$;   (2) $\lg 100$;

(3) $\lg 1$;   (4) $\log_2 \dfrac{1}{16}$;

(5) $\log_5 5^3$;   (6) $e^{\ln 5}$.

解 (1) $\log_5 25 = 2$;   (2) $\lg 100 = 2$;

(3) $\lg 1 = 0$;   (4) $\log_2 \dfrac{1}{16} = -4$;

(5) 设 $\log_5 5^3 = x$，则 $5^x = 5^3$，解得

$$x = 3$$

所以 $\log_5 5^3 = 3$

(6) 设 $\ln 5 = x$，则 $e^x = 5$，

于是

$$e^{\ln 5} = e^x = 5$$

2. 对数的运算法则

根据对数的定义和幂的运算法则，可以得出对数的运算法则如下：

两个正数的乘积的对数，等于同一底数的两个正数的对数的和，即

$$\log_a M \cdot N = \log_a M + \log_a N \qquad (2\text{-}5)$$

两个正数的商的对数，等于同一底数的被除数的对数减去除数的对数所得的差，即

$$\log_a \frac{M}{N} = \log_a M - \log_a N \qquad (2\text{-}6)$$

正数幂的对数等于幂的底数的对数乘以幂指数，即

$$\log_a M^n = n \log_a M \qquad (2\text{-}7)$$

以上式子中，$a > 0$，且 $a \neq 1$，$M > 0$，$N > 0$.

例4 计算下列各式的值.

(1) $\log_2(4^7 \times 2^5)$；　　　(2) $\lg \sqrt[5]{100}$；

(3) $2\log_{20}2 + \dfrac{1}{2}\log_{20}25$.

解 (1) $\log_2(4^7 \times 2^5) = \log_2 4^7 + \log_2 2^5 = 7\log_2 4 + 5\log_2 2$

$$= 7 \times 2 + 5 = 19$$

(2) $\lg \sqrt[5]{100} = \lg 100^{\frac{1}{5}} = \dfrac{1}{5}\lg 100 = \dfrac{1}{5} \times 2 = \dfrac{2}{5}$；

(3) $2\log_{20}2 + \dfrac{1}{2}\log_{20}25 = \log_{20}2^2 + \log_{20}25^{\frac{1}{2}}$

$$= \log_{20}4 + \log_{20}5 = \log_{20}(4 \times 5)$$

$$= \log_{20}20 = 1$$

例5 用 $\log_a x$，$\log_a y$，$\log_a z$ 表示下列各式.

(1) $\log_a x^2 y^3$；　　(2) $\log_a \dfrac{xy}{z^2}$；　　(3) $\log_a \dfrac{x^2\sqrt{y}}{\sqrt[3]{z}}$.

解 (1) $\log_a x^2 y^3 = \log_a x^2 + \log_a y^3 = 2\log_a x + 3\log_a y$；

(2) $\log_a \dfrac{xy}{z^2} = \log_a xy - \log_a z^2 = \log_a x + \log_a y - 2\log_a z$；

（3）$\log_a \dfrac{x^2 \sqrt{y}}{\sqrt[3]{z}} = \log_a x^2 \sqrt{y} - \log_a \sqrt[3]{z}$

$$= 2\log_a x + \dfrac{1}{2}\log_a y - \dfrac{1}{3}\log_a z$$

例6 求证：当 $a>0$，$a\neq 1$，$m>0$，$m\neq 1$，$N>0$ 时，有

$$\log_a N = \dfrac{\log_m N}{\log_m a}$$

证明 设 $\log_a N = x$，则 $a^x = N$.

两边取以 $m(m>0, m\neq 1)$ 为底的对数

$$\log_m a^x = \log_m N$$

所以 $\qquad\qquad\qquad\qquad x\log_m a = \log_m N$

从而得 $\qquad\qquad\qquad\qquad x = \dfrac{\log_m N}{\log_m a}$

故有 $\qquad\qquad\qquad\qquad \log_a N = \dfrac{\log_m N}{\log_m a}$ $\qquad\qquad\qquad$ （2-8）

此式叫做对数的**换底公式**.

例7 用常用对数和自然对数表示下列对数.

（1）$\log_2 5$；$\qquad\qquad$（2）$\log_7 10$.

解 （1）$\log_2 5 = \dfrac{\lg 5}{\lg 2}$，$\log_2 5 = \dfrac{\ln 5}{\ln 2}$；

（2）$\log_7 10 = \dfrac{\lg 10}{\lg 7} = \dfrac{1}{\lg 7}$，$\log_7 10 = \dfrac{\ln 10}{\ln 7}$.

例8 计算 $\log_{0.5}\sqrt{2}$ 的值.

解 $\log_{0.5}\sqrt{2} = \dfrac{\ln \sqrt{2}}{\ln \dfrac{1}{2}} = \dfrac{\dfrac{1}{2}\ln 2}{\ln 1 - \ln 2} = -\dfrac{1}{2}$.

例9 证明下列等式成立（$a, b>0$，且均不为 1）.

（1）$\log_a b \cdot \log_b a = 1$；$\qquad\qquad$（2）$\log_{a^m} b^n = \dfrac{n}{m}\log_a b$.

证明 （1）$\log_a b \cdot \log_b a = \dfrac{\ln b}{\ln a} \cdot \dfrac{\ln a}{\ln b} = 1$；

（2）$\log_{a^m} b^n = \dfrac{\ln b^n}{\ln a^m} = \dfrac{n\ln b}{m\ln a} = \dfrac{n}{m}\log_a b$.

例 10   计算 $\log_4 5 \times \log_5 6 \times \log_6 7 \times \log_7 8$ 的值.

解 $\log_4 5 \times \log_5 6 \times \log_6 7 \times \log_7 8 = \dfrac{\ln 5}{\ln 4} \times \dfrac{\ln 6}{\ln 5} \times \dfrac{\ln 7}{\ln 6} \times \dfrac{\ln 8}{\ln 7}$

$$= \dfrac{\ln 8}{\ln 4} = \dfrac{3\ln 2}{2\ln 2} = \dfrac{3}{2}$$

例 11   计算 $(\log_5 3 + \log_{25} 3) \times (\log_3 125 + \log_9 5)$ 的值.

解 $(\log_5 3 + \log_{25} 3) \times (\log_3 125 + \log_9 5)$

$$= \left(\dfrac{\ln 3}{\ln 5} + \dfrac{\ln 3}{2\ln 5} \right) \times \left(\dfrac{3\ln 5}{\ln 3} + \dfrac{\ln 5}{2\ln 3} \right)$$

$$= \dfrac{3\ln 3}{2\ln 5} \times \dfrac{7\ln 5}{2\ln 3} = \dfrac{21}{4}$$

【习题 2.6】

1. 把下列指数式写成对数式.

（1）$2^6 = 64$；   （2）$7^{-2} = \dfrac{1}{49}$；   （3）$10^3 = 1000$；

（4）$5^0 = 1$；   （5）$8^{-\frac{2}{3}} = \dfrac{1}{4}$；   （6）$5^1 = 5$.

2. 把下列对数式写成指数式，并求出 x 的值.

（1）$\log_2 32 = x$；   （2）$\log_{\frac{1}{2}} 4 = x$；   （3）$\log_{\frac{1}{5}} \dfrac{1}{5} = x$；

（4）$\log_{27} \dfrac{1}{9} = x$；   （5）$\lg \dfrac{1}{1000} = x$；   （6）$\log_{\frac{9}{4}} \dfrac{2}{3} = x$.

3. 计算下列各式的值.

（1）$\log_9 9$；   （2）$\log_{0.3} 1$；   （3）$3^{\log_3 5}$.

4. 判断下列各式的对错.

（1）$\log_2 (8 - 3) = \log_2 8 - \log_2 3$；

（2）$\log_{10} (4 - 2) = \dfrac{\log_{10} 4}{\log_{10} 2}$；

（3）$\dfrac{\log_2 4}{\log_2 8} = \log_2 4 - \log_2 8$.

5. 把下列常用对数换成自然对数.

（1）$\lg 3$；   （2）$\lg 4.7$.

6. 把下列自然对数换成常用对数.

（1）$\ln 2$；　　　　　（2）$\ln \dfrac{1}{5.1}$．

7. 用 $\log_a x$、$\log_a y$、$\log_a z$、$\log_a(x+y)$、$\log_a(x-y)$ 表示下列各式.

（1）$\log_a \dfrac{\sqrt{x}}{y^2 z}$；　　　（2）$\log_a \dfrac{x^2 y^3}{x^2-y^2}$；　　　（3）$\log_a x \sqrt[3]{\dfrac{z^7}{y^5}}$．

8. 计算.

（1）$\log_a 2 + \log_a \dfrac{1}{2}$；　　　（2）$2\log_5 10 + \log_5 0.25$；

（3）$\dfrac{1}{4}\log_2 \dfrac{1}{81} - \log_2 \dfrac{1}{12}$．

9. 计算 $\dfrac{\lg 8 + \lg 27 - \lg 125}{\lg 4 + 2\lg 3 - 2\lg 5}$ 的值.

2.7　对数函数

1. 对数函数的定义

根据对数的定义，函数 $y=a^x$（$a>0$，且 $a\neq1$）可以写成对数 $x=\log_a y$ 的形式. 按照习惯，将 x 与 y 互换后，得到一个新的函数 $y=\log_a x$，这个函数是指数函数 $y=a^x$ 的反函数.

把函数 $y=\log_a x$（$a>0$，且 $a\neq1$）叫做**对数函数**. 其中，x 是自变量，它的定义域为 $(0,+\infty)$，值域为 **R**.

例如，$y=\log_2 x$，$y=\log_{\frac{1}{2}} x$，$y=\lg x$，$y=\ln x$ 等，都是对数函数，它们分别是指数函数 $y=2^x$，$y=\left(\dfrac{1}{2}\right)^x$，$y=10^x$，$y=e^x$ 的反函数.

2. 对数函数的图像与性质

因为对数函数 $y=\log_a x$ 是指数函数 $y=a^x$ 的反函数，所以它们的图像关于直线 $y=x$ 对称. 因此，只要画出和函数 $y=a^x$ 的图像关于直线 $y=x$ 对称的曲线，就可以得到函数 $y=\log_a x$ 的图像.

例如，画出函数 $y=2^x$，$y=10^x$，$y=\left(\dfrac{1}{2}\right)^x$ 的图像关于直线 $y=x$ 对称的曲线，就可得到 $y=\log_2 x$，$y=\lg x$，$y=\log_{\frac{1}{2}} x$ 的

图像(见图 2-12).

由图 2-12 可以看出，对数函数 $y = \log_a x$ 在 $a > 1$ 和 $0 < a < 1$ 时的性质. 列表 2-5 说明如下.

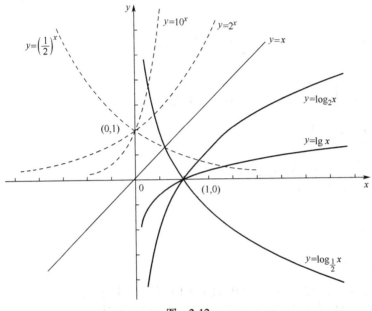

图　2-12

表　2-5

a > 1		0 < a < 1	
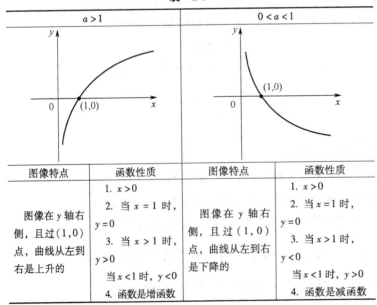			
图像特点	函数性质	图像特点	函数性质
图像在 y 轴右侧，且过 $(1,0)$ 点，曲线从左到右是上升的	1. $x > 0$ 2. 当 $x = 1$ 时，$y = 0$ 3. 当 $x > 1$ 时，$y > 0$ 当 $x < 1$ 时，$y < 0$ 4. 函数是增函数	图像在 y 轴右侧，且过 $(1,0)$ 点，曲线从左到右是下降的	1. $x > 0$ 2. 当 $x = 1$ 时，$y = 0$ 3. 当 $x > 1$ 时，$y < 0$ 当 $x < 1$ 时，$y > 0$ 4. 函数是减函数

例1 比较下列各组中两个对数的大小.

（1）$\log_3 5$ 与 $\log_3 7$；　　　　（2）$\log_{\frac{1}{2}} 3$ 与 $\log_{\frac{1}{2}} 5$；

（3）$\log_3 2$ 与 $\log_{\frac{1}{2}} 3$.

解　（1）因为 $y = \log_3 x$ 是增函数，且 $5 < 7$，所以 $\log_3 5 < \log_3 7$；

（2）因为 $y = \log_{\frac{1}{2}} x$ 是减函数，且 $3 < 5$，所以 $\log_{\frac{1}{2}} 3 > \log_{\frac{1}{2}} 5$；

（3）因为 $3 > 1$，$2 > 1$，所以 $\log_3 2 > 0$，而 $\frac{1}{2} < 1$，$3 > 1$，所以 $\log_{\frac{1}{2}} 3 < 0$，所以 $\log_3 2 > \log_{\frac{1}{2}} 3$.

例2　求下列函数的定义域.

（1）$y = \log_a (1 - 4x)$；　　　　（2）$y = \log_{(x-3)}(x + 3)$.

解　（1）要使函数有意义，必须使 $1 - 4x > 0$，所以 $x < \frac{1}{4}$，函数的定义域为 $\left(-\infty, \frac{1}{4} \right)$；

（2）要使函数有意义，必须使 $\begin{cases} x - 3 > 0 \\ x - 3 \neq 1, \\ x + 3 > 0 \end{cases}$ 即

$$\begin{cases} x > 3 \\ x \neq 4 \\ x > -3 \end{cases}$$

解得 $x > 3$，且 $x \neq 4$，函数的定义域为 $(3, 4) \cup (4, +\infty)$.

【习题 2.7】

1. 比较下列各组中两个对数的大小.

（1）$\log_5 7$ 与 $\log_5 8$；　　　　（2）$\log_{0.5} 7$ 与 $\log_{0.5} 8$.

2. 判断下列对数值的符号及是否为零.

（1）$\log_2 \dfrac{4}{3}$；　　　　　　（2）$\log_2 1$；

（3）$\log_2 \dfrac{3}{4}$；　　　（4）$\log_{\frac{1}{2}} \dfrac{3}{4}$.

3. 指出下列函数在指定区间上的单调性.

(1) $y = \lg x$ 在区间 $(0,1)$ 上；

(2) $y = \log_{\frac{1}{2}} x$ 在区间 $(1, +\infty)$ 上；

(3) $y = \ln x$ 在区间 $(0,1)$ 上；

(4) $y = \log_2 x$ 在区间 $(0, +\infty)$ 上.

2.8 函数的应用

函数在日常生活及经济工作中有着广泛的应用. 下面通过观察实例中一些量的关系，建立它们之间的函数表达式，解决一些实际问题.

例1 某商品的价格为 40 元时，月销售量为 10000 件，价格每提高 2 元，月销售量就会减少 400 件. 在不考虑其他因素时，

(1) 试求这种商品的月销售量与价格之间的函数关系式；

(2) 当价格提高到多少元时，这种商品就会卖不出去？

解 (1) 设商品价格提高 n 个 2 元，则商品价格 $x = 40 + 2n$，销售量 $y = 10000 - 400n$.

所以
$$y = 10000 - 400 \times \frac{x-40}{2}$$
$$= 10000 - 200x + 8000$$
$$= 18000 - 200x \quad (40 \leqslant x \leqslant 90)$$

(2) 商品销售不出去时，销售量 $y = 0$，即
$$18000 - 200x = 0$$
$$x = 90$$

答：(1) 这种商品销售量与价格之间的函数关系式为 $y = 18000 - 200x$，$x \in [40, 90]$.

(2) 当价格提高到 90 元时，这种商品就会卖不出去.

例2 火车从上海站开出 12km 后，以 80km/h 的速度匀速行驶. 试写出火车运行总路程 s 与作匀速运动的时间 t 之间的函数关系.

解 因为火车匀速行驶时间 t(单位为 h)后，运行的路程为 $80t$(单位为 km)，所以，火车运行的总路程 s(单位为 km)与作匀速运动的时间 t(单位为 h)之间的函数关系式为

$$s = 12 + 80t \quad (t \geqslant 0)$$

例 3 某学校计划建筑一矩形围墙，现有的材料可筑墙的总长度为 l. 如果要使围成的面积最大，问矩形的长、宽各等于多少？

解 设矩形的长为 x，则宽为 $\frac{1}{2}(l-2x)$，矩形的面积为

$$S = x\frac{l-2x}{2} = -x^2 + \frac{l}{2}x$$

$$= -\left[x^2 - \frac{l}{2}x + \left(\frac{l}{4}\right)^2 - \left(\frac{l}{4}\right)^2\right]$$

$$= -\left(x - \frac{l}{4}\right)^2 + \frac{l^2}{16}$$

由此可得，该函数在 $x = \frac{l}{4}$ 时取最大值，且 $S_{\max} = \frac{l^2}{16}$，这时宽为 $\frac{l-2x}{2} = \frac{l}{4}$.

答：当这个矩形是边长等于 $\frac{l}{4}$ 的正方形时，所围成的面积最大.

例 4 某机床的价值是 100 万元，每年的折旧率是 10%，问 10 年后它剩余的价值是多少(保留两位小数)？

解 设 x 年后机床剩余的价值是 y 万元. 由题意得

$$y = 100 \times (1 - 10\%)^x$$

即

$$y = 100 \times 0.9^x$$

当 $x = 10$ 时，$y = 100 \times 0.9^{10}$. 用计算器计算得

$$y \approx 34.87$$

答：10 年后机床剩余的价值约为 34.87 万元.

例 5 将 2000 元存入银行，定期一年，年息为 7.2%，到年终时，将利息纳入本金，年年如此，试建立本利和 y 与存款年数 x 的函数关系，并求出存款几年，本利和能达到 3000 元.

解 设经过 x 年，本利和能达到 3000 元，由题意得

$$3000 = 2000 \times (1 + 7.2\%)^x$$

即 $$1.072^x = 1.5$$

写成对数式得

$$x = \log_{1.072} 1.5$$

用计算器计算得 $x \approx 6$

答：存款约 6 年本利和可达到 3000 元.

【习题 2.8】

1. 某农民想利用一面旧墙（假设长度够用）围一个矩形鸡场，已知现有的篱笆材料可围 80m. 当矩形的长、宽各为多少时，所围的鸡场面积最大.

2. 某商品 5kg 的价格是 20 元，求这种商品价格与重量之间的函数关系式，并求买 7kg 这种商品应付多少元？

3. 某小区今年种植绿地面积为 10000m², 计划从明年起平均每年增长 20%. 写出经过 x 年后，绿地面积 y 与 x 的函数关系式，并计算 3 年后的绿地面积.

复 习 题 2

A 组

1. 填空题.

（1）若 $y = f(x)$ 是二次函数，并且 $f\left(\dfrac{1}{2}\right) = f(1) = 0$，$f(0) = 1$，则这个函数的解析式是_____；

（2）函数 $y = \dfrac{1}{x^2}$ 的单调减小区间是_____；

（3）选择符号（ > 、< ）填空.

1）$\log_{\frac{1}{8}} 1$ _____ 0.3^{-7}，　　　2）$0.7^{-1.1}$ _____ $0.7^{-1.8}$；

3）$\log_{\frac{1}{2}} \dfrac{1}{5}$ _____ $\log_{\frac{1}{2}} \dfrac{1}{3}$，

4）$\left(\dfrac{4}{5}\right)^x = 0.6$，则 x _____ 0；

（4）$\lg 4 + 2\lg 5 = $ _____；

（5）$\log_2 3 \cdot \log_3 4 = $ _____；

（6）如果 $m = \lg 5 - \lg 2$，则 $10^m = $ _____；

（7）所有指数函数的图像都通过点 _____；

（8）所有对数函数的图像都通过点 _____.

2. 选择题.

（1）设 $f(x) = 2x - 1$，则 $f(2) = ($ 　　　$)$.

A. -1 　　　B. 3 　　　C. 4 　　　D. 1

（2）若 $x \in \mathbf{R}$，则 $f(x)$ 与 $g(x)$ 表示同一函数的是（　　　）.

A. $f(x)$ 与 $g(x)$ 的定义域相同

B. $f(x)$ 与 $g(x)$ 的值域相同

C. $f(x)$ 与 $g(x)$ 的定义域和对应关系相同

D. 以上结论都不对

（3）若 $f\left(\dfrac{1}{x}\right) = x + \dfrac{1}{x^2}$，则 $f(x) = ($ 　　　$)$.

A. $f(x) = x^2 + \dfrac{1}{x}$ 　　　　B. $f(x) = x + \dfrac{1}{x^2}$

C. $f(x) = \dfrac{1}{x} + \dfrac{1}{x^2}$ 　　　　D. $f(x) = x + x^2$

（4）$\dfrac{\log_8 9}{\log_2 3}$ 的值是（　　　）.

A. $\dfrac{2}{3}$ 　　　B. 1 　　　C. $\dfrac{3}{2}$ 　　　D. 2

（5）下列函数中，定义域为 $\mathbf{R}$ 的是（　　　）.

A. $y = x^{-2}$ 　　　　B. $y = x^{-\frac{3}{2}}$

C. $y = x^{-\frac{2}{3}}$ 　　　　D. $y = \log_3(x^2 - 2x + 6)$

（6）已知 $0 < a < 1$，若 $a^x > 1$，则 x 的取值范围是（　　　）.

A. $x > 1$ 　　　B. $x < 1$ 　　　C. $x > 0$ 　　　D. $x < 0$

（7）已知 $\log_a \dfrac{2}{3} > 1$，则 a 的取值范围是（　　　）.

A. $0 < a < \dfrac{2}{3}$ 或 $a > 1$ 　　　B. $0 < a < \dfrac{2}{3}$

C. $\dfrac{2}{3} < a < 1$ 　　　　D. $a > \dfrac{2}{3}$

（8）下列函数中相同的是(　　　).

A. $y = x$ 与 $y = \sqrt{x^2}$

B. $y = 2\lg x$ 与 $y = \lg x^2$

C. $y = x$ 与 $y = e^{\ln x}$

D. $y = \dfrac{|x|}{x}$ 与 $y = \begin{cases} -1, & x < 0 \\ 1, & x > 0 \end{cases}$

3. 求下列函数的定义域.

（1）$y = \dfrac{\sqrt{x+1}}{x+2}$;　　　　（2）$y = \dfrac{1}{\sqrt{6 - 5x + x^2}}$.

4. 已知函数 $f(x) = 2x^2 + 4x - 6$，作函数 $f(x)$ 的图像，根据图像写出 $f(x)$ 的单调区间.

5. 计算.

（1）$(\lg 5)^2 + \lg 2 \lg 50$;

（2）$\sqrt{5^{2\log_5(\lg 7)} - 2\lg 7 + 1}$.

6. A、B 两地相距 50km，一辆汽车于 8 时从 A 地匀速出发，8 时 50 分到达 B 地，停留 1h 后，用同样的速度返回原地，如果在时刻 t 汽车距 A 为 s(单位为 km)，写出 s 与 t 的函数关系式，并画出函数的图像.

7. 某企业新建厂房价值 70 万元，每年的折旧率是 10%，求 15 年后厂房的净值.

B 组

1. 填空题.

（1）函数 $y = x^2 - 3$ 的单调增加区间是_____;

（2）若 $y = f(x)$ 有反函数，则在同一直角坐标系中，$y = f(x)$ 与 $x = f^{-1}(y)$ 的图像是_____;

（3）已知 $f(x) = \begin{cases} x - 1 & x \leq 2 \\ x + 1 & x > 2 \end{cases}$，则 $f(\sqrt{7}) = $ _____;

（4）函数 $y = x^2$，$x \in [0, +\infty)$ 的反函数是_____，反函数的定义域是_____，反函数的值域是_____.

2. 选择题.

（1）下面式子中正确的是(　　　).

A. $\log_a M - \log_a N = \dfrac{\log_a M}{\log_a N}$

B. $\log_a M - \log_a N = \log_a (M - N)$

C. $\log_a M - \log_a N = \log_a \dfrac{M}{N}$

D. $\log_a M - \log_a N = \log_M N$

（2）已知函数 $f(x) = x^{\frac{1}{3}}$ 与 $g(x) = \left(\dfrac{1}{3}\right)^x$，那么在 $(-\infty, +\infty)$ 内（　　　）函数.

A. $f(x)$ 与 $g(x)$ 都是增函数

B. $f(x)$ 与 $g(x)$ 都是减函数

C. $f(x)$ 是减函数，$g(x)$ 是增函数

D. $f(x)$ 是增函数，$g(x)$ 是减函数

（3）若 $0 < a < b < 1$，下列不等式成立的是（　　　）.

A. $0 < \log_a b < 1$ B. $\log_a b < 0$

C. $\log_a b > 1$ D. $\log_a b < -1$

（4）函数 $y = 0.2^{-x} + 1$ 的反函数是（　　　）.

A. $y = \log_5 x + 1$ B. $y = \log_x 5 + 1$

C. $y = \log_5 (x - 1)$ D. $y = \log_5 (x + 1)$

（5）已知 $f(x) = x^4 + kx^3 + 1$，$f(-1) = 6$，则 $f(1) = $（　　　）.

A. 0   B. 1   C. -1 D. -2

（6）下列函数中，图像关于直线 $y = x$ 对称的是（　　　）

A. $y = \log_3 x$ 与 $y = \log_{\frac{1}{2}} x$ B. $y = \log_2 x$ 与 $y = 2^{-x}$

C. $y = \log_{\frac{1}{2}} x$ 与 $y = 2^{-x}$ D. $y = \log_{\frac{1}{2}} x$ 与 $y = 2^x$

3. 求下列函数的定义域.

（1）$y = \lg(3x - 1)$；   （2）$y = \sqrt{1 - \left(\dfrac{1}{3}\right)^x}$.

4. 求下列函数的反函数.

（1）$y = \dfrac{1}{2^{1-x}}$；

（2）$y = 5^{2x} + 3$.

5. 指出下列函数的单调区间，并说明在单调区间上函数是增函数还是减函数.

（1）$f(x) = 2x^2$；   （2）$f(x) = -\sqrt{x}$；

（3）$f(x) = \dfrac{1}{x}$；   （4）$f(x) = -x^3 + 1$.

6. 已知二次函数 $f(x) = ax^2 + bx + c$ 满足条件 $f(x+1) - f(x) = 2x$ 及 $f(0) = 1$，求 $f(x)$ 及 $f(x)$ 的最值.

7. 一家旅社有客房 300 间，每间房租 20 元，每天都客满，旅社欲提高档次，并提高租金. 如果每增加 2 元，客房出租数会减少 10 间. 不考虑其他因素时，旅社将房间租金提高到多少时，客房每天的租金收入最高.

8. 某类产品按质量共分 10 个档次，生产最低档次每件利润为 8 元. 如果产品每提高一个档次，则利润增加 2 元. 用同样的工时，最低档次产品，每天可生产 60 件提高一个档次将减少 3 件，求生产何种档次的产品所获利润最大.

9. 某工厂生产一种产品，月产量是 200 件，问：

（1）若使产量在 4 个月后达到 400 件，平均每月的增长率是多少.

（2）在这个增长率下，使月产量达到 480 件需要经过几个月.

第3章　任意角的三角函数

【学习目标】

1. 了解角的概念，理解弧度制的意义.

2. 了解任意角的三角函数的定义. 掌握三角函数值的符号.

3. 掌握三角函数的基本公式，正确运用公式进行有关计算、化简和证明. 并能运用公式解决一些实际问题.

4. 掌握五点法画正弦函数、余弦函数、正切函数简图的方法，了解正弦型曲线及其应用. 了解正弦函数、余弦函数、正切函数的性质.

5. 会由已知角的正弦值、余弦值、正切值求出给定范围内的角.

6. 培养学生运用数学公式的能力和推理论证的能力.

3.1　角的概念的推广

1. 角的概念

角是平面内的一条射线，绕着端点从一个位置旋转到另一个位置所形成的图形. 如图 3-1 所示，射线的端点是 O，它从起始位置 OA，按逆时针方向旋转到终止位置 OB，形成了一个角 α，点 O 是角 α 的顶点，射线 OA、OB 分别叫做角 α 的**始边**和**终边**.

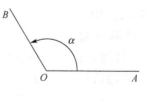

图　3-1

过去学习了 $0° \sim 360°$ 范围内的角，但它远远不能满足实际的需要. 比如，射线顺时针旋转 $30°$ 和逆时针旋转 $30°$，所形成的是两个不同的角；又比如，体操运动员转体两周，等等. 仅仅用 $0° \sim 360°$ 范围内的角，已经不能表达这些角的实际意义.

规定：一条射线绕着它的端点，按逆时针方向旋转所形成的角叫做**正角**；按顺时针方向旋转所形成的角叫做**负角**；如果一条射线没有作任何旋转，称它形成了一个**零角**，也就是说，零角的始边与终边重合.

例如，30°表明射线按逆时针方向旋转了30°；－30°表明射线按顺时针方向旋转了30°；720°表明运动员按逆时针方向转体两周.

2. 象限角

由于常在直角坐标系内讨论角，为此，使角的顶点与坐标原点重合，角的始边与 x 轴的非负半轴重合. 角的终边在第几象限，就说这个角是第几**象限角**.

如图 3-2 所示，60°是第一象限角；135°是第二象限角；240°是第三象限角；－30°是第四象限角.

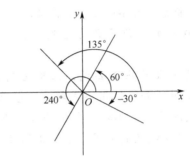

图　3-2

思考：锐角是第几象限的角？第一象限的角都是锐角吗？

练一练

指出下列角分别属于第几象限：

30°，390°，－330°，300°，－60°，585°，1180°，－2000°.

3. 终边相同的角的集合

如图 3-3 所示，30°，390°，－330°都是第一象限角，且都以 OA 为终边；很明显，以 OA 为终边的角有无限多个，这些具有公共终边的角叫做**终边相同的角**. 如 390°、－330°都是与30°终边相同的角.

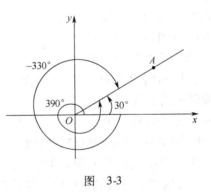

图　3-3

事实上，与30°角终边相同的角都可以表示为

$$30° + k \cdot 360° (k \in \mathbf{Z})$$

的形式，当 $k = 0$，±1，±2，…时的角分别为30°，390°，

56

$-330°$，$750°$，$-690°$…

一般地，所有与角 α 终边相同的角（包括角 α）的集合为
$$\{\beta \mid \beta = \alpha + k \cdot 360°, k \in \mathbf{Z}\}$$

例1　指出下列角各是第几象限的角.

（1）$1180°$；　　　　（2）$-2000°$；　　　　（3）$7231°$.

解　（1）因为 $1180° = 100° + 3 \times 360°$，所以 $1180°$ 和 $100°$ 终边相同，而 $100°$ 是第二象限角，所以 $1180°$ 是第二象限角.

（2）因为 $-2000° = 160° - 6 \times 360°$，所以 $-2000°$ 和 $160°$ 终边相同，而 $160°$ 是第二象限角，所以 $-2000°$ 是第二象限角.

（3）因为 $7231° = 31° + 20 \times 360°$，所以 $7231°$ 和 $31°$ 终边相同，而 $31°$ 是第一象限角，所以 $7231°$ 是第一象限角.

例2　写出与下列角终边相同的角的集合 A，并从中找出 $-360° \sim 360°$ 之间的角.

（1）$150°$；　　　　（2）$-120°$；　　　　（3）$-45°$.

解　（1）与 $150°$ 角终边相同的角的集合为
$$A = \{\alpha \mid \alpha = 150° + k \cdot 360°, k \in \mathbf{Z}\}$$
其中，在 $-360° \sim 360°$ 之间的角有 $150°$ 和 $-210°$

（2）与 $-120°$ 角终边相同的角的集合为
$$A = \{\alpha \mid \alpha = -120° + k \cdot 360°, k \in \mathbf{Z}\}$$
其中，在 $-360° \sim 360°$ 之间的角有 $-120°$ 和 $240°$

（3）与 $-45°$ 角终边相同的角的集合为
$$A = \{\alpha \mid \alpha = -45° + k \cdot 360°, k \in \mathbf{Z}\}$$
其中，在 $-360° \sim 360°$ 之间的角有 $-45°$ 和 $315°$

练一练

写出与下列角终边相同的角的集合：

（1）$0°$；　　　　（2）$180°$.

例3　写出终边在 x 轴上的角的集合.

解　终边在 x 轴非负半轴上的角的集合为
$$A = \{x \mid x = k \cdot 360°, k \in \mathbf{Z}\} = \{x \mid x = 2k \cdot 180°, k \in \mathbf{Z}\}$$
终边在 x 轴非正半轴上的角的集合为

$$B = \{x \mid x = k \cdot 360° + 180°, k \in \mathbf{Z}\} = \{x \mid x = (2k+1) \cdot 180°, k \in \mathbf{Z}\}$$

集合 A 与 B 合并写成集合

$$\{x \mid x = n \cdot 180°, n \in \mathbf{Z}\}$$

即终边在 x 轴上的角的集合.

练一练

写出终边在 y 轴上的角的集合.

【习题 3.1】

1. 写出与下列角终边相同的角的集合 S，并把 S 中满足不等式 $-360° \leqslant \beta \leqslant 720°$ 的元素 β 写出来.

（1）45°；　　　　　　（2）-60°；

（3）752°25′；　　　　（4）-204°.

2. 把下列角化成 $k \cdot 360° + \alpha$ （$0° \leqslant \alpha < 360°, k \in \mathbf{Z}$）的形式，并指出它们是第几象限的角.

（1）264°；　　　　　　（2）-1500°；

（3）852°；　　　　　　（4）-1752°25′.

3. 如果 6α 与 30° 角的终边相同，求满足不等式 $-180° < \alpha < 180°$ 的角 α 的集合.

4. 判断下列命题的对错.

（1）三角形的内角是第一象限角或第二象限角；

（2）第一象限的角是锐角；

（3）第二象限的角比第一象限的角大；

（4）角 α 是第四象限角 $\Leftrightarrow k \cdot 360° - 90° < \alpha < k \cdot 360° (k \in \mathbf{Z})$.

3.2　弧度制

1. 弧度制

初中几何中，以"度"为单位来度量角，规定周角的 $\dfrac{1}{360}$ 作为 1° 的角. 把以"度"为单位来度量角的单位制，叫做**角度制**. 在角度制中，弧长公式为 $l = \dfrac{n\pi r}{180}$.

练一练

计算圆心角分别为 30°、60°，半径 r 分别为 1、2 时，对应的弧长 l 与半径 r 的比.

从上面的练一练可知，无论半径大小，30° 角所对应的弧长 l 与半径 r 的比值都等于 $\dfrac{\pi}{6}$；60° 角所对应的弧长 l 与半径 r 的比值都等于 $\dfrac{\pi}{3}$. 这说明，弧长 l 与半径 r 的比值只与角的大小有关，与半径的大小无关.

可以用弧长 l 与半径 r 的比值来度量角的大小，把等于半径长的圆弧所对的圆心角叫做 1 弧度的角，这种以"弧度"为单位来度量角的单位制，叫做**弧度制**. 单位是 rad，读作"弧度"，由此可得

$$|\alpha| = \dfrac{l}{r} \tag{3-1}$$

规定：正角的弧度数是正数，负角的弧度数是负数，零角的弧度数是零.

如图 3-4 所示，弧长 l 依次是 r，$2r$，$3r$，用弧度制表示这些角，圆心角为正角时，分别为 1rad，2rad，3rad；圆心角为负角时，分别为 -1rad，-2rad，-3rad.

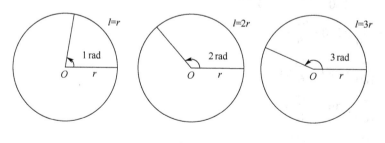

图 3-4

用弧度制表示角时，通常省略"弧度"或"rad". 如 30° 角和 60° 角用弧度制表示分别为 $\dfrac{\pi}{6}$ 和 $\dfrac{\pi}{3}$，即 $30° = \dfrac{\pi}{6}$，$60° = \dfrac{\pi}{3}$.

这样，任意一个角的弧度数对应一个实数，而任意一个实数都可以表示一个角的弧度数．从而，角的弧度数与实数之间是一一对应的关系．

2. 角度制与弧度制的换算

实际应用中，有时需要进行角度制与弧度制的换算．一个周角为 $360°$，用弧度表示为

$$\frac{2\pi r}{r} = 2\pi$$

故　　　　　　　　　　$360° = 2\pi$　　　　　　　　　　(3-2)

从而有

$$1° = \frac{\pi}{180} \approx 0.01745$$

$$1 = \left(\frac{180}{\pi}\right)° \approx 57°30'$$

例1　用弧度制表示下列角．

（1）$67°30'$；　　　（2）$-120°$；　　　（3）$210°$；

（4）$690°$；　　　　（5）$390°$；　　　　（6）$315°$．

解　（1）因为 $67°30' = 67.5°$，所以

$$67°30' = \frac{\pi}{180} \times 67.5 = \frac{3}{8}\pi;$$

（2）$-120° = -\frac{\pi}{180} \times 120 = -\frac{2}{3}\pi;$

（3）$210° = \frac{\pi}{180} \times 210 = \frac{7\pi}{6};$

（4）$690° = \frac{\pi}{180} \times 690 = \frac{23}{6}\pi;$

（5）$390° = \frac{\pi}{180} \times 390 = \frac{13}{6}\pi;$

（6）$315° = \frac{\pi}{180} \times 315 = \frac{7\pi}{4}.$

例2　用角度制表示下列角．

（1）$\frac{3}{5}\pi$；　　　（2）$-\frac{5}{3}\pi$；　　　（3）$\frac{2}{3}\pi$；

（4）$\frac{4}{3}\pi$；　　　（5）$-\frac{\pi}{2}$；　　　（6）$\frac{11}{6}\pi$．

解 （1） $\dfrac{3}{5}\pi=\dfrac{3}{5}\times 180°=108°$；

（2） $-\dfrac{5}{3}\pi=-\dfrac{5}{3}\times 180°=-300°$；

（3） $\dfrac{2\pi}{3}=\dfrac{2}{3}\times 180°=120°$；

（4） $\dfrac{4}{3}\pi=\dfrac{4}{3}\times 180°=240°$；

（5） $-\dfrac{\pi}{2}=-\dfrac{1}{2}\times 180°=-90°$；

（6） $\dfrac{11}{6}\pi=\dfrac{11}{6}\times 180°=330°$.

例3 写出与下列角终边相同的角的集合.

（1） $\dfrac{\pi}{3}$；　　　　（2） $\dfrac{7\pi}{4}$.

解 （1）与 $\dfrac{\pi}{3}$ 终边相同的角的集合为

$$\left\{\alpha\,\middle|\,\alpha=\dfrac{\pi}{3}+2k\pi,k\in\mathbf{Z}\right\}$$

（2）与 $\dfrac{7\pi}{4}$ 终边相同的角的集合为

$$\left\{\alpha\,\middle|\,\alpha=\dfrac{7\pi}{4}+2k\pi,k\in\mathbf{Z}\right\}$$

表3-1 给出了一些特殊角的度数与弧度数的对应关系.

表　3-1

度	0°	30°	45°	60°	90°	120°
弧度	0	$\dfrac{\pi}{6}$	$\dfrac{\pi}{4}$	$\dfrac{\pi}{3}$	$\dfrac{\pi}{2}$	$\dfrac{2\pi}{3}$
度	135°	150°	180°	270°	360°	
弧度	$\dfrac{3\pi}{4}$	$\dfrac{5\pi}{6}$	π	$\dfrac{3\pi}{2}$	2π	

3. 弧长公式

由 $|\alpha|=\dfrac{l}{r}$ 可得，半径为 r，弧度数为 $|\alpha|$ 的圆心角所对的

弧长为

$$l = |\alpha| r \qquad\qquad (3\text{-}3)$$

这是在弧度制下的弧长公式.

例 4 已知一扇形的周长为 $c(c > 0)$，当扇形的弧长 l 为何值时，它有最大面积，并求出最大面积.

解 设扇形的半径为 r，弧长为 l，面积为 S.

因为 $$c = 2r + l$$

所以 $$r = \frac{c - l}{2}(l < c)$$

则 $$S = \frac{1}{2}rl = \frac{1}{2}\left(\frac{c-l}{2}\right)l = \frac{1}{4}(cl - l^2)$$

$$= -\frac{1}{4}\left(l - \frac{c}{2}\right)^2 + \frac{c^2}{16}$$

故当 $l = \dfrac{c}{2}$ 时，$S_{\max} = \dfrac{c^2}{16}$.

答：当扇形的弧长为 $\dfrac{c}{2}$ 时，扇形有最大面积，最大面积是 $\dfrac{c^2}{16}$.

【习题 3.2】

1. 把下列角的度数化成弧度数(精确到 0.001).

(1) 75°;   (2) 22°30′;   (3) 30.5°;   (4) 300°20′.

2. 把下列角的弧度数化成度数(精确到 0.1°).

(1) $\dfrac{2}{5}\pi$;   (2) $\dfrac{7}{10}\pi$;   (3) $\dfrac{1}{15}$;   (4) 4.85.

3. 写出与下列角终边相同的角的集合.

(1) $\dfrac{2\pi}{5}$;   (2) $\dfrac{3\pi}{8}$.

4. 半径为 30mm 的滑轮以 60rad/s 的角速度旋转，求轮周上一质点在 6s 内所转过的圆弧长.

5. 圆的直径为 480mm，求这个圆上 500mm 的弧长所对的圆心角的弧度数.

6. 设飞轮的直径为 1.5m，转速为 300r/min，求:

(1) 飞轮每秒钟的转数;

(2) 飞轮圆周上一质点每秒钟转过的圆心角的弧度数;

(3) 飞轮圆周上一质点每秒钟所经过的圆弧长.

3.3　任意角的三角函数

1. 三角函数的定义

在初中，学习过锐角三角函数的定义，在直角三角形 ABC 中，设 A 的对边为 a，B 的对边为 b，C 的对边为 c（见图3-5），锐角 A 的正弦、余弦、正切、余切依次为

$$\sin A = \frac{a}{c}, \quad \cos A = \frac{b}{c}, \quad \tan A = \frac{a}{b}, \quad \cot A = \frac{b}{a}$$

前面，对角的概念进行了扩充，并学习了弧度制，在这个基础上，来研究任意角的三角函数.

在直角坐标系中，设 α 是一个任意角，α 终边上除原点外的任意一点 $P(x,y)$（见图3-6）到原点的距离为

$$r = \sqrt{x^2 + y^2} > 0$$

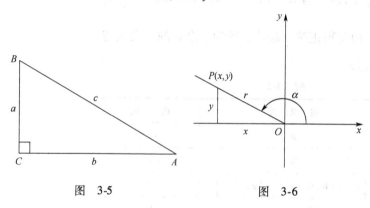

图　3-5　　　　　　　图　3-6

那么，角 α 的正弦、余弦、正切、余切、正割、余割分别定义如下：

（1）比值 $\dfrac{y}{r}$ 叫做 α 的正弦，记作 $\sin\alpha$，即 $\sin\alpha = \dfrac{y}{r}$；

（2）比值 $\dfrac{x}{r}$ 叫做 α 的余弦，记作 $\cos\alpha$，即 $\cos\alpha = \dfrac{x}{r}$；

（3）比值 $\dfrac{y}{x}$ 叫做 α 的正切，记作 $\tan\alpha$，即 $\tan\alpha = \dfrac{y}{x}$；

（4）比值 $\dfrac{x}{y}$ 叫做 α 的余切，记作 $\cot\alpha$，即 $\cot\alpha = \dfrac{x}{y}$；

（5）比值$\dfrac{r}{x}$叫做α的正割，记作$\sec\alpha$，即$\sec\alpha=\dfrac{r}{x}$；

（6）比值$\dfrac{r}{y}$叫做α的余割，记作$\csc\alpha$，即$\csc\alpha=\dfrac{r}{y}$.

对于确定的角α，六个比值与点$P(x,y)$在α终边上的位置无关.

由上可知，对于确定的角α，比值$\dfrac{y}{r}$、$\dfrac{x}{r}$、$\dfrac{y}{x}$、$\dfrac{x}{y}$、$\dfrac{r}{x}$、$\dfrac{r}{y}$分别是一个确定的实数，所以正弦、余弦、正切、余切、正割、余割(如果存在的话)是以角α为自变量，以比值为函数值的函数，统称为**三角函数**.

应该注意的是，当$\alpha=\dfrac{\pi}{2}+k\pi(k\in\mathbf{Z})$时，$\alpha$的终边在$y$轴上，终边上任意一点的横坐标$x$都等于0，所以$\tan\alpha=\dfrac{y}{x}$与$\sec\alpha=\dfrac{r}{x}$无意义；同理，当$\alpha=k\pi(k\in\mathbf{Z})$时，$\cot\alpha=\dfrac{x}{y}$与$\csc\alpha=\dfrac{r}{y}$无意义. 由此得正弦、余弦、正切、余切的定义域与值域，如表3-2所示.

表 3-2

函　数	定　义　域	值　域
$y=\sin\alpha$	$\mathbf{R}$	$[-1,1]$
$y=\cos\alpha$	$\mathbf{R}$	$[-1,1]$
$y=\tan\alpha$	$\left\{\alpha\mid\alpha\in\mathbf{R},且\alpha\neq\dfrac{\pi}{2}+k\pi,k\in\mathbf{Z}\right\}$	$\mathbf{R}$
$y=\cot\alpha$	$\{\alpha\mid\alpha\in\mathbf{R},且\alpha\neq k\pi,k\in\mathbf{Z}\}$	$\mathbf{R}$

例1 已知角α的终边经过点$P(2,-3)$，求角α的六个三角函数值.

解 因为$x=2$，$y=-3$，所以
$$r=\sqrt{2^2+(-3)^2}=\sqrt{13}$$
于是
$$\sin\alpha=\frac{y}{r}=\frac{-3}{\sqrt{13}}=-\frac{3\sqrt{13}}{13}, \qquad \cos\alpha=\frac{x}{r}=\frac{2}{\sqrt{13}}=\frac{2\sqrt{13}}{13},$$

$$\tan\alpha = \frac{y}{x} = -\frac{3}{2}, \qquad \cot\alpha = \frac{x}{y} = -\frac{2}{3},$$

$$\sec\alpha = \frac{r}{x} = \frac{\sqrt{13}}{2}, \qquad \csc\alpha = \frac{r}{y} = -\frac{\sqrt{13}}{3}.$$

例 2 求下列角的六个三角函数值：（1）0；（2）π；（3）$\frac{3\pi}{2}$.

解 （1）因为当 $\alpha = 0$ 时，$x = r$，$y = 0$，所以

$\sin 0 = 0$，$\cos 0 = 1$，$\tan 0 = 0$，$\cot 0$ 不存在，$\sec 0 = 1$，$\csc 0$ 不存在；

（2）因为当 $\alpha = \pi$ 时，$x = -r$，$y = 0$，所以

$\sin\pi = 0$，$\cos\pi = -1$，$\tan\pi = 0$，$\cot\pi$ 不存在，$\sec\pi = -1$，$\csc\pi$ 不存在；

（3）因为当 $\alpha = \frac{3\pi}{2}$ 时，$x = 0$，$y = -r$，所以

$\sin\frac{3\pi}{2} = -1$，$\cos\frac{3\pi}{2} = 0$，$\tan\frac{3\pi}{2}$ 不存在，$\cot\frac{3\pi}{2} = 0$，$\sec\frac{3\pi}{2}$ 不存在，$\csc\frac{3\pi}{2} = -1$.

2. 诱导公式一

根据三角函数的定义可知，终边相同的角的同名三角函数值是相等的. 即有诱导公式一：

$$\begin{aligned}
\sin(\alpha + 2k\pi) &= \sin\alpha \\
\cos(\alpha + 2k\pi) &= \cos\alpha \\
\tan(\alpha + 2k\pi) &= \tan\alpha
\end{aligned} \qquad (3\text{-}4)$$

式中，α 为使等式有意义的任意角，$k \in \mathbf{Z}$.

例 3 求下列三角函数值.

（1）$\sin 390°$；   （2）$\cos(-675°)$；   （3）$\tan\frac{7}{3}\pi$.

解 （1）$\sin 390° = \sin(360° + 30°) = \sin 30° = \frac{1}{2}$；

（2）$\cos(-675°) = \cos(-2 \times 360° + 45°) = \cos 45° = \frac{\sqrt{2}}{2}$；

（3）$\tan\frac{7}{3}\pi = \tan\left(2\pi + \frac{\pi}{3}\right) = \tan\frac{\pi}{3} = \sqrt{3}$.

3. 三角函数的符号

由三角函数的定义，以及各象限内点的坐标的符号，可知：

$\sin\alpha = \dfrac{y}{r}$，当角 α 的终边在第一或第二象限时，$y > 0$，$r > 0$，正弦 $\sin\alpha > 0$；当角 α 的终边在第三或第四象限时，$y < 0$，$r > 0$，正弦 $\sin\alpha < 0$；

$\cos\alpha = \dfrac{x}{r}$，当角 α 的终边在第一或第四象限时，$x > 0$，$r > 0$，余弦 $\cos\alpha > 0$；当角 α 的终边在第二或第三象限时，$x < 0$，$r > 0$，余弦 $\cos\alpha < 0$；

$\tan\alpha = \dfrac{y}{x}$，当角 α 的终边在第一或第三象限时，$xy > 0$，正切 $\tan\alpha > 0$；当角 α 的终边在第二或第四象限时，$xy < 0$，正切 $\tan\alpha < 0$.

三角函数值在各象限的符号，如图 3-7 所示.

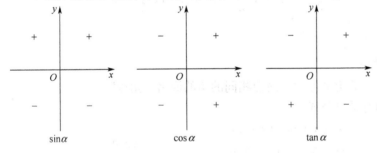

图 3-7

例 4 确定下列三角函数值的符号.

(1) $\cos 230°$；　　　　　　(2) $\sin\left(-\dfrac{\pi}{4}\right)$；

(3) $\tan(-600°)$；　　　　　(4) $\tan\dfrac{11\pi}{3}$.

解 (1) 因为 $230°$ 是第三象限角，所以
$$\cos 230° < 0$$

(2) 因为 $-\dfrac{\pi}{4}$ 是第四象限角，所以
$$\sin\left(-\dfrac{\pi}{4}\right) < 0$$

（3）因为 $\tan(-600°) = \tan(120° - 2 \times 360°) = \tan120°$，
而 $120°$ 是第二象限角，所以

$$\tan(-600°) < 0$$

（4）因为 $\tan\dfrac{11\pi}{3} = \tan\left(\dfrac{5\pi}{3} + 2\pi\right) = \tan\dfrac{5\pi}{3}$，

而 $\dfrac{5\pi}{3}$ 是第四象限角，所以

$$\tan\dfrac{11\pi}{3} < 0$$

例5 根据所给条件，确定角 θ 所在的象限：

（1）$\sin\theta < 0$ 且 $\tan\theta > 0$；　　　（2）$\sin\theta\cos\theta < 0$.

解　（1）因为 $\sin\theta < 0$，所以 θ 是第三或第四象限角.

又因为 $\tan\theta > 0$，所以 θ 是第一或第三象限角.

所以 θ 是第三象限角.

（2）由 $\sin\theta \cdot \cos\theta < 0$，可知

$$\begin{cases} \sin\theta > 0 \\ \cos\theta < 0 \end{cases}, \text{ 或者} \begin{cases} \sin\theta < 0 \\ \cos\theta > 0 \end{cases}$$

若 $\begin{cases} \sin\theta > 0 \\ \cos\theta < 0 \end{cases}$，则 θ 是第二象限角.

若 $\begin{cases} \sin\theta < 0 \\ \cos\theta > 0 \end{cases}$，则 θ 是第四象限角.

所以 θ 是第二或第四象限角.

【习题 3.3】

1. 已知角 α 的终边分别经过下列各点，求出角 α 的六个三角函数值.

（1）$(-3, -4)$；　　　（2）$(-\sqrt{3}, 1)$.

2. 求下列三角函数的值.

（1）$\cos\dfrac{9\pi}{4}$；　　　（2）$\tan\left(-\dfrac{11\pi}{6}\right)$；

（3）$\cot 1140°$；　　　（4）$\sin\dfrac{9\pi}{2}$.

3. 确定下列三角函数值的符号.

（1）$\sin125°\cos230°$；　　　（2）$\dfrac{\sin30°}{\sec122°}$；

（3）$\dfrac{\cos\dfrac{11}{6}\pi}{\tan\dfrac{4}{5}\pi}$；　　　　（4）$\dfrac{\sin\left(-\dfrac{\pi}{4}\right)\cos\left(-\dfrac{\pi}{4}\right)}{\tan\dfrac{3}{4}\pi\cot\left(-\dfrac{3}{4}\pi\right)}$.

4. 根据所给条件，确定角 θ 所在的象限.

（1）$\sec\theta<0$，且 $\tan\theta>0$；（2）$\csc\theta\cot\theta<0$.

5. 求 $\dfrac{6\sin\dfrac{\pi}{2}-2\cos\pi+5\cot\dfrac{3}{2}\pi-\tan\pi}{5\cos\dfrac{3}{2}\pi-5\sin\dfrac{3}{2}\pi-3\tan0°+5\cot\dfrac{\pi}{2}}$ 的值.

3.4　同角三角函数的基本关系式

根据三角函数的定义，得到同角三角函数的基本关系式.

倒数关系　　　　　　$\tan\alpha=\dfrac{1}{\cot\alpha}$

商数关系　　　　　　$\dfrac{\sin\alpha}{\cos\alpha}=\tan\alpha$　　　　　　　　（3-5）

平方关系　　　　　　$\sin^2\alpha+\cos^2\alpha=1$

这三个同角三角函数的关系式，又称为**恒等式**，即当 α 取使两边都有意义的任何角时，这些关系式都成立.

练一练

试证明下述关系式也成立.

（1）$\sin\alpha\csc\alpha=1$，$\cos\alpha\sec\alpha=1$；

（2）$\cot\alpha=\dfrac{\cos\alpha}{\sin\alpha}$；

（3）$1+\tan^2\alpha=\sec^2\alpha$，$1+\cot^2\alpha=\csc^2\alpha$.

利用同角三角函数的基本关系式，可以根据正弦、余弦、正切、余切、正割、余割中的一个值，求另外几个的值，或用来进行化简和证明.

例1　已知 $\sin\alpha=\dfrac{12}{13}$，且 α 是第二象限角，求 $\cos\alpha$，$\tan\alpha$，$\cot\alpha$.

解　由 $\sin^2\alpha+\cos^2\alpha=1$，得

$$\cos^2\alpha = 1 - \sin^2\alpha = 1 - \left(\frac{12}{13}\right)^2 = \left(\frac{5}{13}\right)^2$$

又因为 α 是第二象限角，$\cos\alpha < 0$，

得
$$\cos\alpha = -\frac{5}{13}$$

从而
$$\tan\alpha = \frac{\sin\alpha}{\cos\alpha} = -\frac{12}{5}$$

$$\cot\alpha = \frac{1}{\tan\alpha} = -\frac{5}{12}$$

例2 已知 $\cos\alpha = -\frac{4}{5}$，求 $\sin\alpha$，$\tan\alpha$.

解 由 $\sin^2\alpha + \cos^2\alpha = 1$，得

$$\sin^2\alpha = 1 - \cos^2\alpha = 1 - \left(-\frac{4}{5}\right)^2 = \left(\frac{3}{5}\right)^2$$

又因为 $\cos\alpha = -\frac{4}{5} < 0$，所以 α 是第二或第三象限角.

当 α 是第二象限角时，有 $\sin\alpha > 0$，从而

$$\sin\alpha = \frac{3}{5}, \quad \tan\alpha = \frac{\sin\alpha}{\cos\alpha} = -\frac{3}{4}$$

当 α 是第三象限角时，有 $\sin\alpha < 0$，从而

$$\sin\alpha = -\frac{3}{5}, \quad \tan\alpha = \frac{\sin\alpha}{\cos\alpha} = \frac{3}{4}.$$

例3 化简 $(1 - \cot\alpha + \csc\alpha)(1 - \tan\alpha + \sec\alpha)$.

解 原式 $= \left(1 - \dfrac{\cos\alpha}{\sin\alpha} + \dfrac{1}{\sin\alpha}\right)\left(1 - \dfrac{\sin\alpha}{\cos\alpha} + \dfrac{1}{\cos\alpha}\right)$

$$= \left(\frac{\sin\alpha - \cos\alpha + 1}{\sin\alpha}\right)\left(\frac{\cos\alpha - \sin\alpha + 1}{\cos\alpha}\right)$$

$$= \frac{1 - (\sin\alpha - \cos\alpha)^2}{\sin\alpha\cos\alpha}$$

$$= \frac{1 - 1 + 2\sin\alpha\cos\alpha}{\sin\alpha\cos\alpha}$$

$$= 2$$

例4 求证：$\dfrac{\cos x}{1 - \sin x} = \dfrac{1 + \sin x}{\cos x}$.

证法一

思考：
运用关系式
$\sin^2\alpha + \cos^2\alpha = 1$
求 $\sin\alpha$ 或 $\cos\alpha$
时，根号前的符号应怎样确定?

左边 $= \dfrac{\cos x(1 + \sin x)}{(1 - \sin x)(1 + \sin x)} = \dfrac{\cos x(1 + \sin x)}{\cos^2 x} = \dfrac{1 + \sin x}{\cos x} = $ 右边

原式得证.

证法二

由 $(1 - \sin x)(1 + \sin x) = 1 - \sin^2 x = \cos^2 x = \cos x \cos x$

得 $$\dfrac{\cos x}{1 - \sin x} = \dfrac{1 + \sin x}{\cos x}$$

证法三

因为 $\dfrac{\cos x}{1 - \sin x} - \dfrac{1 + \sin x}{\cos x} = \dfrac{\cos x \cos x - (1 + \sin x)(1 - \sin x)}{(1 - \sin x)\cos x}$

$$= \dfrac{\cos^2 x - 1 + \sin^2 x}{(1 - \sin x)\cos x}$$

$$= 0$$

所以 $\dfrac{\cos x}{1 - \sin x} = \dfrac{1 + \sin x}{\cos x}$ 成立.

注意基本关系式的正用、反用和变形使用.

在三角函数的恒等变形中，经常利用同角三角函数的基本关系式，把其他三角函数用正弦、余弦来表示使运算简便.

等式的证明应遵循由繁到简的原则. 可由左到右，或由右到左，也可作差或变形后再证.

【习题 3.4】

1. (1) 已知 $\sin \alpha = \dfrac{4}{5}$，并且 α 是第二象限角，求 α 的其他三角函数值；

(2) 已知 $\cos \alpha = -\dfrac{8}{17}$，求 $\sin \alpha$、$\tan \alpha$ 的值；

(3) 已知 $\tan \alpha = 2$，求 $\sin \alpha$ 的值.

2. 设 $\tan \alpha = \sqrt{2}$，求下列各式的值.

(1) $\sin \alpha \cos \alpha$；　　　　　　(2) $\dfrac{\cos \alpha + \sin \alpha}{\cos \alpha - \sin \alpha}$；

(3) $2\sin^2 \alpha - \sin \alpha \cos \alpha + \cos^2 \alpha$；　(4) $(\sin \alpha + \cos \alpha)^2$.

3. 已知 $\sin \alpha = 2\cos \alpha$，求下列各式的值.

(1) $\dfrac{\sin \alpha - 4\cos \alpha}{5\sin \alpha + 2\cos \alpha}$；　　　　(2) $\sin^2 \alpha + 2\sin \alpha \cos \alpha$.

4. 求证：$\sin^2 x \tan x + \cos^2 x \cot x + 2\sin x \cos x = \tan x + \cot x$.

5. 已知 α 是第三象限角，化简 $\sqrt{\dfrac{1 + \sin \alpha}{1 - \sin \alpha}} - \sqrt{\dfrac{1 - \sin \alpha}{1 + \sin \alpha}}$.

6. 化简 $\tan \alpha(\cos \alpha - \sin \alpha) + \dfrac{\sin \alpha + \tan \alpha}{\cot \alpha + \csc \alpha}$.

3.5　三角函数的诱导公式

诱导公式一

$$\sin(\alpha + 2k\pi) = \sin\alpha$$
$$\cos(\alpha + 2k\pi) = \cos\alpha$$
$$\tan(\alpha + 2k\pi) = \tan\alpha(k \in \mathbf{Z})$$

表明，终边相同的角的同名三角函数值是相等的. 这样，求任意角的三角函数值的问题，可以转化为求 $0 \sim 2\pi$ 的角的三角函数值的问题.

如图 3-8 所示，任意角 α 的终边与单位圆相交于点 P (x, y)，角 $-\alpha$ 的终边与单位圆相交于点 P'，因为这两个角的终边关于 x 轴对称，所以点 P' 的坐标是 $(x, -y)$.

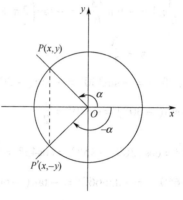

以单位长为半径的圆，叫做单位圆.

图　3-8

由正弦函数、余弦函数的定义可得

$$\sin\alpha = \frac{y}{r} = y, \ \cos\alpha = \frac{x}{r} = x.$$

而　　$\sin(-\alpha) = \dfrac{-y}{r} = -y$

$$\cos(-\alpha) = \frac{x}{r} = x$$

因此　　　　　　　$\sin(-\alpha) = -\sin\alpha$

$$\cos(-\alpha) = \cos\alpha$$

$$\tan(-\alpha) = \frac{\sin(-\alpha)}{\cos(-\alpha)} = \frac{-\sin\alpha}{\cos\alpha} = -\tan\alpha$$

综上所述，得诱导公式二：

$$\sin(-\alpha) = -\sin\alpha$$
$$\cos(-\alpha) = \cos\alpha \qquad\qquad (3\text{-}6)$$
$$\tan(-\alpha) = -\tan\alpha$$

利用诱导公式二，可以把求任意负角的三角函数值的问题，转化为求正角的三角函数值的问题.

71

例1 求下列三角函数值.

（1） $\sin\left(-\dfrac{\pi}{3}\right)$；　　　　（2） $\cos\left(-\dfrac{7}{3}\pi\right)$；

（3） $\tan\left(-\dfrac{13}{6}\pi\right)$；　　　　（4） $\sin(-330°)$；

（5） $\cos315°$；　　　　（6） $\tan(-660°)$.

解（1） $\sin\left(-\dfrac{\pi}{3}\right) = -\sin\dfrac{\pi}{3} = -\dfrac{\sqrt{3}}{2}$

（2） $\cos\left(-\dfrac{7}{3}\pi\right) = \cos\dfrac{7}{3}\pi = \cos\left(2\pi + \dfrac{\pi}{3}\right) = \cos\dfrac{\pi}{3} = \dfrac{1}{2}$

（3） $\tan\left(-\dfrac{13}{6}\pi\right) = -\tan\dfrac{13}{6}\pi = -\tan\left(2\pi + \dfrac{\pi}{6}\right) = -\tan\dfrac{\pi}{6}$

$$= -\dfrac{\sqrt{3}}{3}$$

（4） $\sin(-330°) = -\sin330° = -\sin(-30° + 360°)$

$$= -\sin(-30°) = \sin30° = \dfrac{1}{2}$$

（5） $\cos315° = \cos(360° - 45°) = \cos45° = \dfrac{\sqrt{2}}{2}$

（6） $\tan(-660°) = -\tan660° = -\tan(-60° + 2\times360°)$

$$= -\tan(-60°) = \tan60° = \sqrt{3}$$

如图 3-9 所示，任意角 α 的终边与单位圆相交于点 P（x,y），角 $\alpha\pm\pi$ 的终边都是角 α 的终边的反向延长线，它与单位圆的交点为 P'，点 P' 与 P 关于原点对称，所以 P' 的坐标为（$-x,-y$）.

由正弦函数、余弦函数的定义可得

$$\sin\alpha = \dfrac{y}{r} = y$$

$$\cos\alpha = \dfrac{x}{r} = x$$

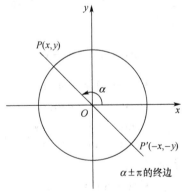

图 3-9

而
$$\sin(\alpha \pm \pi) = \frac{-y}{r} = -y$$

$$\cos(\alpha \pm \pi) = \frac{-x}{r} = -x$$

因此
$$\sin(\alpha \pm \pi) = -\sin\alpha$$

$$\cos(\alpha \pm \pi) = -\cos\alpha$$

$$\tan(\alpha \pm \pi) = \frac{\sin(\alpha \pm \pi)}{\cos(\alpha \pm \pi)} = \frac{-\sin\alpha}{-\cos\alpha} = \tan\alpha$$

综上所述，得诱导公式三：

$$\sin(\alpha \pm \pi) = -\sin\alpha$$

$$\cos(\alpha \pm \pi) = -\cos\alpha \qquad (3\text{-}7)$$

$$\tan(\alpha \pm \pi) = \tan\alpha$$

例 2 求下列三角函数值.

(1) $\sin 960°$；　　　　(2) $\cos\left(-\dfrac{43\pi}{6}\right)$；

(3) $\tan\dfrac{11}{6}\pi$；　　　　(4) $\sin(-135°)$；

(5) $\cos 240°$；　　　　(6) $\tan(-210°)$.

解　(1) $\sin 960° = \sin(960° - 720°)$

$$= \sin 240° = \sin(180° + 60°)$$

$$= -\sin 60° = -\frac{\sqrt{3}}{2}$$

(2) $\cos\left(-\dfrac{43\pi}{6}\right) = \cos\dfrac{43\pi}{6} = \cos\left(\dfrac{7\pi}{6} + 6\pi\right)$

$$= \cos\frac{7\pi}{6} = \cos\left(\frac{\pi}{6} + \pi\right)$$

$$= -\cos\frac{\pi}{6} = -\frac{\sqrt{3}}{2}$$

(3) $\tan\dfrac{11}{6}\pi = \tan\left(2\pi - \dfrac{\pi}{6}\right) = \tan\left(-\dfrac{\pi}{6}\right) = -\tan\dfrac{\pi}{6} = -\dfrac{\sqrt{3}}{3}$

(4) $\sin(-135°) = -\sin 135° = -\sin(-45° + 180°)$

$$= \sin(-45°) = -\sin 45° = -\frac{\sqrt{2}}{2}$$

(5) $\cos 240° = \cos(60° + 180°) = -\cos 60° = -\dfrac{1}{2}$

诱导公式的共同特征是：函数名不变，符号看象限.

使用公式时，负角变正角，大角化锐角，锐角去查表.

（6）$\tan(-210°) = -\tan210° = -\tan(30° + 180°)$

$$= -\tan30° = -\frac{\sqrt{3}}{3}$$

例3 化简 $\dfrac{\cot\alpha\cos(\pi+\alpha)\sin^2(3\pi+\alpha)}{\tan\alpha\cos^3(-\pi-\alpha)}$.

解 原式 $= \dfrac{\cot\alpha(-\cos\alpha)\sin^2(\pi+\alpha)}{\tan\alpha\cos^3(\pi+\alpha)}$

$$= \frac{\cot\alpha(-\cos\alpha)(-\sin\alpha)^2}{\tan\alpha(-\cos\alpha)^3}$$

$$= \frac{\cot\alpha(-\cos\alpha)\sin^2\alpha}{\tan\alpha(-\cos^3\alpha)}$$

$$= \frac{\cos^2\alpha\sin^2\alpha}{\sin^2\alpha\cos^2\alpha} = 1$$

练一练

求下列三角函数值.

（1）$\sin\dfrac{5\pi}{4}$;

（2）$\cos\left(-\dfrac{\pi}{4}\right)$;

（3）$\sin(-240°)$;

（4）$\tan(-1665°)$.

【习题3.5】

1. 填表.

角α 函数	0°		45°	60°			135°	150°	
		$\dfrac{\pi}{6}$			$\dfrac{\pi}{2}$	$\dfrac{2\pi}{3}$			π
$\sin\alpha$									
$\cos\alpha$									
$\tan\alpha$									
$\cot\alpha$									

2. 求下列三角函数值.

（1）$\sin\dfrac{11\pi}{6}$;

（2）$\sin\left(-\dfrac{17\pi}{3}\right)$;

（3）$\cos \dfrac{19\pi}{6}$；　　　　　　（4）$\tan\left(-\dfrac{11}{3}\pi\right)$.

3. 求下列各式的值.

（1）$3\cos 240° - 2\tan 240°$；　（2）$\cos(-60°) - \sin(-210°)$；

（3）$4\sin 120°\tan 300°$；　　（4）$8\sin \dfrac{\pi}{6}\cos \dfrac{\pi}{3}\tan \dfrac{4\pi}{3}\cot \dfrac{7\pi}{6}$.

4. 化简下列各式.

（1）$\dfrac{\sin^2(-\alpha-\pi)\cos(\pi+\alpha)\cos\alpha}{\tan(2\pi+\alpha)\cos^3(-\alpha-\pi)}$；

（2）$\dfrac{-\sin(180°+\alpha)+\sin(-\alpha)-\tan(360°+\alpha)}{\tan(\alpha+180°)+\cos(-\alpha)+\cos(180°-\alpha)}$；

（3）$\sin 120°\cos 330° + \sin(-690°)\cos(-660°) + \tan 675° +$
$\cot 765°$.

3.6　加法定理

设 $\alpha = \dfrac{\pi}{3}$，$\beta = \dfrac{\pi}{6}$，则

$$\cos(\alpha+\beta) = \cos\left(\dfrac{\pi}{3}+\dfrac{\pi}{6}\right) = \cos \dfrac{\pi}{2} = 0$$

而　　　　　　　　$$\cos \dfrac{\pi}{3} + \cos \dfrac{\pi}{6} = \dfrac{1+\sqrt{3}}{2}$$

显然　　　　　　$$\cos\left(\dfrac{\pi}{3}+\dfrac{\pi}{6}\right) \neq \cos \dfrac{\pi}{3} + \cos \dfrac{\pi}{6}.$$

一般地，$\cos(\alpha+\beta) \neq \cos\alpha + \cos\beta$.

实际上，$\alpha\pm\beta$ 的正弦、余弦、正切与角 α、β 的正弦、余弦、正切有如下关系：

$\sin(\alpha\pm\beta) = \sin\alpha\cos\beta \pm \cos\alpha\sin\beta\,(\alpha\in\mathbf{R},\beta\in\mathbf{R})$　　　（3-8）

$\cos(\alpha\pm\beta) = \cos\alpha\cos\beta \mp \sin\alpha\sin\beta\,(\alpha\in\mathbf{R},\beta\in\mathbf{R})$　　　（3-9）

$\tan(\alpha\pm\beta) = \dfrac{\tan\alpha\pm\tan\beta}{1\mp\tan\alpha\tan\beta}\,\left(\alpha,\beta,\alpha\pm\beta\neq k\pi+\dfrac{\pi}{2},k\in\mathbf{Z}\right)$　（3-10）

称上面的公式为三角函数的**加法定理**.

例1　不查表，求 15°角的正弦、余弦、正切的值.

解　$\sin 15° = \sin(60° - 45°)$

$\qquad = \sin 60°\cos 45° - \cos 60°\sin 45°$

$\qquad = \dfrac{\sqrt{3}}{2} \times \dfrac{\sqrt{2}}{2} - \dfrac{1}{2} \times \dfrac{\sqrt{2}}{2}$

$\qquad = \dfrac{\sqrt{6} - \sqrt{2}}{4}$

$\cos 15° = \cos(60° - 45°)$

$\qquad = \cos 60°\cos 45° + \sin 60°\sin 45°$

$\qquad = \dfrac{1}{2} \times \dfrac{\sqrt{2}}{2} + \dfrac{\sqrt{3}}{2} \times \dfrac{\sqrt{2}}{2}$

$\qquad = \dfrac{\sqrt{2} + \sqrt{6}}{4}$

$\tan 15° = \tan(60° - 45°)$

$\qquad = \dfrac{\tan 60° - \tan 45°}{1 + \tan 60°\tan 45°}$

$\qquad = \dfrac{\sqrt{3} - 1}{1 + \sqrt{3}}$

$\qquad = 2 - \sqrt{3}$

练一练

不查表，求下列角的正弦、余弦、正切值.

(1) 75°；　　　　　　　(2) 105°.

例2　不查表求下列各式的值.

(1) $\sin 13°\cos 17° + \cos 13°\sin 17°$；

(2) $\dfrac{1 + \tan 75°}{1 - \tan 75°}$；

(3) $\cos 30°\cos 45° + \sin 30°\sin 45°$；

(4) $\cos 80°\cos 20° + \sin 80°\sin 20°$；

(5) $\sin 53°\cos 83° - \sin 37°\cos 7°$.

解

(1) $\sin 13°\cos 17° + \cos 13°\sin 17° = \sin(13° + 17°)$

$\qquad\qquad\qquad\qquad\qquad\quad = \sin 30°$

$\qquad\qquad\qquad\qquad\qquad\quad = \dfrac{1}{2}$

(2) $\dfrac{1+\tan75°}{1-\tan75°}=\dfrac{\tan45°+\tan75°}{1-\tan45°\tan75°}$

$\qquad\qquad = \tan(45°+75°)$

$\qquad\qquad = \tan120°$

$\qquad\qquad = -\sqrt{3}$

(3) $\cos30°\cos45°+\sin30°\sin45°=\cos(45°-30°)$

$\qquad\qquad\qquad\qquad\qquad = \cos15°$

$\qquad\qquad\qquad\qquad\qquad = \dfrac{\sqrt{2}+\sqrt{6}}{4}$

(4) $\cos80°\cos20°+\sin80°\sin20°=\cos(80°-20°)$

$\qquad\qquad\qquad\qquad\qquad = \cos60°$

$\qquad\qquad\qquad\qquad\qquad = \dfrac{1}{2}$

(5) $\sin53°\cos83°-\sin37°\cos7°=\sin53°\cos83°-\cos53°\sin83°$

$\qquad\qquad\qquad\qquad\qquad = \sin(53°-83°)$

$\qquad\qquad\qquad\qquad\qquad = -\sin30°$

$\qquad\qquad\qquad\qquad\qquad = -\dfrac{1}{2}$

例 3 求值：$\tan17°+\tan28°+\tan17°\tan28°$.

解 因为 $\tan45°=\tan(17°+28°)$

$\qquad\qquad\qquad = \dfrac{\tan17°+\tan28°}{1-\tan17°\tan28°}$

$\qquad\qquad\qquad = 1$

所以　　　 $\tan17°+\tan28°=1-\tan17°\tan28°$

即　　　 $\tan17°+\tan28°+\tan17°\tan28°=1$

例 4 已知 $\sin\alpha=\dfrac{3}{5}$，$\alpha\in\left(0,\ \dfrac{\pi}{2}\right)$，$\cos\beta=\dfrac{12}{13}$，求 $\cos(\alpha-\beta)$、

$\sin(\alpha+\beta)$、$\tan(\alpha-\beta)$ 的值.

解 因为 $\sin\alpha=\dfrac{3}{5}$，$\alpha\in\left(0,\ \dfrac{\pi}{2}\right)$

所以　　　　　 $\cos\alpha=\dfrac{4}{5}$，$\tan\alpha=\dfrac{3}{4}$，

又因为 $\cos\beta=\dfrac{12}{13}>0$，所以 β 是第一象限角或第四象限角，

注意公式的正用、反用和变形使用.

若 β 是第一象限角，则 $\sin\beta = \dfrac{5}{13}$，$\tan\beta = \dfrac{5}{12}$，

所以 $\cos(\alpha - \beta) = \cos\alpha\cos\beta + \sin\alpha\sin\beta$

$$= \frac{4}{5} \times \frac{12}{13} + \frac{3}{5} \times \frac{5}{13} = \frac{63}{65}$$

$$\sin(\alpha + \beta) = \sin\alpha\cos\beta + \cos\alpha\sin\beta$$

$$= \frac{3}{5} \times \frac{12}{13} + \frac{4}{5} \times \frac{5}{13} = \frac{56}{65}$$

$$\tan(\alpha - \beta) = \frac{\tan\alpha - \tan\beta}{1 + \tan\alpha\tan\beta}$$

$$= \frac{\dfrac{3}{4} - \dfrac{5}{12}}{1 + \dfrac{3}{4} \times \dfrac{5}{12}}$$

$$= \frac{16}{63}$$

若 β 是第四象限角，则

$$\sin\beta = -\frac{5}{13}, \quad \tan\beta = -\frac{5}{12}$$

所以 $\cos(\alpha - \beta) = \cos\alpha\cos\beta + \sin\alpha\sin\beta$

$$= \frac{4}{5} \times \frac{12}{13} + \frac{3}{5} \times \left(-\frac{5}{13} \right) = \frac{33}{65}$$

$$\sin(\alpha + \beta) = \sin\alpha\cos\beta + \cos\alpha\sin\beta$$

$$= \frac{3}{5} \times \frac{12}{13} + \frac{4}{5} \times \left(-\frac{5}{13} \right) = \frac{16}{65}$$

$$\tan(\alpha - \beta) = \frac{\tan\alpha - \tan\beta}{1 + \tan\alpha\tan\beta}$$

$$= \frac{\dfrac{3}{4} - \left(-\dfrac{5}{12} \right)}{1 + \dfrac{3}{4} \times \left(-\dfrac{5}{12} \right)}$$

$$= \frac{56}{33}$$

例 5 已知 $\sin(\alpha + \beta) = \dfrac{2}{3}$，$\sin(\alpha - \beta) = \dfrac{2}{5}$，求 $\dfrac{\tan\alpha}{\tan\beta}$ 的值.

解 因为 $\sin(\alpha + \beta) = \dfrac{2}{3}$，所以

$$\sin\alpha\cos\beta + \cos\alpha\sin\beta = \frac{2}{3} \qquad (1)$$

又因为 $\sin(\alpha - \beta) = \dfrac{2}{5}$，所以

$$\sin\alpha\cos\beta - \cos\alpha\sin\beta = \frac{2}{5} \qquad (2)$$

$(1) + (2)$ 得 $\qquad \sin\alpha\cos\beta = \dfrac{8}{15}$

$(1) - (2)$ 得 $\qquad \cos\alpha\sin\beta = \dfrac{2}{15}$

故 $\qquad \dfrac{\tan\alpha}{\tan\beta} = \dfrac{\sin\alpha\cos\beta}{\cos\alpha\sin\beta} = \dfrac{\dfrac{8}{15}}{\dfrac{2}{15}} = 4$

例 6 求证：$\sin x + \cos x = \sqrt{2}\cos\left(x - \dfrac{\pi}{4}\right)$.

证明 右边 $= \sqrt{2}\left(\cos x\cos\dfrac{\pi}{4} + \sin x\sin\dfrac{\pi}{4}\right)$

$$= \sqrt{2}\left(\frac{\sqrt{2}}{2}\cos x + \frac{\sqrt{2}}{2}\sin x\right)$$

$$= \sin x + \cos x$$

所以等式成立.

练一练

化简下列各式.

(1) $5\sin\alpha + 5\cos\alpha$；　　　　　　(2) $\sqrt{3}\sin\alpha - \cos\alpha$；

(3) $\cos(\alpha + \beta)\cos\beta + \sin(\alpha + \beta)\sin\beta$；　(4) $\dfrac{1 - \tan\alpha}{1 + \tan\alpha}$.

【习题 3.6】

1. 已知 $\sin\alpha = \dfrac{12}{13}$，$\alpha \in \left(0, \dfrac{\pi}{2}\right)$，$\sin\beta = -\dfrac{3}{5}$，$\beta \in \left(\pi, \dfrac{3\pi}{2}\right)$，求 $\sin(\alpha + \beta)$ 的值.

2. 已知 $\tan\alpha = \dfrac{1}{2}$，$\tan\beta = \dfrac{1}{5}$，求 $\tan(\alpha + \beta)$，$\tan(\alpha - \beta)$.

3. 已知 $\cos\theta = -\dfrac{3}{5}$，$\theta \in \left(\pi, \dfrac{3\pi}{2}\right)$，求 $\cos\left(\theta + \dfrac{\pi}{6}\right)$.

4. 已知 $\tan\alpha = \dfrac{1}{2}$，$\tan\beta = \dfrac{1}{3}$，并且 α、β 都是锐角，求证：$\alpha + \beta = \dfrac{\pi}{4}$.

5. 化简下列各式：

（1）$\sin\left(x + \dfrac{\pi}{3}\right) + 2\sin\left(x - \dfrac{\pi}{3}\right) - \sqrt{3}\cos\left(\dfrac{2\pi}{3} - x\right)$；

（2）$3\sqrt{15}\sin x - 3\sqrt{5}\cos x$；

（3）$\dfrac{1 + \tan15°}{1 - \tan15°}$；

（4）$\dfrac{\sin\left(\dfrac{\pi}{4} + \alpha\right) - \cos\left(\dfrac{\pi}{4} + \alpha\right)}{\sin\left(\dfrac{\pi}{4} + \alpha\right) + \cos\left(\dfrac{\pi}{4} + \alpha\right)}$.

6. 证明下列恒等式.

（1）$\dfrac{\sqrt{3}}{2}\sin\alpha - \dfrac{1}{2}\cos\alpha = \sin\left(\alpha - \dfrac{\pi}{6}\right)$；

（2）$\cos(\alpha + \beta)\cos(\alpha - \beta) = \cos^2\alpha - \sin^2\beta$；

（3）$\dfrac{\sin(2\alpha - \beta)}{\sin\alpha} - 2\cos(\alpha - \beta) = -\sin\beta\csc\alpha$；

（4）$\cos\theta + \sin\theta = \sqrt{2}\sin\left(\theta + \dfrac{\pi}{4}\right)$；

（5）$\sqrt{2}(\sin x + \cos x) = 2\cos\left(x - \dfrac{\pi}{4}\right)$.

7. 已知 $\tan\alpha$，$\tan\beta$ 是关于 x 的一元二次方程 $x^2 + px + 2 = 0$ 的两实根，求 $\dfrac{\sin(\alpha + \beta)}{\cos(\alpha - \beta)}$ 的值.

8. 在斜三角形 ABC 中，求证：
$$\tan A + \tan B + \tan C = \tan A \tan B \tan C$$

3.7 倍角公式

在两角和的正弦、余弦、正切公式

$$\sin(\alpha + \beta) = \sin\alpha\cos\beta + \cos\alpha\sin\beta\,(\alpha \in \mathbf{R}, \beta \in \mathbf{R})$$

$$\cos(\alpha + \beta) = \cos\alpha\cos\beta - \sin\alpha\sin\beta\,(\alpha \in \mathbf{R}, \beta \in \mathbf{R})$$

$$\tan(\alpha + \beta) = \frac{\tan\alpha + \tan\beta}{1 - \tan\alpha\tan\beta}, \left(\alpha, \beta, \alpha + \beta \neq k\pi + \frac{\pi}{2}, k \in \mathbf{Z}\right)$$

中，当 $\alpha = \beta$ 时，得到

$$\sin 2\alpha = 2\sin\alpha\cos\alpha\,(\alpha \in \mathbf{R}) \qquad\qquad (3\text{-}11)$$

$$\cos 2\alpha = \begin{cases} \cos^2\alpha - \sin^2\alpha \\ 2\cos^2\alpha - 1 \quad (\alpha \in \mathbf{R}) \\ 1 - 2\sin^2\alpha \end{cases} \qquad (3\text{-}12)$$

$$\tan 2\alpha = \frac{2\tan\alpha}{1 - \tan^2\alpha} \qquad\qquad (3\text{-}13)$$

$$\left(\alpha, \, 2\alpha \neq k\pi + \frac{\pi}{2}, \, \text{且 } \alpha \neq k\pi + \frac{\pi}{4}, \, k \in \mathbf{Z}\right)$$

上面这些公式叫做**二倍角公式**.

练一练

在下列括号内，填入适当的角 α.

（1） $\sin\alpha = 2\sin(\quad)\cos(\quad)$；

（2） $2\sin\dfrac{3\alpha}{2}\cos\dfrac{3\alpha}{2} = \sin(\quad)$；

（3） $\cos\alpha = \cos^2(\quad) - \sin^2(\quad)$

$\qquad\quad = 2\cos^2(\quad) - 1$

$\qquad\quad = 1 - 2\sin^2(\quad)$；

（4） $\cos^2 3\alpha = \dfrac{1 + \cos(\quad)}{2}$；

（5） $\sin^2\dfrac{\alpha}{4} = \dfrac{1 - \cos(\quad)}{2}$；

（6） $\dfrac{2\tan 4\alpha}{1 - \tan^2 4\alpha} = \tan(\quad)$；

（7） $\tan\dfrac{3\alpha}{4} = \dfrac{2\tan(\quad)}{1 - \tan^2(\quad)}$.

例1 不查表，求下列各式的值.

（1） $\sin 15°\cos 15°$；　　　　（2） $\cos^2\dfrac{\pi}{8} - \sin^2\dfrac{\pi}{8}$；

(3) $\dfrac{2\tan22.5°}{1-\tan^2 22.5°}$;　　　　(4) $1-2\sin^2 75°$;

(5) $4\sin\dfrac{25\pi}{12}\cos\dfrac{25\pi}{12}$;　　　　(6) $\dfrac{\tan75°}{1-\tan^2 75°}$.

解　(1) $\sin15°\cos15°=\dfrac{1}{2}\sin30°=\dfrac{1}{4}$;

(2) $\cos^2\dfrac{\pi}{8}-\sin^2\dfrac{\pi}{8}=\cos\dfrac{\pi}{4}=\dfrac{\sqrt{2}}{2}$;

(3) $\dfrac{2\tan22.5°}{1-\tan^2 22.5°}=\tan45°=1$;

(4) $1-2\sin^2 75°=\cos150°=-\dfrac{\sqrt{3}}{2}$;

(5) $4\sin\dfrac{25\pi}{12}\cos\dfrac{25\pi}{12}=2\sin\dfrac{25\pi}{6}$

$$=2\sin\dfrac{\pi}{6}$$

$$=1$$

(6) $\dfrac{\tan75°}{1-\tan^2 75°}=\dfrac{1}{2}\left(\dfrac{2\tan75°}{1-\tan^2 75°}\right)$

$$=\dfrac{1}{2}\tan150°=\dfrac{1}{2}\tan(180°-30°)$$

$$=\dfrac{1}{2}(-\tan30°)=\dfrac{1}{2}\times\left(-\dfrac{\sqrt{3}}{3}\right)$$

$$=-\dfrac{\sqrt{3}}{6}$$

例2　不查表，求下列各式的值.

(1) $\left(\sin\dfrac{5\pi}{12}+\cos\dfrac{5\pi}{12}\right)\left(\sin\dfrac{5\pi}{12}-\cos\dfrac{5\pi}{12}\right)$;

(2) $\dfrac{1-\tan^2 420°}{3\tan420°}$;

(3) $\dfrac{1}{1-\tan\dfrac{\pi}{8}}-\dfrac{1}{1+\tan\dfrac{\pi}{8}}$;

(4) $1+2\cos^2\theta-\cos2\theta$;

(5) $\cos^4\dfrac{\pi}{12}-\sin^4\dfrac{\pi}{12}$;

82

（6）$\cos 20°\cos 40°\cos 80°$.

解 （1）$\left(\sin\dfrac{5\pi}{12}+\cos\dfrac{5\pi}{12}\right)\left(\sin\dfrac{5\pi}{12}-\cos\dfrac{5\pi}{12}\right)$

$$=\sin^2\dfrac{5\pi}{12}-\cos^2\dfrac{5\pi}{12}=-\cos\dfrac{5\pi}{6}=\dfrac{\sqrt{3}}{2}$$

（2）$\dfrac{1-\tan^2 420°}{3\tan 420°}=\dfrac{2}{3\left(\dfrac{2\tan 420°}{1-\tan^2 420°}\right)}$

$$=\dfrac{2}{3\tan 840°}=\dfrac{2}{3\tan(-60°)}$$

$$=\dfrac{2}{3\times(-\sqrt{3})}=-\dfrac{2\sqrt{3}}{9}$$

（3）$\dfrac{1}{1-\tan\dfrac{\pi}{8}}-\dfrac{1}{1+\tan\dfrac{\pi}{8}}=\dfrac{1+\tan\dfrac{\pi}{8}-1+\tan\dfrac{\pi}{8}}{\left(1-\tan\dfrac{\pi}{8}\right)\left(1+\tan\dfrac{\pi}{8}\right)}$

$$=\dfrac{2\tan\dfrac{\pi}{8}}{1-\tan^2\dfrac{\pi}{8}}$$

$$=\tan\dfrac{\pi}{4}=1$$

（4）$1+2\cos^2\theta-\cos 2\theta=1+2\cos^2\theta-2\cos^2\theta+1=2$；

（5）$\cos^4\dfrac{\pi}{12}-\sin^4\dfrac{\pi}{12}=\left(\cos^2\dfrac{\pi}{12}+\sin^2\dfrac{\pi}{12}\right)\left(\cos^2\dfrac{\pi}{12}-\sin^2\dfrac{\pi}{12}\right)$

$$=\cos^2\dfrac{\pi}{12}-\sin^2\dfrac{\pi}{12}$$

$$=\cos\dfrac{\pi}{6}=\dfrac{\sqrt{3}}{2}$$

（6）$\cos 20°\cos 40°\cos 80°=\dfrac{\sin 20°\cos 20°\cos 40°\cos 80°}{\sin 20°}$

$$=\dfrac{\dfrac{1}{2}\sin 40°\cos 40°\cos 80°}{\sin 20°}$$

$$=\dfrac{\dfrac{1}{4}\sin 80°\cos 80°}{\sin 20°}$$

$$= \frac{\frac{1}{8}\sin160°}{\sin20°} = \frac{1}{8}$$

例3 若 $\tan\theta = 3$，求 $\sin2\theta - \cos2\theta$.

解 $\sin2\theta - \cos2\theta = \dfrac{2\sin\theta\cos\theta + \sin^2\theta - \cos^2\theta}{\sin^2\theta + \cos^2\theta}$

$$= \frac{2\tan\theta + \tan^2\theta - 1}{1 + \tan^2\theta} = \frac{7}{5}$$

例4 已知 $\sin\alpha = \dfrac{5}{13}$，$\alpha \in \left(\dfrac{\pi}{2}, \pi\right)$，求 $\sin2\alpha$，$\cos2\alpha$，

$\tan2\alpha$.

解 因为 $\sin\alpha = \dfrac{5}{13}$，$\alpha \in \left(\dfrac{\pi}{2}, \pi\right)$，所以

$$\cos\alpha = -\sqrt{1 - \sin^2\alpha} = -\frac{12}{13}$$

$$\sin2\alpha = 2\sin\alpha\cos\alpha = -\frac{120}{169}$$

$$\cos2\alpha = 1 - 2\sin^2\alpha = \frac{119}{169}$$

$$\tan2\alpha = \frac{\sin2\alpha}{\cos2\alpha} = -\frac{120}{119}$$

例5 求证 $\left(\sin\dfrac{\alpha}{2} - \cos\dfrac{\alpha}{2}\right)^2 = 1 - \sin\alpha$.

证明 左边 $= \sin^2\dfrac{\alpha}{2} + \cos^2\dfrac{\alpha}{2} - 2\sin\dfrac{\alpha}{2}\cos\dfrac{\alpha}{2} = 1 - \sin\alpha$

所以，等式成立.

【习题 3.7】

1. 已知 $\cos\dfrac{\alpha}{2} = \dfrac{1}{3}$，$\alpha \in (0, \pi)$，求 $\sin\alpha$，$\cos\alpha$，$\tan\alpha$
的值.

2. 已知 $\tan\alpha = -3$，求 $\tan2\alpha$ 的值.

3. 已知 $\cos\alpha = \dfrac{3}{5}$，$\alpha \in \left(\dfrac{3\pi}{2}, 2\pi\right)$，求 $\left(\sin\dfrac{\alpha}{2} - \cos\dfrac{\alpha}{2}\right)^2$
的值.

4. 化简下列各式.

（1）$\dfrac{\cos\alpha}{\sin\dfrac{\alpha}{2}\cos\dfrac{\alpha}{2}}$；　　　　　（2）$\dfrac{4\sin^2\alpha}{1-\cos2\alpha}$；

（3）$\left(\dfrac{2\tan\dfrac{\alpha}{2}}{1-\tan^2\dfrac{\alpha}{2}}\right)\dfrac{6}{1-\tan^2\alpha}$.

5. 证明下列各式.

（1）$\cos^4\dfrac{x}{2}-\sin^4\dfrac{x}{2}=\cos x$；

（2）$\left(\sin\dfrac{x}{2}-\cos\dfrac{x}{2}\right)^2=1-\sin x$；

（3）$\dfrac{\sin\dfrac{x}{2}-\cos\dfrac{x}{2}}{\sin\dfrac{x}{2}+\cos\dfrac{x}{2}}=\tan x-\sec x$；

（4）$\dfrac{1+\sin4\theta-\cos4\theta}{1+\sin4\theta+\cos4\theta}=\dfrac{2\tan\theta}{1-\tan^2\theta}$.

6. 已知 $\tan(\alpha-\beta)=5$，$\tan(\alpha+\beta)=3$，求 $\tan2\beta$ 的值.

7. 已知等腰三角形的一个底角的正弦为 $\dfrac{5}{13}$，求其顶角的正弦、余弦和正切.

3.8　正弦定理及三角形的面积

在一个三角形中，各边和它所对角的正弦的比相等，即

$$\dfrac{a}{\sin A}=\dfrac{b}{\sin B}=\dfrac{c}{\sin C} \tag{3-14}$$

证明　如图 3-10a 所示，建立直角坐标系. 在 $\triangle ABC$ 中，$BE\perp AC$，$|BE|=c\sin A$，于是

$$S_\triangle=\dfrac{1}{2}AC\cdot BE=\dfrac{1}{2}bc\sin A$$

由图 3-10b、c 同样可以推得

$$S_\triangle=\dfrac{1}{2}ca\sin B,\quad S_\triangle=\dfrac{1}{2}ab\sin C$$

由此，得到三角形的面积公式为

$$S_\triangle = \frac{1}{2}bc\sin A = \frac{1}{2}ca\sin B = \frac{1}{2}ab\sin C$$

也就是说，三角形的面积等于任意两边与它们夹角的正弦之积的一半.

将等式 $\frac{1}{2}bc\sin A = \frac{1}{2}ca\sin B = \frac{1}{2}ab\sin C$ 同时除以 $\frac{1}{2}abc$，

可得

$$\frac{\sin A}{a} = \frac{\sin B}{b} = \frac{\sin C}{c}$$

所以

$$\frac{a}{\sin A} = \frac{b}{\sin B} = \frac{c}{\sin C}$$

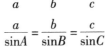

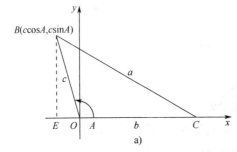

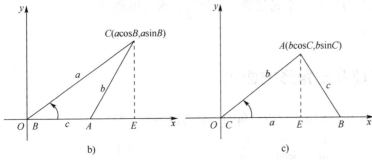

图 3-10

上式叫做三角形的**正弦定理**.

利用正弦定理和三角形内角和定理，可以解决下面两类解斜三角形的问题：

（1）已知三角形的两角及任一边，求其他两边和第三角；

（2）已知三角形的两边及其中一边的对角，求其他两角和第三边.

设 R 为 $\triangle ABC$ 的外接圆半径，则 $\frac{a}{\sin A} = \frac{b}{\sin B} = \frac{c}{\sin C} = 2R$，正弦定理可变形为：

（1）$a = 2R\sin A$，$b = 2R\sin B$，$c = 2R\sin C$；

（2）$\sin A = \frac{a}{2R}$，$\sin B = \frac{b}{2R}$，$\sin C = \frac{c}{2R}$；

（3）$\sin A : \sin B : \sin C = a : b : c$

例1　在△ABC中，已知 $c = 10$，$A = 45°$，$C = 30°$，求 b 和 $S_\triangle$（精确到1）.

解　因为 $\dfrac{b}{\sin B} = \dfrac{c}{\sin C}$，$B = 180° - (A + C) = 180° - 75° = 105°$，

所以　　　　　$b = \dfrac{c\sin B}{\sin C} = \dfrac{10 \times \sin 105°}{\sin 30°} \approx 19$

$$S_\triangle = \frac{1}{2}bc\sin A$$

$$\approx \frac{1}{2} \times 19 \times 10 \times \sin 45°$$

$$\approx 67$$

例2　在△ABC中，已知 $a = 3$，$c = \sqrt{3}$，$A = 120°$，求 b，C.

解　由 $\dfrac{a}{\sin A} = \dfrac{c}{\sin C}$，得

$$\sin C = \frac{c\sin A}{a} = \frac{\sqrt{3}\sin 120°}{3} = \frac{1}{2}$$

所以　　　　　$C = 30°$ 或 $C = 150°$（舍去）

得　　　　　　$B = 180° - 120° - 30° = 30°$

所以　　　　　$b = c = \sqrt{3}$

从而　　　　　$b = \sqrt{3}$，$C = 30°$

例3　在△ABC中，已知 $a = 2\sqrt{3}$，$b = 6$，$A = 30°$，求 B，C 和 c.

解　由 $\dfrac{a}{\sin A} = \dfrac{b}{\sin B}$，得

$$\sin B = \frac{b\sin A}{a} = \frac{6\sin 30°}{2\sqrt{3}} = \frac{\sqrt{3}}{2}$$

因为 $b > a$，所以 $B > A = 30°$，于是

　　　　　　　$B = 60°$ 或 $B = 180° - 60° = 120°$

当 $B = 60°$ 时，

　　　　　　　$C = 180° - (B + A) = 180° - (60° + 30°) = 90°$

$$c = \frac{a\sin C}{\sin A} = \frac{2\sqrt{3} \times \sin 90°}{\sin 30°} = 4\sqrt{3}$$

当 $B = 120°$ 时，

$$C = 180° - (B + A) = 180° - (120° + 30°) = 30°$$

$$c = a = 2\sqrt{3}$$

所以 $B = 60°$，$C = 90°$，$c = 4\sqrt{3}$ 或 $B = 120°$，$C = 30°$，$c = 2\sqrt{3}$.

例 4 在 $\triangle ABC$ 中，已知 $a = 18$，$b = 20$，$A = 150°$，解此三角形.

解 已知 $A = 150°$ 为钝角，那么 a 应是最大边，但 $b > a$，故本题无解.

【习题 3.8】

1. 填空题

（1）已知在 $\triangle ABC$ 中，$\sin A : \sin B = 1 : 3$，则 $a : b = $ _____；

（2）已知在 $\triangle ABC$ 中，$a : \sin A = 4$，$B = 120°$，则 $b = $ _____，$\dfrac{\sin C}{c} = $ _____.

2. 一个三角形的三个内角的比为 $3 : 4 : 5$，它的最短边长为 4cm，求这个三角形的最长边.

3. 已知 a、b 为 $\triangle ABC$ 的边，A、B 分别是 a、b 的对角，且 $\dfrac{\sin A}{\sin B} = \dfrac{2}{3}$，求 $\dfrac{a + b}{b}$.

4. 已知在 $\triangle ABC$ 中，$a = \sqrt{3}$，$A = 45°$，$C = 60°$，求 b、c 及 $S_{\triangle ABC}$.

5. 已知在 $\triangle ABC$ 中，$a = \sqrt{2}$，$b = 2$，$A = 30°$，求 B 及 $S_{\triangle ABC}$.

6. 已知在 $\triangle ABC$ 中，$c = \sqrt{6}$，$A = 45°$，$a = 2$，求 b 和 B、C 及 $S_{\triangle ABC}$.

3.9 余弦定理

三角形任何一边的平方，等于其他两边的平方和减去这两边和它们的夹角的余弦之积的两倍. 即

$$a^2 = b^2 + c^2 - 2bc\cos A$$

$$b^2 = a^2 + c^2 - 2ac\cos B \qquad (3-15)$$
$$c^2 = a^2 + b^2 - 2ab\cos C$$

上式叫做三角形的**余弦定理**. 不难看出，勾股定理是余弦定理的特殊情形.

余弦定理还可以写成下面常用的形式：

$$\cos A = \frac{b^2 + c^2 - a^2}{2bc}$$
$$\cos B = \frac{c^2 + a^2 - b^2}{2ca} \qquad (3-16)$$
$$\cos C = \frac{a^2 + b^2 - c^2}{2ab}$$

利用余弦定理可以解决下面两类解斜三角形的问题：

（1）已知三角形的两边和它们的夹角，求其他两个角和第三边；

（2）已知三角形的三边，求三个角.

例 1　在 $\triangle ABC$ 中，已知 $a = 7$，$b = 5$，$c = 3$.

（1）求最大角；（2）求 $S_{\triangle ABC}$.

解　（1）因为在三角形中大边对大角，

所以 a 边所对的角 A 是这个三角形中的最大角.

由余弦定理得

$$\cos A = \frac{b^2 + c^2 - a^2}{2bc} = \frac{5^2 + 3^2 - 7^2}{2 \times 5 \times 3} = -\frac{1}{2}$$

所以 $A = 120°$.

这个三角形的最大角 A 是 $120°$.

（2）由（1）得　　　$\sin A = \frac{\sqrt{3}}{2}$

于是　$S_{\triangle ABC} = \frac{1}{2}bc\sin A = \frac{1}{2} \times 5 \times 3 \times \frac{\sqrt{3}}{2} = \frac{15\sqrt{3}}{4}$.

例 2　在 $\triangle ABC$ 中，已知 $a = 3$，$c = \sqrt{3}$，$A = 120°$，求 b、C.

解　由余弦定理，得　$a^2 = b^2 + c^2 - 2bc\cos A$

因为 $a = 3$，$c = \sqrt{3}$，$A = 120°$，

所以 $3^2 = b^2 + (\sqrt{3})^2 - 2b \times \sqrt{3}\cos 120°$

即 $$b^2+\sqrt{3}b-6=0$$

所以 $b=\dfrac{-\sqrt{3}\pm 3\sqrt{3}}{2}$

即 $b=\sqrt{3}$或 $b=-2\sqrt{3}$（舍去）

因为 $b=c=\sqrt{3}$，所以 $B=C=30°$.

所以 $b=\sqrt{3}$，$C=30°$.

例3 已知在 $\triangle ABC$ 中，$a-b=4$，$a+c=2b$，且最大角为 $120°$，求三边长.

解 由 $a-b=4$，可知 $a>b$.

由 $a+c=b+c+4=2b$，可知 $b=4+c$，故 $b>c$.

所以 $\qquad\qquad\qquad a>b>c$

则 $\qquad\qquad\qquad A=120°$

将 $\begin{cases}a=c+8\\b=c+4\end{cases}$ 代入余弦定理 $\cos A=\dfrac{b^2+c^2-a^2}{2bc}$，得

$$-\frac{1}{2}=\frac{c^2+(c+4)^2-(c+8)^2}{2c(c+4)}$$

解得 $\qquad\qquad\qquad c=6$

所以 $\qquad\qquad a=14$，$b=10$，$c=6$.

例4 如图 3-11 所示，某人要测量底部不能到达的电视塔 AB 的高度，他在 C 点测得塔顶 A 的仰角是 $45°$，在 D 点测得塔顶 A 的仰角是 $30°$，并测得水平面上的角 $\angle BCD=120°$，$CD=40\text{m}$，求电视塔 AB 的高度.

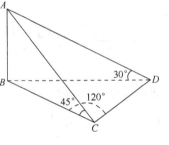

图 3-11

解 如图 3-11 所示，在直角三角形 ABC 中，$\angle ACB=45°$，设 $AB=x$，则 $BC=x$

在直角三角形 ABD 中，$\angle ADB=30°$，则

$$BD=\sqrt{3}x$$

又因为 $\angle BCD=120°$，$CD=40$，

故在 $\triangle BCD$ 中，有

$$BD^2 = BC^2 + CD^2 - 2BC \cdot CD \cdot \cos 120°$$

即
$$3x^2 = x^2 + 40^2 - \left(-\frac{1}{2} \right) \times 80x$$

解得 $x = 40$，即电视塔 AB 的高度为 40m.

【习题 3.9】

1. 填空.

（1）在 $\triangle ABC$ 中，$c = 5$，$b = 3$，$A = 120°$，则 $a = \underline{\quad\quad}$；

（2）在 $\triangle ABC$ 中，$a = \sqrt{13}$，$b = 4\sqrt{3}$，$c = 7$，则三角形的最小内角是 _____，它的度数是 _____；

（3）在 $\triangle ABC$ 中，三边之比为 $a : b : c = 3 : 5 : 7$，则三角形的最大内角是 _____，它的度数是 _____.

2. 用余弦定理解下列各题.

（1）在 $\triangle ABC$ 中，$a = 2$，$c = 2 + 2\sqrt{3}$，$B = 30°$，求 b，A，$S_{\triangle ABC}$；

（2）在 $\triangle ABC$ 中，$a = 6$，$b = 6\sqrt{3}$，$A = 30°$，求 c.

3. 已知在 $\triangle ABC$ 中，$a = 4$，$b = 5$，$c = 6$，求 $S_{\triangle ABC}$.

4. 已知在 $\triangle ABC$ 中，$a = 4$，$b = 6$，$C = 120°$，求 $\sin A$.

5. 已知在 $\triangle ABC$ 中，$\sin A : \sin B = \sqrt{2} : 1$，$c^2 = b^2 + \sqrt{2}bc$，求 A，B，C.

6. 两灯塔 A、B 与海洋观察站 C 的距离都等于 $a$km，灯塔 A 在 C 北偏东 $60°$，B 在 C 南偏东 $75°$，求 A、B 之间的距离.

3.10 正弦函数的图像和性质

1. 正弦函数的图像

正弦函数 $y = \sin x$ 的定义域是 $(-\infty, +\infty)$，用描点法作出正弦函数 $y = \sin x$ 在区间 $[0, 2\pi]$ 上的图像，列表如下：

表 3-3

自变量	x	0	$\frac{\pi}{2}$	π	$\frac{3\pi}{2}$	2π
函数值	y	0	1	0	-1	0

描出表中各点，并用光滑曲线将它们连接起来（见图 3-12），得到正弦函数 $y = \sin x$ 在区间 $[0, 2\pi]$ 上的简图，称这种作图方法为"五点法".

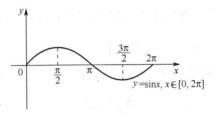

图 3-12

由于 $\sin(x + 2k\pi) = \sin x$，即在每个区间

$$[2k\pi, 2(k+1)\pi]\,(k \in \mathbf{Z})$$

上，正弦函数 $y = \sin x$ 的图像都与 $[0, 2\pi]$ 上的图像相同. 因此，将正弦函数 $y = \sin x$ 在区间 $[0, 2\pi]$ 上的图像，每隔 2π 个单位，向左、右平移，就可得到正弦函数 $y = \sin x$ 在 $(-\infty, +\infty)$ 上的图像，如图 3-13 所示.

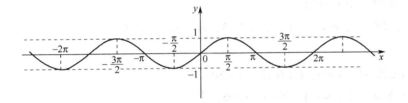

图 3-13

正弦函数 $y = \sin x$ 在 $(-\infty, +\infty)$ 上的图像叫做**正弦曲线**.

例1 用"五点法"作下列函数的简图.

（1） $y = \sin x + 1$，$x \in [0, 2\pi]$；

（2） $y = 2\sin x$，$x \in [0, 2\pi]$.

解 （1）列表

x	0	$\dfrac{\pi}{2}$	π	$\dfrac{3\pi}{2}$	2π
$\sin x$	0	1	0	-1	0
$\sin x + 1$	1	2	1	0	1

以表中每组 (x, y) 为坐标描点连线，得 $y = \sin x + 1$ 在 $[0,$

2π]上的简图，如图 3-14 所示.

（2）列表

x	0	$\frac{\pi}{2}$	π	$\frac{3\pi}{2}$	2π
$\sin x$	0	1	0	-1	0
$2\sin x$	0	2	0	-2	0

以表中每组(x,y)为坐标描点连线，得$y=2\sin x$在$[0,2\pi]$上的简图，如图 3-15 所示.

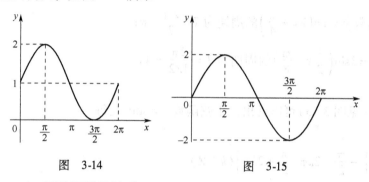

图 3-14   图 3-15

2. 正弦函数的性质

由正弦函数$y=\sin x$的图像得到其性质如下.

定义域

正弦函数$y=\sin x$的定义域为$(-\infty,+\infty)$.

值域

正弦函数$y=\sin x$的值域为$[-1,1]$，并且当$x=\frac{\pi}{2}+2k\pi$

$(k\in\mathbf{Z})$时，y取得最大值 1；当$x=-\frac{\pi}{2}+2k\pi(k\in\mathbf{Z})$时，$y$取得最小值$-1$.

例2 设函数$y=2+\sin x$，求y的最值.

解 因为$y=\sin x$最大值是 1，最小值是-1，所以$y=2+\sin x$的最大值是 3，最小值是 1.

周期性

一般地，对于函数$f(x)$，如果存在一个非零常数T，对于定义域内任意的x，都有$f(x+T)=f(x)$，那么函数$f(x)$就叫做周期函数,非零常数 T 叫做这个函数的周期.

对于一个周期函数 $f(x)$,如果在它所有的周期中存在一个最小的正数,那么这个最小正数就叫做 $f(x)$ 的**最小正周期**.

因为 $\sin(x+2\pi)=\sin x$ 对一切 x 都成立,所以 $y=\sin x$ 是周期函数,其最小正周期为 $T=2\pi$.

一般地,函数 $y=A\sin(\omega x+\varphi)$ 的周期为 $T=\dfrac{2\pi}{\omega}$.

例3 求下列函数的周期.

(1) $y=\sin\left(2x+\dfrac{\pi}{4}\right)$;　　　(2) $y=3\sin\left(\dfrac{1}{2}x+\dfrac{\pi}{8}\right)$.

解 (1) 函数 $y=\sin\left(2x+\dfrac{\pi}{4}\right)$ 的周期为 $T=\dfrac{2\pi}{2}=\pi$;

(2) 函数 $y=3\sin\left(\dfrac{1}{2}x+\dfrac{\pi}{8}\right)$ 的周期为 $T=\dfrac{2\pi}{1/2}=4\pi$.

单调性

由正弦曲线(见图 3-13)可以看出,正弦函数 $y=\sin x$ 在每一个闭区间

$$\left[-\dfrac{\pi}{2}+2k\pi,\dfrac{\pi}{2}+2k\pi\right](k\in\mathbf{Z})$$

上都是增函数,其值从 -1 增大到 1;
在每一个闭区间

$$\left[\dfrac{\pi}{2}+2k\pi,\dfrac{3\pi}{2}+2k\pi\right](k\in\mathbf{Z})$$

上都是减函数,其值从 1 减小到 -1.

例4 利用单调性,比较下列各对正弦值的大小.

(1) $\sin\left(-\dfrac{\pi}{18}\right)$ 与 $\sin\left(-\dfrac{\pi}{10}\right)$;　　　(2) $\sin\dfrac{2\pi}{3}$ 与 $\sin\dfrac{3\pi}{4}$.

解 (1) 因为 $-\dfrac{\pi}{2}<-\dfrac{\pi}{10}<-\dfrac{\pi}{18}<\dfrac{\pi}{2}$,且函数 $y=\sin x$ 在

$\left[-\dfrac{\pi}{2},\dfrac{\pi}{2}\right]$ 上是增函数,所以

$$\sin\left(-\dfrac{\pi}{10}\right)<\sin\left(-\dfrac{\pi}{18}\right)$$

(2) 因为 $\dfrac{\pi}{2}<\dfrac{2\pi}{3}<\dfrac{3\pi}{4}<\dfrac{3\pi}{2}$,且函数 $y=\sin x$ 在

$\left[\dfrac{\pi}{2}, \dfrac{3\pi}{2}\right]$ 上是减函数，所以

$$\sin\frac{2\pi}{3} > \sin\frac{3\pi}{4}$$

将形如 $y = A\sin(\omega x + \varphi)$（其中，$A, \omega, \varphi$ 是常数，$x \in \mathbf{R}$）的函数叫做**正弦型函数**. 它在物理学和工程技术方面有着广泛的应用.

例 5　画出函数 $y = 3\sin\left(2x + \dfrac{\pi}{3}\right)$ 在一个周期内的简图.

解　这个函数的周期是 π，列表并描点画图（见图 3-16）.

x	$-\dfrac{\pi}{6}$	$\dfrac{\pi}{12}$	$\dfrac{\pi}{3}$	$\dfrac{7}{12}\pi$	$\dfrac{5}{6}\pi$
$2x + \dfrac{\pi}{3}$	0	$\dfrac{\pi}{2}$	π	$\dfrac{3}{2}\pi$	2π
$3\sin\left(2x + \dfrac{\pi}{3}\right)$	0	3	0	-3	0

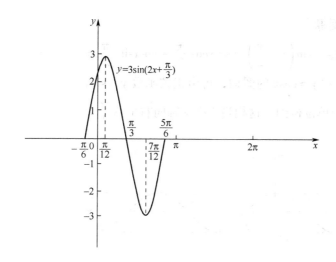

图　3-16

简谐振动常用函数 $y = A\sin(\omega x + \varphi)$（其中，$A > 0$，$\omega > 0$，$x \in [0, +\infty)$）表示，这里 y 表示**振动量**，A 表示这个振动量振动时离开平衡位置的最大距离，叫做振动的**振幅**；$T = \dfrac{2\pi}{\omega}$ 表示往

复振动一次所需的时间，叫做振动的**周期**；$f = \dfrac{1}{T} = \dfrac{\omega}{2\pi}$ 表示单位时间内往复振动的次数，叫做振动的**频率**；$\omega x + \varphi$ 叫做**相位**；φ 叫做**初相**(即当 $x = 0$ 时的相位).

【习题 3.10】

1. 用"五点法"作出下列函数在 $[0, 2\pi]$ 上的简图.

(1) $y = \dfrac{1}{2}\sin x - 1$；　　　　　(2) $y = 2 - \sin x$.

2. 确定下列各式的符号.

(1) $\sin 103°15' - \sin 163°25'$；　　(2) $\sin 508° - \sin 144°$.

3. 求下列函数的最值.

(1) $y = -8 - \sin x$；　　　　　(2) $y = -8 + \sin x$.

4. 求使 $y = 5 - \sin x$ 分别取最大值和最小值的 x 的集合.

3.11　余弦函数的图像和性质

1. 余弦函数的图像

由加法定理可得，$\sin\left(x + \dfrac{\pi}{2}\right) = \sin x \cos\dfrac{\pi}{2} + \cos x \sin\dfrac{\pi}{2} = \cos x$，因此，余弦函数 $y = \cos x$ 的图像，可由正弦函数 $y = \sin x$ 的图像向左平移 $\dfrac{\pi}{2}$ 个单位得到，这相当于把 y 轴向右平移 $\dfrac{\pi}{2}$ 个单位，见图 3-17.

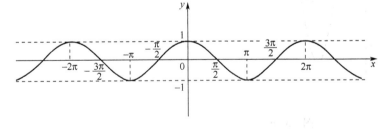

图　3-17

余弦函数 $y = \cos x$ 在 $(-\infty, +\infty)$ 上的图像叫做**余弦曲线**.

例1　用"五点法"作出下列函数的简图：

（1）$y = \cos x$，$x \in [0,2\pi]$；（2）$y = -\cos x$，$x \in [0,2\pi]$.

解 （1）列表

自变量	x	0	$\dfrac{\pi}{2}$	π	$\dfrac{3\pi}{2}$	2π
函数值	y	1	0	-1	0	1

以表中每组(x,y)为坐标描点连线，得$y = \cos x$在$[0,2\pi]$上的简图，如图 3-18 所示.

（2）列表

自变量	x	0	$\dfrac{\pi}{2}$	π	$\dfrac{3\pi}{2}$	2π
函数值	y	-1	0	1	0	-1

以表中每组(x,y)为坐标描点连线，得$y = -\cos x$在$[0,2\pi]$上的简图，如图 3-19 所示.

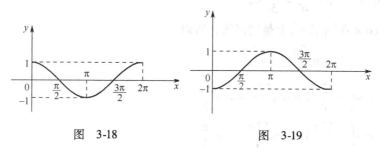

图 3-18　　　　　　　图 3-19

2. 余弦函数的性质

由余弦函数$y = \cos x$的图像可得其性质如下：

定义域

余弦函数$y = \cos x$的定义域为$(-\infty, +\infty)$.

值域

余弦函数$y = \cos x$的值域为$[-1,1]$，并且当$x = 2k\pi$（$k \in \mathbf{Z}$）时，y取得最大值1；当$x = (2k+1)\pi$（$k \in \mathbf{Z}$）时，y取得最小值-1.

例2 设函数$y = 2 - \cos x$，求y的最值.

解 因为$y = \cos x$最大值是1，最小值是-1，

所以$y = 2 - \cos x$的最大值是3，最小值是1.

周期性

因为 $\cos(x+2\pi)=\cos x$，对一切 x 都成立，所以 $y=\cos x$ 是周期函数，其最小正周期 $T=2\pi$.

一般地，函数 $y=A\cos(\omega x+\varphi)$ 的周期为 $T=\dfrac{2\pi}{\omega}$.

单调性

由余弦曲线（见图 3-17）可知，余弦函数在每一个闭区间
$$\left[(2k-1)\pi,2k\pi\right](k\in\mathbf{Z})$$
上都是增函数，其值从 -1 增大到 1；

在每一个闭区间
$$\left[2k\pi,(2k+1)\pi\right](k\in\mathbf{Z})$$
上都是减函数，其值从 1 减小到 -1.

例3 利用单调性比较下列各对余弦值的大小.

（1） $\cos\dfrac{5\pi}{4}$ 与 $\cos\dfrac{7\pi}{5}$；（2） $\cos\left(-\dfrac{23\pi}{5}\right)$ 与 $\cos\left(-\dfrac{17\pi}{4}\right)$.

解 （1）因为 $\quad\pi<\dfrac{5\pi}{4}<\dfrac{7\pi}{5}<2\pi$

且函数 $y=\cos x$ 在 $[\pi,2\pi]$ 上是增函数，所以
$$\cos\dfrac{5\pi}{4}<\cos\dfrac{7\pi}{5}$$

（2）因为 $\quad\cos\left(-\dfrac{23\pi}{5}\right)=\cos\dfrac{23\pi}{5}=\cos\dfrac{3\pi}{5}$

$$\cos\left(-\dfrac{17\pi}{4}\right)=\cos\dfrac{17\pi}{4}=\cos\dfrac{\pi}{4}$$

又因为 $\qquad\qquad 0<\dfrac{\pi}{4}<\dfrac{3\pi}{5}<\pi$

且函数 $y=\cos x$ 在 $[0,\pi]$ 上是减函数，所以
$$\cos\dfrac{3\pi}{5}<\cos\dfrac{\pi}{4}$$

即 $\qquad\qquad\cos\left(-\dfrac{23\pi}{5}\right)<\cos\left(-\dfrac{17\pi}{4}\right)$

【习题 3.11】

1. 用"五点法"作出下列函数在 $[0,2\pi]$ 上的简图.

（1） $y=1+\cos x$；　　　　　　（2） $y=\cos 2x$.

2. 确定下列各式的符号.

（1） $\cos\left(-\dfrac{47\pi}{10}\right) - \cos\left(-\dfrac{44\pi}{9}\right)$;　（2） $\cos760° - \cos770°$;

（3） $\cos\dfrac{15\pi}{8} - \cos\dfrac{14\pi}{9}$;　（4） $\cos89° - \cos91°$.

3. 求下列函数的最值.

（1） $y = 3\cos x + 1$;　（2） $y = 1 - \dfrac{1}{2}\cos x$.

3.12　正切函数的图像和性质

1. 正切函数的图像

正切函数 $y = \tan x$ 的定义域是 $x \in \mathbf{R}$ ，且 $x \neq \dfrac{\pi}{2} + k\pi\,(k \in \mathbf{Z})$.

由诱导公式 $\tan(x + \pi) = \tan x$ ，可知正切函数是周期函数，且最小正周期为 π .

作出正切函数 $y = \tan x$ 在 $\left(-\dfrac{\pi}{2},\ \dfrac{\pi}{2}\right)$ 内的图像，如图3-20所示.

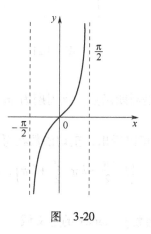

图 3-20

根据正切函数的周期性，把正切函数 $y = \tan x$ 在 $\left(-\dfrac{\pi}{2},\ \dfrac{\pi}{2}\right)$ 内的图像，每隔 π 个单位向左、右平移，得到正切函数 $y = \tan x\left(x \in \mathbf{R}, 且 x \neq \dfrac{\pi}{2} + k\pi, k \in \mathbf{Z}\right)$ 的图像（见图3-21）．正切函数 $y = \tan x$ 的图像叫做**正切曲线**.

2. 正切函数的性质

由正切函数 $y = \tan x$ 的图像可得其性质如下：

定义域

正切函数 $y = \tan x$ 的定义域是 $x \in \mathbf{R}$ ，且 $x \neq \dfrac{\pi}{2} + k\pi\,(k \in \mathbf{Z})$.

值域

正切函数 $y = \tan x$ 的值域是 $\mathbf{R}$.

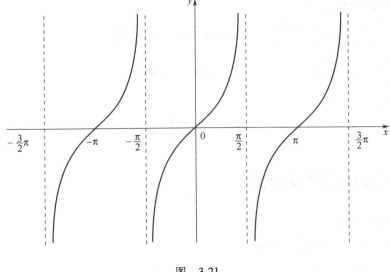

图 3-21

周期性

正切函数是周期函数, 且周期为 π.

单调性

由图 3-21 可以看出, 正切函数在每个开区间

$$\left(-\frac{\pi}{2}+k\pi, \frac{\pi}{2}+k\pi\right), k \in \mathbf{Z}$$

内都是增函数.

例1 求函数 $y = \tan 2x$ 的定义域.

解 由 $2x \neq \frac{\pi}{2} + k\pi(k \in \mathbf{Z})$ 得

$$x \neq \frac{\pi}{4} + \frac{k\pi}{2}(k \in \mathbf{Z})$$

所以 $y = \tan 2x$ 的定义域为 $\left\{x \mid x \in \mathbf{R}, \text{且} x \neq \frac{\pi}{4} + \frac{k\pi}{2}\right.$

$(k \in \mathbf{Z})\Big\}.$

例2 利用单调性, 比较下列各对正切值的大小.

(1) $\tan \frac{5\pi}{7}$ 与 $\tan \frac{8\pi}{7}$;　　　　(2) $\tan \frac{13\pi}{3}$ 与 $\tan \frac{13\pi}{4}$.

解 (1) 因为　$\frac{\pi}{2} < \frac{5\pi}{7} < \frac{8\pi}{7} < \frac{3\pi}{2}$,

且函数 $y = \tan x$ 在 $\left(\dfrac{\pi}{2}, \dfrac{3\pi}{2}\right)$ 内是增函数，所以

$$\tan\frac{5\pi}{7} < \tan\frac{8\pi}{7}$$

（2）因为 $\tan\dfrac{13\pi}{3} = \tan\dfrac{\pi}{3}$，$\tan\dfrac{13\pi}{4} = \tan\dfrac{\pi}{4}$，

又因为 $\qquad -\dfrac{\pi}{2} < \dfrac{\pi}{4} < \dfrac{\pi}{3} < \dfrac{\pi}{2}$，

且函数 $y = \tan x$ 在 $\left(-\dfrac{\pi}{2}, \dfrac{\pi}{2}\right)$ 内是增函数，所以

$$\tan\frac{\pi}{3} > \tan\frac{\pi}{4}$$

即 $\qquad\qquad \tan\dfrac{13\pi}{3} > \tan\dfrac{13\pi}{4}$

【习题 3.12】

1. 比较下列各组中两个函数值的大小.

（1）$\tan\left(-\dfrac{\pi}{5}\right)$ 与 $\tan\left(-\dfrac{3\pi}{7}\right)$；　　　（2）$\tan\dfrac{7\pi}{8}$ 与 $\tan\dfrac{\pi}{6}$.

2. 求函数 $y = -\tan\left(x + \dfrac{\pi}{6}\right) + 2$ 的定义域.

3. 画出 $y = \tan x$，$x \in \left(\dfrac{\pi}{2}, \dfrac{3\pi}{2}\right)$ 的简图.

3.13　已知三角函数值求角

1. 已知正弦函数值求角

正弦函数 $y = \sin x$ 的定义域是 $(-\infty, +\infty)$，值域是 $[-1,1]$，由函数 $y = \sin x$ 的图像（见图 3-22）可知，对于 y 在 $[-1,1]$ 上的任何一个值，x 在 $(-\infty, +\infty)$ 上都有无穷多个值与其对应. 根据反函数的定义，可知函数 $y = \sin x$ 在 $(-\infty, +\infty)$ 上没有反函数.

由函数图像（见图 3-22）可以看出，$y = \sin x$ 在其单调区间 $\left[-\dfrac{\pi}{2}, \dfrac{\pi}{2}\right]$ 上，x 与 y 是一一对应的，这说明 $y = \sin x$ 在区间

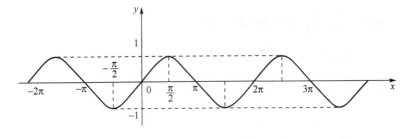

图 3-22

$\left[-\dfrac{\pi}{2},\dfrac{\pi}{2}\right]$上有反函数.

定义 函数 $y=\sin x$ 在 $\left[-\dfrac{\pi}{2},\dfrac{\pi}{2}\right]$ 上的反函数，叫作**反正弦函数**，记作 $y=\arcsin x$，其定义域是 $[-1,1]$，值域是 $\left[-\dfrac{\pi}{2},\dfrac{\pi}{2}\right]$.

例1 求下列各式的值.

(1) $\arcsin\dfrac{1}{2}$；　　　(2) $\arcsin(-1)$.

解 (1) 因为在 $\left[-\dfrac{\pi}{2},\dfrac{\pi}{2}\right]$ 上，有

$$\sin\frac{\pi}{6}=\frac{1}{2}$$

所以
$$\arcsin\frac{1}{2}=\frac{\pi}{6}$$

(2) 因为在 $\left[-\dfrac{\pi}{2},\dfrac{\pi}{2}\right]$ 上，有

$$\sin\left(-\frac{\pi}{2}\right)=-1$$

所以
$$\arcsin(-1)=-\frac{\pi}{2}$$

例2 已知 $\sin x=\dfrac{\sqrt{2}}{2}$，且 $x\in[0,2\pi]$，求 x.

解 因为 $\sin x=\dfrac{\sqrt{2}}{2}$，且 $x\in[0,2\pi]$，则 x 是第一、二象限的角，

102

而 $\sin\dfrac{\pi}{4}=\dfrac{\sqrt{2}}{2}$，$\sin\dfrac{3\pi}{4}=\sin\left(\pi-\dfrac{\pi}{4}\right)=\sin\dfrac{\pi}{4}=\dfrac{\sqrt{2}}{2}$，

所以符合条件的角有两个，即

$$x=\dfrac{\pi}{4}\text{和}x=\dfrac{3\pi}{4}.$$

2. 已知余弦函数值求角

类似于反正弦函数的定义，可以定义反余弦函数.

定义　函数 $y=\cos x$ 在 $[0,\pi]$ 上的反函数，称作**反余弦函数**，记作 $y=\arccos x$，其定义域是 $[-1,1]$，值域是 $[0,\pi]$.

例3　求下列各式的值.

（1）$\arccos\dfrac{\sqrt{3}}{2}$；　　（2）$\arccos\left(-\dfrac{\sqrt{2}}{2}\right)$.

解　（1）因为在 $[0,\pi]$ 上，有

$$\cos\dfrac{\pi}{6}=\dfrac{\sqrt{3}}{2}$$

所以　　　　　　　　$\arccos\dfrac{\sqrt{3}}{2}=\dfrac{\pi}{6}$

（2）因为在 $[0,\pi]$ 上，有

$$\cos\dfrac{3\pi}{4}=-\dfrac{\sqrt{2}}{2}$$

所以　　　　　　　$\arccos\left(-\dfrac{\sqrt{2}}{2}\right)=\dfrac{3\pi}{4}$

例4　已知 $\cos x=-\dfrac{\sqrt{3}}{2}$，且 $x\in[0,2\pi]$，求 x.

解　由 $\cos x=-\dfrac{\sqrt{3}}{2}$，可知 x 是第二、三象限的角，

又 $x\in[0,2\pi]$，所以

$$\dfrac{\pi}{2}<x<\pi\text{ 或 }\pi<x<\dfrac{3\pi}{2}$$

已知 $\cos\dfrac{\pi}{6}=\dfrac{\sqrt{3}}{2}$，由 $\cos(\alpha\pm\pi)=-\cos\alpha$ 可知，

$$\cos\dfrac{5\pi}{6}=\cos\left(\pi-\dfrac{\pi}{6}\right)=\cos\left(\dfrac{\pi}{6}-\pi\right)=-\cos\dfrac{\pi}{6}=-\dfrac{\sqrt{3}}{2}$$

$$\cos\dfrac{7\pi}{6}=\cos\left(\pi+\dfrac{\pi}{6}\right)=-\cos\dfrac{\pi}{6}=-\dfrac{\sqrt{3}}{2}$$

所以 $$x = \frac{5\pi}{6} \text{ 或 } x = \frac{7\pi}{6}.$$

3. 已知正切函数值求角

同样，也可定义反正切函数.

定义 函数 $y = \tan x$ 在 $\left(-\frac{\pi}{2}, \frac{\pi}{2} \right)$ 上的反函数，称作**反正切函数**，记作 $y = \arctan x$，其定义域是 $(-\infty, +\infty)$，值域是 $\left(-\frac{\pi}{2}, \frac{\pi}{2} \right)$.

例5 求下列各式的值.

(1) $\arctan 1$；   (2) $\arctan\left(-\frac{\sqrt{3}}{3} \right)$.

解 (1) 因为在开区间 $\left(-\frac{\pi}{2}, \frac{\pi}{2} \right)$ 内，$\tan \frac{\pi}{4} = 1$，所以

$$\arctan 1 = \frac{\pi}{4}$$

(2) 因为在开区间 $\left(-\frac{\pi}{2}, \frac{\pi}{2} \right)$ 内，$\tan \frac{\pi}{6} = \frac{\sqrt{3}}{3}$，且

$$\tan\left(-\frac{\pi}{6} \right) = -\tan \frac{\pi}{6} = -\frac{\sqrt{3}}{3}$$

所以 $$\arctan\left(-\frac{\sqrt{3}}{3} \right) = -\frac{\pi}{6}$$

例6 已知 $\tan x = 1$，且 $x \in [0, 2\pi)$，求 x.

解 因为 $\tan x = 1$，所以 x 是第一、三象限的角，

又因为 $x \in [0, 2\pi)$，所以

$$0 < x < \frac{\pi}{2} \text{ 或 } \pi < x < \frac{3\pi}{2}$$

由 $\tan \frac{\pi}{4} = 1$，得

$$x = \frac{\pi}{4}$$

由 $\tan\left(\frac{\pi}{4} + \pi \right) = \tan \frac{\pi}{4} = 1$，得

$$x = \frac{5\pi}{4}$$

所以 $$x = \frac{\pi}{4} \text{ 或 } x = \frac{5\pi}{4}$$

【习题 3.13】

1. 根据下列条件，求开区间 $(0,2\pi)$ 内的角 x.

（1） $\sin x = -\dfrac{\sqrt{3}}{2}$；

（2） $\cos x = \dfrac{1}{2}$；

（3） $\tan x = \sqrt{3}$；

（4） $\sin x = \dfrac{1}{3}$.

2. 求值.

（1） $\arcsin 0$；

（2） $\arccos\left(-\dfrac{\sqrt{3}}{2}\right)$；

（3） $\arctan(-1)$；

（4） $\arcsin 1$.

复 习 题 3

A 组

1. 求下列各式的值.

（1） $5\sin 0° - 2\cos 90° - 7\sin 270° + 4\cos 180°$；

（2） $\dfrac{\tan(3\pi - \alpha)\tan(2\pi - \alpha)}{\sin^2(\pi - \alpha)} - \dfrac{\tan(\pi + \alpha)\sin(-\alpha + \pi)}{\cos(-\alpha + 2\pi)}$；

（3） $\dfrac{\tan 25° + \tan 20°}{1 - \tan 25°\tan 20°}$；

（4） $\sin 20°\cos 70° + \cos 20°\sin 110°$.

2. 已知 $\sin(\pi + \alpha) = -\dfrac{1}{2}$，计算下列各式.

（1） $\cos(2\pi - \alpha)$；

（2） $\tan(\alpha - 7\pi)$.

3. 已知 $\sin\alpha = \dfrac{5}{7}$，$\cos(\alpha + \beta) = -\dfrac{1}{2}$，且 α、β 都是锐角，求 $\cos\beta$.

4. 证明下列各式.

（1） $(\cos\alpha - 1)^2 + \sin^2\alpha = 2 - 2\cos\alpha$；

（2） $\sin(\alpha + \beta)\sin(\alpha - \beta) = \sin^2\alpha - \sin^2\beta$；

（3） $\dfrac{\sqrt{3}}{2}\sin\alpha - \dfrac{1}{2}\cos\alpha = \sin\left(\alpha - \dfrac{\pi}{6}\right)$；

(4) $\cos(\alpha+\beta)\cos(\alpha-\beta)=\cos^2\alpha+\cos^2\beta-1$.

5. 用"五点法"作出下列函数在一个周期内的图像.

(1) $y=3\sin x$；　　　　　（2） $y=3\cos x-1$.

6. 在 $\triangle ABC$ 中，$a=5\sqrt{3}$，$b=5$，$A=120°$，求 B 和边长 c.

7. 在 $\triangle ABC$ 中，$a=7$，$b=10$，$c=6$，求 $S_{\triangle ABC}$.

8. 已知 $\sin x=\dfrac{1}{2}$，且 $x\in[0,2\pi]$，求 x.

9. 已知 $\cos x=-\dfrac{1}{2}$，且 $x\in[0,2\pi]$，求 x.

B 组

1. 化简下列各式.

（1） $\sin^2\alpha+\sin^2\beta-\sin^2\alpha\sin^2\beta+\cos^2\alpha\cos^2\beta$；

（2） $\sin(\alpha-\beta)\cos\beta+\cos(\alpha-\beta)\sin\beta$；

（3） $\cos^2(-\alpha)+\sin(-\alpha)\cos(2\pi+\alpha)\tan(-\alpha)$；

（4） $8\sin\alpha\cos\alpha\cos2\alpha\cos4\alpha$.

2. 已知 $\tan\theta=\dfrac{1}{2}$，$\tan\varphi=\dfrac{1}{3}$，且 θ，φ 都是锐角，求证：$\theta+\varphi=\dfrac{\pi}{4}$.

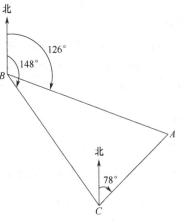

3. 某铁路弯道圆弧半径为 2km，已知火车以 36km/h 的速度通过弯道，求 10s 内转过的角度（精确到 $1°$）.

4. 已知平行四边形两条邻边的长分别是 $4\sqrt{6}$cm、$4\sqrt{3}$cm，

图 3-23

它们的夹角是 $45°$，求该平行四边形的两条对角线长及它的面积.

5. 如图 3-23 所示，货轮在海上以 35n mile/h（海里/时）的速度沿着方位角（从指北方向顺时针转到目标方向线得水平角）为 $148°$ 的方向航行，在 B 点观测灯塔 A 的方位角是 $126°$，航行半小时后到达 C 点，观测灯塔 A 的方位角是 $78°$，求货轮到达 C 点时与灯塔 A 的距离（精确到 1n mile）.

第4章 数 列

【学习目标】

1. 了解数列的概念，掌握数列的通项公式.

2. 了解等差数列、等比数列的定义；理解等差中项和等比中项的意义；掌握等差数列、等比数列的通项公式和前 n 项和公式，能够应用公式进行有关的计算.

3. 培养学生对知识的综合运用能力以及类比能力和计算能力.

4.1 数列

1. 数列的概念

观察下面每一组数：

(1) 4，5，6，7，8

(2) 2，2^2，2^3，2^4，2^5，…，2^n，…

(3) 1，$\dfrac{1}{3}$，$\dfrac{1}{5}$，$\dfrac{1}{7}$，$\dfrac{1}{9}$，…，$\dfrac{1}{2n-1}$，…

(4) 7，7，7，7，7，…，7，…

(5) 1，0，-1，0，1，0，-1，0，…

像上面例子中这样，按照一定次序排列的一列数叫做**数列**. 数列中的每一个数叫做数列的**项**；根据各项所在位置的序号，分别叫做第 1 项，第 2 项，第 3 项，…，第 n 项，…，并分别记作 $a_1, a_2, a_3, \cdots, a_n, \cdots$，把第 n 项 a_n 叫做数列的**通项**；数列 $a_1, a_2, a_3, \cdots, a_n, \cdots$ 简记作数列 $\{a_n\}$，如前面的数列(2)记作数列 $\{2^n\}$；数列(3)记作数列 $\left\{\dfrac{1}{2n-1}\right\}$.

2. 数列的通项公式

如果数列 $\{a_n\}$ 的通项 a_n 与项数 n 之间的关系，可以用一个解析式来表示，那么这个解析式就叫做这个数列的**通项公式**.

已知一个数列的通项公式，就可以求出这个数列的任何一项.

例如，数列（3）的通项公式是 $a_n = \dfrac{1}{2n-1}$，第 50 项 $a_{50} = \dfrac{1}{2 \times 50 - 1} = \dfrac{1}{99}$.

例1 已知下面各数列 $\{a_n\}$ 的通项公式，写出它的前 3 项和第 30 项.

思考：如何求前 3 项和第 30 项?

（1）$a_n = \dfrac{n-1}{n(n+1)}$；　　　（2）$a_n = (-1)^n (n^2 - 1)$.

解　（1）$a_1 = \dfrac{1-1}{1 \times (1+1)} = 0$，$a_2 = \dfrac{2-1}{2 \times (2+1)} = \dfrac{1}{6}$，

$a_3 = \dfrac{3-1}{3 \times (3+1)} = \dfrac{1}{6}$，　　　　$a_{30} = \dfrac{30-1}{30 \times (30+1)} = \dfrac{29}{930}$；

（2）$a_1 = (-1)^1 \times (1^2 - 1) = 0$，

$a_2 = (-1)^2 \times (2^2 - 1) = 3$，

$a_3 = (-1)^3 \times (3^2 - 1) = -8$，

$a_{30} = (-1)^{30} \times (30^2 - 1) = 899$.

例2　写出以下各数列的通项公式.

（1）1，$\dfrac{1}{2}$，$\dfrac{1}{3}$，$\dfrac{1}{4}$，$\cdots$

（2）$\dfrac{1}{3}$，$\dfrac{2}{5}$，$\dfrac{3}{7}$，$\dfrac{4}{9}$，$\cdots$

（3）$\dfrac{1}{2}$，1，$\dfrac{5}{4}$，$\dfrac{7}{5}$，$\cdots$

解　（1）数列各项的分母是 1，2，3，4，$\cdots$，即 n，分子都是 1，所以该数列的通项公式为

$$a_n = \dfrac{1}{n}$$

（2）数列各项的分母是 3，5，7，9，$\cdots$，即 $2n+1$，分子是 1，2，3，4，$\cdots$，即 n，所以该数列的通项公式为

$$a_n = \dfrac{n}{2n+1}$$

（3）原数列：$\dfrac{1}{2}$，1，$\dfrac{5}{4}$，$\dfrac{7}{5}$，$\cdots$

可改为：$\dfrac{1}{2}$，$\dfrac{3}{3}$，$\dfrac{5}{4}$，$\dfrac{7}{5}$，…

数列各项的分母是 2，3，4，5，…，即 $n+1$，分子是 1，3，5，7，…，即 $2n-1$，所以该数列的通项公式为

$$a_n = \dfrac{2n-1}{n+1}$$

【习题 4.1】

1. 根据数列的定义，判断下面各题中的两个数列是否相同.

(1) 0，1，2，3，…和 1，2，3，…

(2) 1，2，3，4，5 和 1，2，3，4，5，…

(3) 1，$\dfrac{1}{2}$，$\dfrac{1}{3}$，$\dfrac{1}{4}$，$\dfrac{1}{5}$ 和 $\dfrac{1}{5}$，$\dfrac{1}{4}$，$\dfrac{1}{3}$，$\dfrac{1}{2}$，1

2. 写出下列数列的通项公式.

(1) 3，4，5，6，7，…

(2) 10，11，12，13，14，…

(3) -1，-2，-3，-4，-5，…

(4) 0，1，2，3，4，…

(5) 1，$\dfrac{1}{2}$，$\dfrac{1}{3}$，$\dfrac{1}{4}$，$\dfrac{1}{5}$，…

(6) -1，$\dfrac{1}{2}$，$-\dfrac{1}{3}$，$\dfrac{1}{4}$，$-\dfrac{1}{5}$，…

(7) 1，$-\dfrac{1}{2}$，$\dfrac{1}{3}$，$-\dfrac{1}{4}$，$\dfrac{1}{5}$，…

3. 观察下列数列的特点，用适当的数填空，并写出通项公式.

(1) 1，3，（　　），7，9，（　　），13，…

(2) （　　），1，4，9，16，（　　），36，…

(3) 1，$\sqrt[3]{2}$，（　　），$\sqrt[3]{4}$，$\sqrt[3]{5}$，$\sqrt[3]{6}$，$\sqrt[3]{7}$，（　　），…

(4) 4，（　　），2，1，0，-1，（　　），-3，…

(5) 0，1，0，（　　），0，1，0，1，（　　），…

4. 已知下列数列的通项公式，写出前 5 项.

(1) $a_n = n^2 - 1$；　　　　　　(2) $a_n = 10n$；

(3) $a_n = 5 \times (-1)^{n+1}$；　　　　(4) $a_n = 1 + (-1)^n$；

(5) $a_n = \dfrac{n}{2n+1}$;   (6) $a_n = 2 \times (-1)^n$.

5. 写出以下各数列的通项公式, 并写出第 10 项.

(1) 3, 6, 9, 12, …

(2) 0, -2, 4, -6, …

(3) $\dfrac{2}{1}$, $\dfrac{3}{2}$, $\dfrac{4}{3}$, $\dfrac{5}{4}$, …

(4) 2, $\dfrac{3}{4}$, $\dfrac{4}{9}$, $\dfrac{5}{16}$, …

(5) $\dfrac{1}{2}$, $-\dfrac{3}{4}$, $\dfrac{5}{6}$, $-\dfrac{7}{8}$, …

(6) 9, 99, 999, 9999, …

6. 以下 4 个数中 ( ) 不是数列 $\{n(n+2)\}$ 的项.

A. 80   B. 105   C. 120   D. 255

7. 已知某数列通项公式为 $a_n = \dfrac{n+2}{n(n+1)}$, $\dfrac{3}{10}$ 是它的第几项? 第 5 项是多少?

8. 在数列 $\{a_n\}$ 中, 已知 $a_1 = 2$, $a_{17} = 66$, 通项公式是项数 n 的一次函数, 求通项公式.

4.2　等差数列及其通项公式

1. 等差数列的定义

观察下面的每组数列:

(1) 3, 7, 11, 15, …

(2) 8, 3, -2, -7, …

(3) 3, 3, 3, 3, …

这些数列有什么共同点?

在数列 (1) 中, 从第 2 项起, 每一项与前一项的差都等于 4;

在数列 (2) 中, 从第 2 项起, 每一项与前一项的差都等于 -5;

在数列 (3) 中, 从第 2 项起, 每一项与前一项的差都等于 0.

这三个数列共同的特点是: 从第 2 项起, 每一项与它前一项的差都等于同一个常数. 对于具有这样规律的数列, 给出下面的定义.

如果一个数列从第 2 项起, 每一项与它前一项的差都等于同一个常数, 那么这个数列就叫做**等差数列**, 这个常数叫做等差数列的**公差**, 通常用字母 d 表示.

上面三个数列都是等差数列, 它们的公差依次是 4, -5, 0.

思考: 1, 1, 2, 3, 4, … 是不是等差数列?

2. 等差数列的通项公式

如果等差数列 $\{a_n\}$ 的首项是 a_1, 公差是 d, 那么根据等差数列的定义可知

$$a_2 - a_1 = d, \ a_3 - a_2 = d, \ a_4 - a_3 = d, \ \cdots$$

所以

$$a_2 = a_1 + d$$
$$a_3 = a_2 + d = (a_1 + d) + d = a_1 + 2d$$
$$a_4 = a_3 + d = (a_1 + 2d) + d = a_1 + 3d$$
$$\vdots$$

一般地,

$$a_n = a_1 + (n-1)d \qquad (4\text{-}1)$$

这就是**等差数列的通项公式**, 公式中给出了 a_1, d, n, a_n 四个量之间的关系, 知道其中任意三个量, 可求出另外一个量.

例1 求等差数列 $18, 14, 10, 6, \cdots$ 的第 16 项. -178 是不是该数列的项? 如果是, 是第几项?

解 $a_1 = 18$, $d = 14 - 18 = -4$, $n = 16$,

则该数列通项公式为: $a_n = 18 + (n-1)(-4) = 22 - 4n$, 所以

$$a_{16} = 22 - 4 \times 16 = -42$$

由

$$-178 = 22 - 4n$$

解得 $n = 50$, 即 -178 是这个数列的第 50 项.

例2 在等差数列 $\{a_n\}$ 中, 已知 $a_3 = -4$, $a_6 = 2$, 求 a_{10}.

解 由通项公式得,

$$\begin{cases} a_1 + 2d = -4 \\ a_1 + 5d = 2 \end{cases}$$

解此方程组, 得

$$a_1 = -8, \ d = 2$$

所以　　　　$a_{10} = -8 + (10 - 1) \times 2 = 10$

例3　梯子最高一级宽33cm，最低一级宽110cm，中间还有10级，各级的宽度成等差数列，计算中间各级的宽度.

解　用$\{a_n\}$表示梯子自上而下各级宽度所成的等差数列，由已知条件，有

$$a_1 = 33, \ a_{12} = 110, \ n = 12$$

代入通项公式，得

$$110 = 33 + 11d$$

解得 $d = 7$.

通项公式为 $a_n = 33 + 7(n - 1)$

因此，中间各级的宽度从上到下依次是40cm，47cm，54cm，61cm，68cm，75cm，82cm，89cm，96cm，103cm.

例4　已知数列的通项公式为 $a_n = pn + q$，其中，p，q 是常数，且 $p \neq 0$，这个数列是否一定是等差数列？如果是，分别求其首项与公差.

分析： 根据等差数列的定义，要判断 $\{a_n\}$ 是不是等差数列，只要看 $a_n - a_{n-1}(n \geq 2)$ 是不是一个与 n 无关的常数就可以了.

解　任取数列 $\{a_n\}$ 中相邻两项 a_{n-1} 与 $a_n(n \geq 2)$，

$$\begin{aligned}
a_n - a_{n-1} &= (pn + q) - [p(n - 1) + q] \\
&= pn + q - (pn - p + q) \\
&= p
\end{aligned}$$

它是一个与 n 无关的常数，所以 $\{a_n\}$ 是等差数列，且公差是 p，首项 $a_1 = p + q$.

练一练

1. 求等差数列8，5，2，…的通项公式与第20项.

2. 如果将等差数列中前 m 项去掉，其余各项组成一个新的数列，这个新数列是等差数列吗？如果是，公差是多少？

3. 等差中项

如果 a，A，b 三个数成等差数列，那么 A 叫做 a 与 b 的**等差中项**.

根据等差数列的定义，有

$$A - a = b - A$$

所以

$$A = \frac{a+b}{2} \qquad (4\text{-}2)$$

容易看出，在一个等差数列中，从第 2 项起，每一项都是它的前一项与后一项的等差中项.

例 5 求 $\dfrac{1+\sqrt{3}}{2}$ 与 $\dfrac{1-\sqrt{3}}{2}$ 的等差中项.

解 $A = \dfrac{1}{2} \times \left(\dfrac{1+\sqrt{3}}{2} + \dfrac{1-\sqrt{3}}{2} \right) = \dfrac{1}{2}$

思考：在等差数列 1，3，5，7，9，11，13，15，… 中，7 是哪些项的等差中项？

例 6 已知 a，b，c 三数成等差数列，求证：$b+c$，$c+a$，$a+b$ 三数也成等差数列.

证明 因为 a，b，c 三数成等差数列，所以 $b = \dfrac{a+c}{2}$，即 $2b = a+c$

由 $A = \dfrac{1}{2}\big[(b+c)+(a+b)\big] = \dfrac{1}{2}\big[2b+(a+c)\big] = a+c$ 可知 $a+c$ 是 $b+c$ 与 $a+b$ 的等差中项，

所以 $b+c$，$c+a$，$a+b$ 三数成等差数列.

例 7 已知三个数成等差数列，并且它们的和为 15，积为 45，求这三个数.

解 设所求的三个数分别为 $a-d$，a，$a+d$，根据题意有

$$\begin{cases} (a-d)+a+(a+d)=15 \\ (a-d)\cdot a \cdot (a+d)=45 \end{cases}$$

解得 $a=5$，$d=4$ 或 $a=5$，$d=-4$

所求三个数为 1，5，9 或 9，5，1.

【习题 4.2】

1. 填空.

（1）已知等差数列 3，7，11，…，则 $a_{11} = $ _____；

（2）已知等差数列 11，6，1，…，则 $a_n = $ _____；

（3）在等差数列 10，8，6，… 中，-10 是第 _____ 项；

（4）2 和 8 的等差中项 $A = $ _____；

（5）等差数列 7，9，11，…，99 共有 _____ 项；

113

（6）在 3 与 57 之间插入 8 个数，使它们与这两个数成等差数列，则插入的第 3 个数是_____.

2. 求等差数列 6，$3\dfrac{1}{2}$，1，…的第 12 项.

3. 一个等差数列的第 3 项是 9，第 9 项是 3，求它的第 12 项.

4. 等差数列的首项是 -5，公差是 2，则 81 是第几项？

5. 三个数成等差数列，它们的和是 9，平方和是 35，求这三个数.

4.3 等差数列的前 n 项和

在等差数列 -1，2，5，8，11，14，17，…中，前 1 项和，前 2 项和，前 3 项和，…，分别记作 S_1，S_2，S_3，…，即 $S_1 = -1$，$S_2 = -1+2$，$S_3 = -1+2+5$，….

一般地，数列的前 n 项 a_1，a_2，a_3，…，a_n 的和记作

$$S_n = a_1 + a_2 + a_3 + \cdots + a_n$$

下面我们来研究，如何求一个等差数列的前 n 项和. 先看一个具体例子：求 $1 + 2 + 3 + \cdots + 100$ 的值.

对于这个问题，著名数学家高斯在他 10 岁时，就很快求出了它的结果. 算法是

$$S = 1 + 2 + 3 + \cdots + 98 + 99 + 100$$

把上式各项次序反过来，S 又可写成

$$S = 100 + 99 + 98 + \cdots + 3 + 2 + 1$$

把两式上下对应项相加，发现其和都等于 101，所以

$$2S = 100 \times (1 + 100)$$

于是　　　　　　　　　　　$S = 5050$

高 斯 （Carl Friedrich Gauss，1777—1855）德国著名数学家.

上面的问题可以看做是求等差数列 $1,2,3,\cdots,n,\cdots$ 前 100 项的和.

求解过程中，所求的和可用等差数列的首项、末项和项数 n 来表示.

根据等差数列的通项公式，其前 n 项的和可以写成

$$S_n = a_1 + (a_1 + d) + (a_1 + 2d) + \cdots + [a_1 + (n-1)d]$$

把各项次序反过来，S_n 又可写成

$$S_n = a_n + (a_n - d) + (a_n - 2d) + \cdots + [a_n - (n-1)d]$$

把上两式两边分别相加，得

$$2S_n = (a_1 + a_n) + (a_1 + a_n) + \cdots + (a_1 + a_n)$$
$$= n(a_1 + a_n)$$

由此得到**等差数列的前 n 项和公式**

$$S_n = \frac{n(a_1 + a_n)}{2} \tag{4-3}$$

式(4-3)中给出了 a_1，n，a_n，S_n 四个量之间的关系再加上通项公式 $a_n = a_1 + (n-1)d$，则知道 a_1，n，a_n，S_n，d 五个量中任意三个量，可求出其余两个量.

例1 在等差数列 $\{a_n\}$ 中，

（1）已知 $a_1 = 3$，$a_{10} = -\dfrac{3}{2}$，求 S_{10}；

（2）已知 $a_1 = 2$，$d = -\dfrac{1}{2}$，求 S_{10}.

解 （1）把 $a_1 = 3$，$a_{10} = -\dfrac{3}{2}$，$n = 10$ 代入等差数列前 n 项和公式，得

$$S_{10} = \frac{10}{2}\left(3 - \frac{3}{2}\right) = \frac{15}{2}$$

（2）把 $a_1 = 2$，$d = -\dfrac{1}{2}$，$n = 10$ 代入等差数列的通项公式，得

$$a_{10} = 2 + (10 - 1) \times \left(-\frac{1}{2}\right) = -\frac{5}{2}$$

所以

$$S_{10} = \frac{10}{2}\left(2 - \frac{5}{2}\right) = -\frac{5}{2}$$

例2 在等差数列 $\{a_n\}$ 中，已知 $d = 2$，$a_n = 1$，$S_n = -8$，求 a_1 和 n.

解 把 $d = 2$，$a_n = 1$，$S_n = -8$ 代入等差数列的通项公式和前 n 项和公式，得

$$\begin{cases} a_1 + 2(n-1) = 1 & (1) \\ \dfrac{n(a_1 + 1)}{2} = -8 & (2) \end{cases}$$

将(1)式变形为 $a_1 = 3 - 2n$ (3)

代入(2)式并化简，得

$$n^2 - 2n - 8 = 0$$

解此方程，得

$$n = 4 \text{ 或 } n = -2(舍去).$$

将 $n = 4$ 代入(3)式，得 $a_1 = -5$.

所以 $a_1 = -5$，$n = 4$

例3 求集合 $M = \{m \mid m = 7n, n \in \mathbf{Z}_+, \text{且 } m < 100\}$ 的元素的个数，并求这些元素的和.

解 由 $7n < 100$，得 $n < \dfrac{100}{7}$，即

$$n < 14\frac{2}{7}$$

由于满足上面不等式的正整数 n 共有 14 个，所以集合 M 中的元素共有 14 个，依次为

$$7, 14, 21, \cdots, 98$$

这个数列是等差数列，其中 $a_1 = 7$，$a_{14} = 98$

因此 $S_{14} = \dfrac{14 \times (7 + 98)}{2} = 735$

例4 某剧场有 25 排座位，后排比它前一排多 2 个座位，最后一排有 70 个座位，问该剧场共有多少个座位.

解 由题意可知，这个剧场每排的座位数成等差数列．如果把第一排的座位数记作 a_1，则有 $a_{25} = 70$，$n = 25$，$d = 2$．代入等差数列的通项公式和前 n 项和公式，得

$$\begin{cases} a_1 + 24 \times 2 = 70 \\ S_{25} = \dfrac{25}{2}(a_1 + 70) \end{cases}$$

解得 $a_1 = 22$，$S_{25} = 1150$

答：该剧场共有 1150 个座位.

【习题 4.3】

1. 求下列等差数列的通项公式、第 10 项及前 10 项的和.

(1) 2，4，6，8，…

(2) 5，0，-5，-10，…

（3）－5，－9，－13，－17，…

2. 计算．

（1）已知在等差数列 $\{a_n\}$ 中，$a_1 = 100$，$d = -3$，求 S_{30}；

（2）已知在等差数列 $\{a_n\}$ 中，$a_{26} = 105$，$d = -4$，求 S_{26}．

3.（1）在正整数列中有多少个三位数？求它们的和．

（2）在三位正整数集合中有多少个数是 7 的倍数？求它们的和．

4. 在 6 与 26 之间插入三个数，使它们成等差数列，求插入的三个数．

5. 已知三个数成等差数列，其和为 －3，其积为 8，求这三个数．

6. 已知 $\{a_n\}$ 为等差数列，满足 $a_1 + a_2 + a_3 + \cdots + a_{101} = 0$，则有（　　）．

A. $a_1 + a_{101} > 0$　　　　B. $a_2 + a_{100} < 0$

C. $a_3 + a_{99} = 0$　　　　D. $a_{51} = 51$

7. 等差数列的第 2 项与第 8 项的和是 14，第 1 项与第 5 项的积是 28，求它的前 9 项之和．

8. 在等差数列 $\{a_n\}$ 中，已知公差 $d = \dfrac{1}{2}$，且 $a_1 + a_3 + \cdots + a_{99} = 60$，求 S_{100}．

9. 一个屋顶的某一斜面成等腰梯形，最上面一层铺了 21 块瓦片，往下每一层多铺 1 块，斜面上铺了瓦片 19 层，共铺瓦片多少块？

10. 在小于 100 的正整数中共有多少个数被 3 除余 2？这些数的和是多少？

4.4　等比数列

1. 等比数列的定义

观察下面的每组数列：

（1）1，2，4，8，…

（2）1，$-\dfrac{1}{3}$，$\dfrac{1}{9}$，$-\dfrac{1}{27}$，…

（3）5，5，5，5，…

这些数列有什么共同点？

对于数列（1），从第 2 项起，每一项与前一项的比都等于 2；

对于数列（2），从第 2 项起，每一项与前一项的比都等于 $-\dfrac{1}{3}$；

对于数列（3），从第 2 项起，每一项与前一项的比都等于 1.

这些数列具有这样的共同点：从第 2 项起，每一项与前一项的比都等于同一个常数. 对于具有这样规律的数列，给出下面的定义.

如果一个数列从第 2 项起，每一项与它前一项的比都等于同一个非零常数，那么这个数列叫做**等比数列**，这个常数叫做等比数列的**公比**，通常用字母 q 表示（$q \neq 0$）.

上面三个数列都是等比数列，它们的公比依次是 2，$-\dfrac{1}{3}$，1.

思考：在等比数列中，是否可以有等于 0 的项？如果公比等于 1，那么这个数列是什么数列？

2. 等比数列的通项公式

设 $\{a_n\}$ 是等比数列，首项为 a_1，公比为 q，即从第 2 项起，每一项与它前一项的比都等于 q，那么每一项都等于它的前一项乘以公比 q，于是有

$$a_2 = a_1 q$$
$$a_3 = a_2 q = (a_1 q) q = a_1 q^2$$
$$a_4 = a_3 q = (a_1 q^2) q = a_1 q^3$$
$$\vdots$$

由此可得，

$$a_n = a_1 q^{n-1} \tag{4-4}$$

其中，a_1 与 q 均不为 0. 这就是**等比数列的通项公式**，公式中给出了 a_1，q，n，a_n 四个量之间的关系，知道其中任意三个量，可求出另外一个量.

例 1 求等比数列 2，$-\sqrt{2}$，1，$-\dfrac{1}{\sqrt{2}}$，…的第 10 项，$\dfrac{1}{512}$

118

是不是该等比数列的项？如果是，是第几项？

解 $a_1 = 2$，$q = \dfrac{-\sqrt{2}}{2} = -\dfrac{\sqrt{2}}{2}$，$n = 10$，由等比数列的通项公式，得

$$a_n = 2 \times \left(-\frac{\sqrt{2}}{2} \right)^{n-1}$$

所以

$$a_{10} = 2 \times \left(-\frac{\sqrt{2}}{2} \right)^{10-1} = -\frac{\sqrt{2}}{16}$$

$$\frac{1}{512} = 2 \times \left(-\frac{\sqrt{2}}{2} \right)^{n-1}$$

解得 $n = 21$，即 $\dfrac{1}{512}$ 是这个数列的第 21 项.

例 2 在 81 和 1 之间插入三个数，使它们成等比数列，求这三个数.

解 $a_1 = 81$，$a_5 = 1$，代入等比数列的通项公式，得

$$1 = 81 q^{5-1}$$

即

$$q^4 = \frac{1}{81}$$

所以

$$q = \pm \frac{1}{3}$$

当 $q = \dfrac{1}{3}$ 时，插入的三个数为 27，9，3

当 $q = -\dfrac{1}{3}$ 时，插入的三个数为 -27，9，-3

所求三个数为 27，9，3 或 -27，9，-3.

例 3 某厂现在每年生产汽车 1280 辆，计划在 3 年后把产量提高到每年生产汽车 2500 辆，并且使每年的产量比上一年的产量提高的百分数相同，求这个百分数.

解 设所求百分数为 x，由题意可知，包括今年在内的四年的年产量成等比数列，并且 $a_1 = 1280$，$q = 1 + x$，$a_4 = 2500$，代入等比数列的通项公式，得

$$2500 = 1280 (1 + x)^{4-1}$$

即

$$(1 + x)^3 = \frac{2500}{1280} = \left(\frac{5}{4} \right)^3$$

所以

$$1 + x = \frac{5}{4}$$

解得

$$x = \frac{1}{4} = 25\%$$

答：每年的产量比上一年提高 25%．

例 4 已知 $\{a_n\}$，$\{b_n\}$ 是项数相同的等比数列，求证：$\{a_n b_n\}$ 是等比数列．

证明 设数列 $\{a_n\}$ 的首项为 a_1，公比为 p，数列 $\{b_n\}$ 的首项为 b_1，公比为 q，那么数列 $\{a_n b_n\}$ 的第 n 项与第 $n+1$ 项分别为 $a_1 p^{n-1} b_1 q^{n-1}$ 与 $a_1 p^n b_1 q^n$，

因为 $\dfrac{a_{n+1} b_{n+1}}{a_n b_n} = \dfrac{a_1 b_1 (pq)^n}{a_1 b_1 (pq)^{n-1}} = pq$，它是一个与 n 无关的常数，所以 $\{a_n b_n\}$ 是一个以 pq 为公比的等比数列．

练一练

1. 求下列等比数列的第 4 项与第 5 项．

(1) $\dfrac{2}{3}$，$\dfrac{1}{2}$，$\dfrac{3}{8}$，…   (2) $\sqrt{3}$，1，$\dfrac{\sqrt{3}}{3}$，…

2. 已知 $\{a_n\}$ 是等比数列，公比为 q．

(1) 将数列 $\{a_n\}$ 中的前 k 项去掉，剩余各项组成一个新数列，这个新数列是等比数列吗？如果是，它的首项与公比各是多少？

(2) 取出数列 $\{a_n\}$ 中所有奇数项（或偶数项），组成一个新的数列，这个新数列是等比数列吗？如果是，它的首项与公比各是多少？

3. 等比中项

如果 a，G，b 三个数成等比数列，那么 G 叫做 a 与 b 的**等比中项**．

若 G 是 a 与 b 的等比中项，则 $\dfrac{G}{a} = \dfrac{b}{G}$，即

$$G = \pm \sqrt{ab} \qquad\qquad (4\text{-}5)$$

反过来，如果 a，b 同号，$G = \sqrt{ab}$ 或 $G = -\sqrt{ab}$，即 $G^2 = ab$，那么 G 是 a，b 的等比中项.

例5 下面各组数是否有等比中项，如果有，求出等比中项.

（1）$4 + \sqrt{3}$ 与 $4 - \sqrt{3}$;　　　（2）$\sqrt{3} + 4$ 与 $\sqrt{3} - 4$;

（3）-2 与 -4;　　　　　　（4）0 与 1.

解　（1）因为 $G^2 = (4 + \sqrt{3}) \times (4 - \sqrt{3}) = 13$，所以 $G = \pm\sqrt{13}$;

（2）因为 $\sqrt{3} + 4$ 与 $\sqrt{3} - 4$ 不同号，所以没有等比中项;

（3）因为 $G^2 = (-2) \times (-4) = 8$，所以 $G = \pm 2\sqrt{2}$;

（4）0 与 1 不符合等比数列的定义，故不存在等比中项.

> 思考：在等比数列 1，2，4，8，16，32，64，128，… 中，16 是哪些项的等比中项?

【习题 4.4】

1. 填空.

（1）已知等比数列 0.5，2，8，…，则 $a_5 = $ _____;

（2）已知等比数列 4，-12，36，…，则 $a_n = $ _____;

（3）在等比数列 $\sqrt{2}$，2，$2\sqrt{2}$，…中，16 是第 _____ 项;

（4）已知等比数列 $a_n = 2^{n-1}$，则 $a_1 a_6 = $ _____，$a_2 a_5 = $ _____，$a_3 a_4 = $ _____;

（5）已知等比数列 $a_n = 3^{n-2}$，则 $a_1 a_2 = $ _____，$a_3 a_4 = $ _____，$a_5 a_6 = $ _____.

2. 写出下列等比数列的通项公式及第 6 项.

（1）15，-5，$\dfrac{5}{3}$，$-\dfrac{5}{9}$，…

（2）$\sqrt{2}$，1，$\dfrac{\sqrt{2}}{2}$，$\dfrac{1}{2}$，…

（3）$(a + b)^2$，$(a^2 - b^2)$，$(a - b)^2$，…

3. 求下列各组数的等比中项.

（1）$\dfrac{\sqrt{5} + \sqrt{3}}{2}$ 与 $\dfrac{\sqrt{5} - \sqrt{3}}{2}$;　　　（2）$7 + 3\sqrt{5}$ 与 $7 - 3\sqrt{5}$.

4. 求等比数列 $\sqrt{2}$，-1，$\dfrac{\sqrt{2}}{2}$，…的第 7 项.

5. 在 3 和 48 之间插入三个正数使它们成等比数列，求此三数.

6. 在 4 和 128 之间插入四个数，使它们和这四个数成等比数列，求这四个数.

7. 三个数成等比数列，它们的和为 13，积为 27，求这三个数.

8. 已知三个数成等比数列，其积为 -1，其平方和为 3，求此三数.

4.5 等比数列的前 n 项和

设等比数列 $a_1, a_2, \cdots, a_n, \cdots$ 的公比为 q，前 n 项和记为 S_n，即

$$S_n = a_1 + a_2 + a_3 + \cdots + a_n$$
$$= a_1 + a_1 q + a_1 q^2 + \cdots + a_1 q^{n-1}$$

下面通过一个例子来说明等比数列前 n 项和的求法.

已知等比数列 $\{3^n\}$，求它前 5 项的和 S_5.

$$S_5 = 3 + 3^2 + 3^3 + 3^4 + 3^5 \tag{1}$$

用公比 3 乘以 (1) 式的两边，得

$$3S_5 = 3^2 + 3^3 + 3^4 + 3^5 + 3^6 \tag{2}$$

用 (2) 式的两边分别减去 (1) 式的两边，得

$$2S_5 = 3^6 - 3，\quad 即$$

$$S_5 = \frac{1}{2} \times (3^6 - 3) = 363$$

一般地，用类似的方法来求等比数列的前 n 项和 S_n.

$$S_n = a_1 + a_1 q + a_1 q^2 + \cdots + a_1 q^{n-1} \tag{1}$$

上式两边同乘以 q，得

$$qS_n = a_1 q + a_1 q^2 + \cdots + a_1 q^{n-1} + a_1 q^n \tag{2}$$

(1) 式的两边分别减去 (2) 式的两边得

$$(1 - q)S_n = a_1 - a_1 q^n$$

当 $q \neq 1$ 时，等比数列 $\{a_n\}$ 的前 n 项和公式为

$$S_n = \frac{a_1(1-q^n)}{1-q} \qquad (4\text{-}6)$$

特别地，当 $q=1$ 时，$S_n = na_1$.

在等比数列的通项公式和前 n 项和公式中，给出了 a_1，q，n，a_n，S_n 五个量之间的关系，知道其中任意三个量，可求出其余两个量.

例1 求等比数列 $\frac{3}{2}$，$\frac{3}{4}$，$\frac{3}{8}$，…前 8 项的和.

解 由 $a_1 = \frac{3}{2}$，$q = \frac{3}{4} \div \frac{3}{2} = \frac{1}{2}$，$n=8$，得

$$S_8 = \frac{\dfrac{3}{2} \times \left[1 - \left(\dfrac{1}{2}\right)^8\right]}{1 - \dfrac{1}{2}} = \frac{765}{256}$$

例2 已知等比数列中，$a_1 = 2$，$S_3 = 26$，求公比 q 和 a_3.

解 由等比数列前 n 项和的公式，得

$$26 = \frac{2(1-q^3)}{1-q}$$

化简得 $\qquad\qquad 1 - q^3 = 13(1-q)$

根据题意，显然 $q \neq 1$，所以 $1 + q + q^2 = 13$，即

$$q^2 + q - 12 = 0$$

解此方程，得 $q = -4$ 或 $q = 3$.

当 $q = -4$ 时，$a_3 = 2 \times (-4)^{3-1} = 32$

当 $q = 3$ 时，$a_3 = 2 \times 3^{3-1} = 18$

例3 已知三个数成等比数列，其和为 14，其积为 64，求这三个数.

解 设三个数为 $\frac{a}{q}$，a，aq，则

$$\begin{cases} \dfrac{a}{q} + a + aq = 14 & (1) \\[3mm] \dfrac{a}{q} a \cdot a \cdot q = 64 & (2) \end{cases}$$

由 (2) 式得 $a^3 = 64$，即 $a = 4$.

将 $a = 4$ 代入 (1) 式，得

$$4\left(\frac{1}{q}+1+q\right)=14$$

整理后，得

$$2q^2-5q+2=0$$

解得 $q=2$ 或 $q=\frac{1}{2}$

当 $q=2$ 时，三个数为 2，4，8

当 $q=\frac{1}{2}$ 时，三个数为 8，4，2

所求三个数为 2，4，8 或 8，4，2

例4 某企业今年生产某项产品获取的利润为 5 万元，计划使用一项新技术，使该项目的利润在 5 年内平均每年增长 20%，求企业在这个项目上 5 年的总利润.

解 根据题意知

$$a_1=5,\quad q=1+20\%=1.2,\quad n=5$$

所以

$$S_5=\frac{5\times(1-1.2^5)}{1-1.2}\approx37.21$$

答：此项目 5 年总利润为 37.21 万元.

例5 某计算机厂今年产量为 10 万台，如果年产量以 10% 的速度增长，那么从今年算起，约几年可以使总产量达到 76 万台？

解 从今年算起每年的产量依次为 $a_1=10$，$a_2=10\times(1+10\%)$，$a_3=10\times(1+10\%)^2$，$\cdots$，成等比数列，其中，$a_1=10$，$q=1+10\%=1.1$，$S_n=76$，得

$$76=\frac{10\times(1-1.1^n)}{1-1.1}$$

整理后得

$$1.1^n=1.76$$

两边取对数，得

$$n\lg1.1=\lg1.76$$

$$n=\frac{\lg1.76}{\lg1.1}=\frac{0.2455}{0.0414}\approx6$$

答：约需 6 年才能使总产量达到 76 万台.

练一练

1. 在下列等比数列中，求相应的未知数.

（1）$a_1 = 3$，$q = 2$，求 S_6；

（2）$a_1 = 8$，$a_2 = 4$，求 S_5.

2. 求等比数列 $\dfrac{3}{2}$，$\dfrac{3}{4}$，$\dfrac{3}{8}$，$\cdots$ 从第 3 项到第 7 项的和.

【习题 4.5】

1. 在等比数列中，

（1）已知 $a_2 = 18$，$a_4 = 8$，求 a_1 和 q；

（2）已知 $a_1 = 27$，$q = -\dfrac{1}{3}$，$S_n = 20$，求 n 与 a_4；

（3）已知 $a_4 = 27$，$q = -3$，求 a_7 与 S_4；

（4）已知 $a_1 = -1.5$，$a_4 = 96$，求 q 和 S_4.

2. 在等比数列中，$S_4 = 5S_2$，求 q.

3. 在等比数列中，$a_3 = 2S_2 + 1$，$a_4 = 2S_3 + 1$，求 a_1.

4. 三个数成等差数列，它们的和为 15，如果这三个数依次加上 1，3，9 后成等比数列，求这三个数.

5. 求数列 $3\dfrac{1}{2}$，$6\dfrac{1}{4}$，$9\dfrac{1}{8}$，$12\dfrac{1}{16}$，$\cdots$ 的前 8 项的和.

6. 某工厂去年的产值是 138 万元，计划在今后 5 年内每年比上一年产值增长 10%，这 5 年的总产值是多少（精确到万元）？

7. 画一个边长为 2cm 的正方形，再以这个正方形的对角线为边画第二个正方形，以第二个正方形的对角线为边画第三个正方形，这样一共画了 10 个正方形，求：

（1）第 10 个正方形的面积；

（2）这 10 个正方形的面积和.

8. 一个球从 100m 高处自由落下，每次着地后又跳回到原高度的一半再落下，当它第 10 次着地时，总共经过的路程是多少（精确到 1m）？

9. 若 a, b, c 成等比数列, 求证: $\dfrac{1}{a+b}$, $\dfrac{1}{2b}$, $\dfrac{1}{b+c}$ 成等差数列.

10. 已知等比数列 $\{a_n\}$ 的前 3 项的和是 $\dfrac{9}{2}$, 前 6 项的和是 $\dfrac{14}{3}$, 求首项 a_1 和公比 q.

11. 公差不为 0 的等差数列 $\{a_n\}$ 中, a_2, a_3, a_6 依次成等比数列, 则公比等于( ).

A. $\dfrac{1}{2}$　　　B. $\dfrac{1}{3}$　　　C. 2　　　D. 3

12. 已知 S_n 是数列 $\{a_n\}$ 的前 n 项和, $S_n = p^n$, 那么数列 $\{a_n\}$ 是( ).

A. 等比数列

B. 当 $p \neq 0$ 时为等比数列

C. 当 $p \neq 0$ 且 $p \neq 1$ 时为等比数列

D. 不可能为等比数列

复 习 题 4

A 组

1. 填空题.

(1) 110 是数列 $a_n = (n+1)(n+2)$ 的第_____项;

(2) $\dfrac{1}{3^2+1}$, $\dfrac{1}{4^2+1}$, $\dfrac{1}{5^2+1}$, …的通项公式为_____;

(3) 0.9, 0.99, 0.999, …的通项公式为_____;

(4) 等差数列 $\{a_n\}$ 的第二项为 -5, 第 6 项与第 4 项之差为 6, 那么这个等差数列的首项为_____;

(5) 在等差数列 $\{a_n\}$ 中, 已知 $a_2 = -2$, $a_{10} = 30$, 则 $S_{10} = $_____;

(6) 在等比数列 $\{a_n\}$ 中, 已知 $a_2 = 2$, $q = 3$, 则 $a_5 = $_____;

（7）$3+2\sqrt{2}$与$3-2\sqrt{2}$的等差中项$A=$＿＿＿＿＿＿＿＿，等比中项$G=$＿＿＿＿＿＿＿＿；

（8）若三个数成递增的等差数列，其和为9，其积为21，则此数列为＿＿＿＿＿＿＿＿；

（9）若三个数成递减的等比数列，其积为64，其和为14，则此数列为＿＿＿＿＿＿＿＿．

2. 判断题．

（1）如果已知一个数列的通项公式，那么可以写出这个数列的任何一项；

（2）如果$\{a_n\}$是等差数列，那么$\{a_n^2\}$也是等差数列；

（3）任何两个不为0的实数均有等比中项；

（4）已知$\{a_n\}$是等比数列，那么$\{\sqrt[3]{a_n}\}$也是等比数列．

3. 选择题．

（1）数列0，0，0，…，0，…（　　）．

A. 是等差数列但不是等比数列

B. 是等比数列但不是等差数列

C. 既是等比数列又是等差数列

D. 既不是等比数列又不是等差数列

（2）已知等差数列1，5，9，13，17，…，那么7985的项数是（　　）．

A. 1997　　　B. 1998　　　C. 1999　　　D. 2000

（3）如果$\{a_n\}$是公差为1的等差数列，且$a_1+a_2+a_3+\cdots+a_{98}=137$，那么$a_2+a_4+a_6+\cdots+a_{98}=$（　　）．

A. 91　　　B. 93　　　C. 95　　　D. 97

（4）若一等差数列的前10项之和是前5项之和的4倍，则这个等差数列的首项与公差之比等于（　　）．

A. $\dfrac{1}{2}$　　　B. 2　　　C. $\dfrac{1}{4}$　　　D. 4

（5）自然数列中，前n个奇数的和等于（　　）．

A. n^2　　　B. $n(n+1)$　　　C. $\dfrac{n(n+1)}{2}$　　　D. $2n^2$

（6）在递增的等比数列中，$a_1+a_2+a_3=5$，$a_5+a_6+a_7=80$，则$a_4=$（　　）．

A. $\dfrac{40}{7}$　　B. $\dfrac{80}{7}$　　C. $400^{\frac{1}{6}}$　　D. $400^{\frac{1}{2}}$

（7）在每一项都大于零的等比数列中，$a_n = a_{n+1} + a_{n+2}$（$n = 1, 2, \cdots$），则 $q = ($　　$)$.

A. 1　　　　B. $\dfrac{\sqrt{5}}{2}$　　C. $\dfrac{\sqrt{5}-1}{2}$　　D. $\dfrac{1-\sqrt{5}}{2}$

（8）一个等差数列的第 2 项是 8，第 8 项是 2，则第 10 项为（　　）.

A. 1　　　　B. 2　　　　C. 0　　　　D. -1

（9）三个数成等差数列，其和为 9，它们依次加上 1，3，13 后成等比数列，这三个数是（　　）.

A. 1，3，5　　　　　　B. 0，3，6

C. 3，1，5　　　　　　D. 17，2，-13

（10）已知数列 $\{a_n\}$ 的前 n 项的和 $S_n = a^n - 1$（a 是不为 0 的实数），那么 $\{a_n\}$（　　）.

A. 一定是等差数列

B. 一定是等比数列

C. 或者是等差数列，或者是等比数列

D. 既不可能是等差数列，又不可能是等比数列

4. （1）一个等差数列前 4 项和是 30，公差是 3，求它的第 5 项；

（2）一个等比数列前 4 项和是 30，公比是 3，求它的第 5 项.

5. 已知正数 a，b，c 成等比数列，求证：$\lg a$，$\lg b$，$\lg c$ 成等差数列.

6. 直角三角形的三边成等差数列，周长为 36cm，求此三角形三边的边长.

B 组

1. 求数列 $1, 2a, 3a^2, 4a^3, \cdots$ 的前 n 项的和（$a \neq 1$）.

2. （1）已知 $b > a > 0$，在 a 与 b 中间插入 10 个数，使这 12 个数成等差数列，求这个数列的第 6 项；

（2）已知 $b > a > 0$，在 a 与 b 中间插入 10 个数，使这 12 个数成等比数列，求这个数列的第 6 项.

3. 如果在 4 个数中，前三个成等比数列，后三个成等差数列，首末两项的和为 21，中间两项的和为 18，求这 4 个数.

4. 某工厂生产机器，今年的产量是 12000 台，计划今后每年比前一年增长相同的百分数，使 3 年（包括今年）的总产量达到 42000 台，求这个百分数（精确到 0.01%）.

5. 一个长方体的三个棱长成等差数列，对角线长 $5\sqrt{2}$ cm，全面积为 94 cm^2，求它的体积.

6. 设 $\{a_n\}$ 为等差数列，S_n 为数列前 n 项和，已知 $S_7 = 7$，$S_{15} = 75$，T_n 为数列 $\left\{\dfrac{S_n}{n}\right\}$ 的前 n 项和，求 T_n.

第5章 复 数

【学习目标】

1. 了解引进复数的必要性，理解复数的有关概念及分类.

2. 掌握复数的运算法则，能进行复数的加法、减法、乘法、除法运算.

5.1 虚数单位 i 的定义

我们已经学习了一些关于数的概念，这些概念是在人类文明的发展过程中逐步形成的. 数的概念的产生与发展是人类实践活动的结果，也是数学本身发展的需要.

为了计数，产生了正整数的概念，在引进了 0 以后，才形成了完善的计数法. 为了解决测量和分配中遇到的问题，产生了分数的概念，为了表示具有相反意义的量，产生了正、负数的概念. 人们在对某些量进行度量时发现，存在着不能用两个整数的比来表达的量，于是引入了新的数——无理数. 人类关于数的概念伴随着实践活动的扩大和发展逐步扩充着.

从另一个角度看，数的概念的扩充，也是为了数学本身的需要. 数的概念的发展，不断揭露和解决数的运算中所出现的矛盾. 如在整数集 **Z** 里，除法运算不是总能实施的，于是引进了分数，在有理数集里，除法就可以畅行无阻(除数不能是 0)；在正数范围内，减法运算不是总可施行的，在引进负数以后，问题得到解决；在正有理数的范围内，开方运算有时无法进行，引入无理数，矛盾得以解决. 从解方程来看，方程 $x + 3 = 2$ 在自然数集 **N** 中无解，而在整数集 **Z** 中有一个解 $x = -1$；方程 $5x = 3$ 在整数集 **Z** 中无解，在有理数集 **Q** 中有解 $x = \dfrac{3}{5}$；方程 $x^2 = 2$ 在有理数集 **Q** 中无解，而到了实数集 **R** 中，就有了两个解 $x = \pm\sqrt{2}$. 但是，在数的范围扩充到实数以后，像 $x^2 = -1$ 这样的方程还

1637 年，法国数学家笛卡儿在《几何学》一书中第一次给出虚数的名称.

1777 年，瑞士数学家欧拉首次使用 i 来表示 $\sqrt{-1}$.

而真正对虚数作出合理解释的是德国数学家高斯.

130

是无解，因为没有一个实数的平方等于 -1. 直到 16 世纪，由于解方程的需要，人们开始引进了一个新数 i，叫做**虚数单位**，并规定：

（1）它的平方等于 -1，即
$$i^2 = -1 \qquad\qquad (5\text{-}1)$$

（2）i 可以与实数进行四则运算，实数的加、乘运算律仍然成立.

根据以上规定可知，i 是方程 $x^2 = -1$ 的一个解，即 i 是 -1 的一个平方根，又因为 $(-i)^2 = -1$，所以 $-i$ 也是 -1 的一个平方根，这样，方程 $x^2 = -1$ 有两个解 $x_1 = i$ 和 $x_2 = -i$.

由上面的规定，可以推出虚数单位 i 具有以下特性：

$$i^1 = i, \qquad\qquad i^2 = -1,$$
$$i^3 = i^2 \cdot i = -i, \qquad\qquad i^4 = i^2 \cdot i^2 = 1,$$
$$i^5 = i^4 \cdot i = i, \qquad\qquad i^6 = i^4 \cdot i^2 = -1,$$
$$i^7 = i^4 \cdot i^3 = -i, \qquad\qquad i^8 = i^4 \cdot i^4 = 1.$$

一般地，如果 $n \in \mathbf{Z}_+$，那么
$$i^{4n} = 1, \ i^{4n+1} = i, \ i^{4n+2} = -1, \ i^{4n+3} = -i \qquad (5\text{-}2)$$
以上性质叫做 i 的周期性.

规定：$i^0 = 1$，$i^{-m} = \dfrac{1}{i^m}(m \in \mathbf{Z}_+)$.

例 1 计算.

（1）i^{2007}；　　　　（2）$3i - \dfrac{1}{2}i + \dfrac{1}{i}$；

（3）i^{-5}；　　　　（4）$\left(-\dfrac{4}{3}i\right)\left(-\dfrac{2}{5}i\right)(7i)$.

解（1）$i^{2007} = i^{4 \times 501 + 3} = -i$

（2）$3i - \dfrac{1}{2}i + \dfrac{1}{i} = \dfrac{5}{2}i + \dfrac{i}{i \cdot i} = \dfrac{5}{2}i - i = \dfrac{3}{2}i$

（3）$i^{-5} = \dfrac{1}{i^5} = \dfrac{1}{i^{4 \times 1 + 1}} = \dfrac{1}{i} = \dfrac{i}{i \cdot i} = -i$

（4）$\left(-\dfrac{4}{3}i\right)\left(-\dfrac{2}{5}i\right)(7i) = \dfrac{56}{15}i^3 = -\dfrac{56}{15}i$

【习题 5.1】

1. 计算.

(1) i^{1997}；   (2) i^{-53}；   (3) $i^{55} + i^{56} + i^{57}$.

2. 计算 $i + i^2 + i^3 + \cdots + i^{2007}$.

5.2 复数的概念

1. 复数的概念

考察方程 $x^2 - 4x + 8 = 0$，这个方程的判别式

$$\Delta = b^2 - 4ac = (-4)^2 - 4 \times 8 = -16 < 0$$

故它在实数范围内无解.

应用配完全平方式的方法，原方程可化为

$$(x - 2)^2 = -4$$

因为 $(\pm 2i)^2 = -4$，所以 $x - 2 = \pm 2i$，即

$$x_1 = 2 + 2i, \quad x_2 = 2 - 2i$$

这样，在扩大了的数的范围内，$2 + 2i$ 和 $2 - 2i$ 就是方程 $x^2 - 4x + 8 = 0$ 的两个解.

对于形如 $2 + 2i$ 和 $2 - 2i$ 的数有如下定义：

形如 $a + bi(a, b \in \mathbf{R})$ 的数叫做**复数**，a 叫复数的**实部**，b 叫复数的**虚部**.

全体复数所组成的集合叫做复数集，用字母 **C** 表示.

复数通常用字母 z 表示，即 $z = a + bi(a, b \in \mathbf{R})$.

在上述定义下，方程 $x^2 - 4x + 8 = 0$ 在复数范围内有两个解 $x = 2 \pm 2i$.

复数 $z = a + bi(a, b \in \mathbf{R})$，当 $b = 0$ 时，$z = a$ 就是实数；特别地，当 $b = a = 0$ 时，$z = 0$ 就是实数 0；当 $b \neq 0$ 时，$z = a + bi$ 叫做虚数；当 $b \neq 0$，$a = 0$ 时，$z = bi$ 叫做纯虚数. 例如，$2 - 3i$，$5 + i$，-4，$2i$ 都是复数，其中 $2i$ 是纯虚数，-4 是实数，$2 - 3i$，$5 + i$，$2i$ 是虚数，并且它们的实部分别为 2，5，-4，0，虚部分别为 -3，1，0，2.

显然，实数集 **R** 是复数集 **C** 的子集，即 $\mathbf{R} \subsetneqq \mathbf{C}$.

2. 复数的分类

引进复数后，数的范围得到扩充，现把复数的分类总结如下.

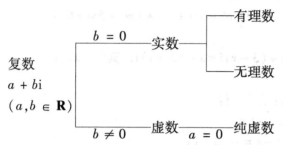

所有虚数组成的集合称为**虚数集**，用字母 $\mathbf{I}$ 表示，实数集 $\mathbf{R}$ 与虚数集 $\mathbf{I}$ 的并集就是复数集 $\mathbf{C}$，实数集 $\mathbf{R}$ 与虚数集 $\mathbf{I}$ 的交集是空集 $\varnothing$.

如果两个复数 $a+bi$ 与 $c+di$ 的实部与虚部分别相等，就说这两个复数相等，记为 $a+bi=c+di$.

反之，如果两个复数相等，那么实部和虚部分别相等，这就是说，若 a，b，c，$d\in\mathbf{R}$，那么

$$a+bi=c+di \Leftrightarrow a=c, \ b=d$$
$$a+bi=0 \Leftrightarrow a=0, \ b=0$$

例 1　实数 m 取何值时，复数 $(m^2-3m+2)+(m^2-5m+6)i$ 是：

（1）实数；（2）虚数；（3）纯虚数.

解　（1）根据复数的定义，如果复数是实数，那么它们的虚部为零，即

$$m^2-5m+6=0$$
$$(m-2)(m-3)=0$$

得　　　　　　　　$m=2$ 或 $m=3$

（2）如果复数是虚数，那么它的虚部不为零，即

$$m^2-5m+6\neq0$$

得　　　　　　　　$m\neq2$ 且 $m\neq3$

（3）如果复数是纯虚数，那么实部为零且虚部不为零，即

$$\begin{cases} m^2-3m+2=0 \\ m^2-5m+6\neq0 \end{cases}$$

解方程组，得

$$\begin{cases} m=1 \text{ 或 } m=2 \\ m\neq 2 \text{ 且 } m\neq 3 \end{cases}$$

因此，只有当 $m=1$ 时，复数 $(m^2-3m+2)+(m^2-5m+6)\mathrm{i}$ 才是纯虚数.

例 2　已知 $(2x-1)+(3-x)\mathrm{i}=x-(3+y)\mathrm{i}$，其中，$x$，$y$ 是实数，求 x，y.

解　根据复数相等的条件，得

$$\begin{cases} 2x-1=x \\ 3-x=-(3+y) \end{cases}$$

解得　　　　　　　　$x=1$，$y=-5$

练一练

1. 实数 m 取何值时，下列复数是：(1)实数；(2)虚数；(3)纯虚数.

(1) $z=(1-m)+(m+2)\mathrm{i}$;

(2) $z=(m-4)+(2m-6)\mathrm{i}$.

2. 已知 $(x+1)+(3-2y)\mathrm{i}=2+5\mathrm{i}(x,y\in\mathbf{R})$，求 x，y.

　　如果两个复数的实部相等，虚部互为相反数，那么这两个复数叫做**共轭复数**. 例如 $3+4\mathrm{i}$ 与 $3-4\mathrm{i}$，$\sqrt{3}\mathrm{i}$ 与 $-\sqrt{3}\mathrm{i}$.

　　复数 z 的共轭复数用 $\bar{z}$ 表示，设 $z=a+b\mathrm{i}$，则 $\bar{z}=a-b\mathrm{i}$. 实数 a 的共轭复数仍为 a 本身.

例 3　复数 $a+b\mathrm{i}$ 与 $-5\mathrm{i}$ 是共轭复数，求实数 a 与 b 的值.

解　根据共轭复数的定义，$a+b\mathrm{i}$ 的共轭复数为 $a-b\mathrm{i}$. 由题意得

$$a-b\mathrm{i}=-5\mathrm{i}$$

根据复数相等的条件，得

$$a=0,\ b=5$$

【习题 5.2】

1. 设集合 $C=\{\text{复数}\}$，$A=\{\text{虚数}\}$，$B=\{\text{纯虚数}\}$，则下列结论正确的是(　　).

A. $A\cap B=C$　　　　　　B. $C\cap A=A$

C. $A \cap C \cap B = \varnothing$ D. $B \cap (C \cup A) = C$

2. 求符合下列条件的实数 x、y 的值：

（1）$(3x + 2y) + (5x - y)i = 17 - 2i$；

（2）$(x + y) - xyi = 5 - 4i$；

（3）$(x^2 + y^2) - xyi$ 是 $13 + 6i$ 的共轭复数.

3. 已知集合 $M = \{1, 2, (m^2 - 3m - 1) + (m^2 - 5m - 6)i\}$，集合 $P = \{-1, 3\}$，$M \cap P = \{3\}$，求实数 m 的值.

4. m 取何值时，下列复数是实数，虚数，纯虚数.

（1）$(2m^2 + 5m - 3) - (6m^2 - m - 1)i$；

（2）$(2m^2 - 3m - 2) + (m^2 - 3m + 2)i$.

5. 若复数 $(2x^2 + 5x + 2) + (x^2 + x - 2)i$ 为虚数，则实数 x 满足（ ）.

A. $x = -\dfrac{1}{2}$；　　　　　　 B. $x \neq -2$ 且 $x \neq 1$；

C. $x \neq -2$；　　　　　　　　 D. $x \neq -\dfrac{1}{2}$.

6. 设复数 $z = \log_2(m^2 - 3m - 3) + [\log_2(3 - m)]i (m \in \mathbf{R})$，如果 z 是纯虚数，求 m 的值.

5.3　复数的运算

1. 复数的加法与减法
设复数 $z_1 = a + bi$，$z_2 = c + di$，则

$$z_1 + z_2 = (a + bi) + (c + di) = (a + c) + (b + d)i \quad (5\text{-}3)$$

$$z_1 - z_2 = (a + bi) - (c + di) = (a - c) + (b - d)i \quad (5\text{-}4)$$

显然，两个复数的和或差仍是一个复数.

例1　计算.

（1）$(5 - 6i) + (-2 - i) - (3 + 4i)$；

（2）$(1 - i) + (2 - i^3) + (3 - i^5) - (4 + i^7)$.

解　（1）　$(5 - 6i) + (-2 - i) - (3 + 4i)$

$$= (5 - 2 - 3) + (-6 - 1 - 4)i$$

$$= -11i$$

（2）　　$(1-i)+(2-i^3)+(3-i^5)-(4+i^7)$

　　　　$=(1-i)+(2+i)+(3-i)-(4-i)$

　　　　$=(1+2+3-4)+(-1+1-1+1)i$

　　　　$=2$

例2　设$(x+2yi)+(y-3xi)-(5-5i)=0$，求实数x和y的值.

　　解　将原式化为

$$(x+y-5)+(2y-3x+5)i=0$$

根据复数相等的条件，有

$$\begin{cases} x+y-5=0 \\ 2y-3x+5=0 \end{cases}$$

解方程组，得

$$\begin{cases} x=3 \\ y=2 \end{cases}$$

可以证明，复数的加法满足交换律和结合律.

　　设z_1，z_2，z_3为三个复数，则

　　交换律：$z_1+z_2=z_2+z_1$

　　结合律：$(z_1+z_2)+z_3=z_1+(z_2+z_3)$

练一练

　　计算：$(1+i)+(2+2i)+(3+3i)+\cdots+(2007+2007i)$.

2. 复数的乘法与除法

　　复数的乘法可以按照多项式的乘法法则来进行，在所得的展开式中，将实部和虚部分别合并，就得到所求的积.

　　设复数$z_1=a+bi$，$z_2=c+di$，则

$$z_1 \cdot z_2=(a+bi)(c+di)=ac+adi+bci-bd$$

$$=(ac-bd)+(ad+bc)i \qquad (5-5)$$

例3　求共轭复数$a+bi$与$a-bi$的积.

　　解　$(a+bi)(a-bi)=a^2-(bi)^2=a^2+b^2$

由例3知，两个共轭复数的积是一个实数.

例4　计算：

（1）$(1-2i)(3+4i)(11+2i)$；

（2）$(1-\sqrt{3}i)^3$；

（3）$(1+i)^8$.

解 （1） $(1-2i)(3+4i)(11+2i)$

$= (11-2i)(11+2i)$

$= 121 - (2i)^2$

$= 125$

（2） $(1-\sqrt{3}i)^3 = 1 - 3\sqrt{3}i + 3(\sqrt{3}i)^2 - (\sqrt{3}i)^3$

$= 1 - 3\sqrt{3}i - 9 + 3\sqrt{3}i = -8$

（3） $(1+i)^8 = [(1+i)^2]^4 = (1+2i+i^2)^4 = (2i)^4 = 16$

可以证明，复数的乘法满足交换律、结合律和乘法对加法的分配律.

设 z_1，z_2，z_3 为三个复数，则

交换律：$z_1 \cdot z_2 = z_2 \cdot z_1$

结合律：$(z_1 \cdot z_2) \cdot z_3 = z_1 \cdot (z_2 \cdot z_3)$

分配律：$z_1 \cdot (z_2 + z_3) = z_1 \cdot z_2 + z_1 \cdot z_3$

两个复数相除（除数不为零），先把它们写成分式形式，然后，分子、分母同乘以分母的共轭复数，把结果化简并写成复数的一般形式.

设复数 $z_1 = a + bi$，$z_2 = c + di$，则

$$\frac{z_1}{z_2} = \frac{a+bi}{c+di} = \frac{(a+bi)(c-di)}{(c+di)(c-di)}$$

$$= \frac{(ac+bd)+(bc-ad)i}{c^2+d^2}$$

$$= \frac{ac+bd}{c^2+d^2} + \left(\frac{bc-ad}{c^2+d^2}\right)i \qquad (5\text{-}6)$$

例5 计算.

（1） $(1+2i) \div (3-4i)$；

（2） $\dfrac{(1-4i)(1+i)}{3+4i}$；

（3） $\left(\dfrac{1-i}{1+i}\right)^{99}$.

解 （1） $(1+2i) \div (3-4i) = \dfrac{1+2i}{3-4i} = \dfrac{(1+2i)(3+4i)}{(3-4i)(3+4i)}$

$$= \frac{(3-8)+(6+4)i}{9+16}$$

$$= \frac{-5+10i}{25} = -\frac{1}{5}+\frac{2}{5}i$$

(2) $\frac{(1-4i)(1+i)}{3+4i} = \frac{5-3i}{3+4i} = \frac{(5-3i)(3-4i)}{(3+4i)(3-4i)}$

$$= \frac{(15-12)-(20+9)i}{25}$$

$$= \frac{3-29i}{25} = \frac{3}{25}-\frac{29}{25}i$$

(3) $\left(\frac{1-i}{1+i}\right)^{99} = \left[\frac{(1-i)^2}{(1+i)(1-i)}\right]^{99} = \left(\frac{1-2i+i^2}{2}\right)^{99}$

$$= (-i)^{99} = -i^{99} = i$$

例6 设 $4i-2-\dfrac{x+yi}{i} = \dfrac{2(x-yi)}{1-i}$，求实数 x 和 y 的值.

解 将原式的左右两边分别化简

左边 $= 4i-2-\dfrac{x+yi}{i} = 4i-2+xi-y$

$$= (-2-y)+(4+x)i$$

右边 $= \dfrac{2(x-yi)(1+i)}{(1-i)(1+i)} = (x+y)+(x-y)i$

根据复数相等的条件，得

$$\begin{cases} -2-y = x+y \\ 4+x = x-y \end{cases}$$

即

$$\begin{cases} x+2y = -2 \\ y = -4 \end{cases}$$

解此方程组，得 $x=6$，$y=-4$.

练一练

1. 计算：

(1) $(-8-7i)(1+i)$；

(2) $1-\dfrac{i}{1-i}$；

(3) $(1+i)^3$；

(4) $\left(\dfrac{1-i}{1+i}\right)^2$.

2. 已知 $z = x+yi(x,y \in \mathbf{R})$，且 $z^2 = 5-12i$，求 z.

【习题 5.3】

1. 计算.

(1) $(-6+3i)-(6-3i)$; (2) $(2+3i)(1-i)(-3i)$;

(3) $\dfrac{1-i}{-3+4i}$; (4) $\dfrac{-1+i}{(1+i)(2-5i)}$;

(5) $(1-3i^7)+(2+4i^9)-(3-5i^8)$;

(6) $\dfrac{1+2i}{2-4i^3}$; (7) $\left(\dfrac{\sqrt{2}}{1-i}\right)^{1994}$;

(8) $\left(\dfrac{1-i}{1+i}\right)^{4n+1}$ $(n \in \mathbf{N}_+)$.

2. 计算.

(1) $\dfrac{\sqrt{5}+\sqrt{3}i}{\sqrt{5}-\sqrt{3}i}-\dfrac{\sqrt{3}+\sqrt{5}i}{\sqrt{3}-\sqrt{5}i}$;

(2) $\dfrac{9+3\sqrt{2}i}{(3+\sqrt{2}i)(1+i)}$.

3. 一个实数与一个虚数的差( ).

A. 不可能是虚数 B. 可能是实数

C. 不可能是实数 D. 无法确定是实数还是虚数

4. 已知 $z_1 = 2-i$, $z_2 = 1+3i$, 则 $\dfrac{i}{z_1}+\dfrac{z_2}{5}$ 的虚部为( ).

A. 1 B. -1 C. i D. $-i$

5. 设 $\dfrac{x}{1+i}=\dfrac{3}{2-i}+\dfrac{y}{1-i}$, 求实数 x 和 y 的值.

6. 当 m 取何实数时, $(2+i)m^2+3(1+i)m-2(1-i)$ 是:
(1) 实数; (2) 虚数; (3) 纯虚数.

复 习 题 5

A 组

1. 判断下列命题的真假.

(1) 实数不是复数;

(2) 实数集 $C = \{ z \mid z = a + bi, a \in \mathbf{R}, b \in \mathbf{R} \}$；

(3) $\sqrt{3}i$ 是无理数；

(4) $1 + \sqrt{2}i$ 不是纯虚数.

2. 填空题.

(1) $i^{110} = $ _____ ;

(2) 设 x，y 为实数，若 $\dfrac{1}{1 - 3i} + \dfrac{1}{2 + i} = x + yi$，则 $x = $ ____

____，$y = $ _____ ;

(3) $(7 + 5i) + (4 + 3i) = $ _____ ;

(4) $(8 - 5i) - (4 - 7i) = $ _____ ;

(5) $(2 - 5i)(3 + 2i) = $ _____ ;

(6) $(1 + i) \div (1 - i) = $ _____ .

3. 选择题.

(1) 已知 $a = 0$，那么复数 $a + bi$ 是(　　).

A. 实数　　　　　　　　B. 虚数

C. 纯虚数　　　　　　　D. 实数或纯虚数

(2) 已知 $z = a^2 + 2a - 3 + (a^2 - 5a + 4)i$ 是纯虚数，则实数 $a = $(　　).

A. 1　　　　　　　　　　B. 4

C. -3　　　　　　　　D. 1 或 -3

(3) m 为实数，复数 $(2m^2 - 5m + 2) + (m^2 - 3m + 2)i$ 是纯虚数的条件是(　　).

A. $m = \dfrac{1}{2}$ 或 $m = 2$　　　B. $m = 2$

C. $m = 1$ 或 $m = 2$　　　D. $m = \dfrac{1}{2}$

(4) a 为实数，复数 $\dfrac{a^2 + a - 6}{a + 5} + (a^2 + 8a + 15)i$ 是实数的条件是(　　).

A. $a = -3$ 或 $a = -5$　　B. $a = -3$

C. $a = -5$　　　　　　D. $a = 2$

(5) 复数 $z = (1 + i)^3$ 的虚部是(　　).

A. 2i　　　　　　　　　B. $-2i$

C. 2　　　　　　　　　　D. -2

4. 求适合下列条件的实数 x 和 y 的值：

（1）$(1+2i)x + (3-10i)y = 5 - 6i$；

（2）$(2+3i)x + (3-i)y = -5 + 9i$.

5. 计算：$\dfrac{3-4i}{1+2i} + (4+i^{11}) - (1-i)^{10}$.

B 组

1. 选择题.

（1）如果 $x = i^4 + i^5 + \cdots + i^{12}$，$y = i^4 \cdot i^5 \cdot \cdots \cdot i^{12}$，那么 x 与 y 的大小关系是（   ）.

A. $x = y$　　　　　　　　B. $x > y$

C. $x < y$　　　　　　　　D. 不能比较大小

（2）复数 $i^n + i^{n+1} + i^{n+2} + i^{n+3}$（$n \in \mathbf{N}_+$）的结果是（   ）.

A. 1　　　　B. 0　　　　C. i　　　　D. i^n

2. 求下列各式中的实数 x 和 y 的值.

（1）$(x+y)^2 i - \dfrac{6}{i} - x = -y + 5(x+y)i - 1$；

（2）$\dfrac{x}{1-i} + \dfrac{y}{1-2i} = \dfrac{5}{1-3i}$.

3. 计算.

（1）$\dfrac{6 - 2i^{107}}{6 + i^{86}} - \dfrac{2 - 3i^{21}}{2 + i^9}$；

（2）$\dfrac{4+3i}{2-i} + 5 - 6i^{111} + (1+i)^6$.

4. 设 $f(z) = \dfrac{z^2 - 2z + 3}{z - 1}$，求 $f(1-i)$.

5. 在复数范围内解方程（求复数 x）.

（1）$x + 4 - 7i = 12 + 3i$；

（2）$\left(4 - \dfrac{3}{2}i\right)x = 27 - i$.

第6章 平面向量

【学习目标】

1. 理解向量、向量的模、零向量、单位向量、平行向量、相等向量、共线向量的概念.

2. 掌握向量的加法、减法、数乘的几何运算与坐标运算.

3. 掌握向量平行与垂直的条件, 会用坐标运算判断向量的平行或垂直.

4. 掌握平面向量的数量积的定义及其运算.

5. 掌握平面上任意两点的中点公式及两点间距离公式.

6. 培养学生理论联系实际的思想.

6.1 平面向量的概念

1. 向量

在日常生活中, 会遇到很多量, 有一类量比较简单, 在取定单位后只用一个实数就可以表示出来, 如长度、面积、时间、质量等, 这种只有大小没有方向的量叫做标量.

另外还有一类比较复杂的量, 如图 6-1 所示, 图中小船的位移, 小船由 A 地向西北方向航行 20n mile（海里）, 到达 B

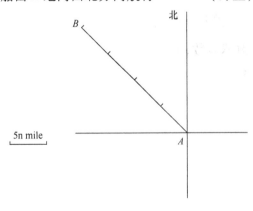

图 6-1

地，这里，如果仅指出"小船由 A 地航行 20 海里"，而不指明"向西北方向"航行，那么小船就不一定到达 B 地了，这就是说，位移是一个既有大小又有方向的量．在自然界中，这种量很多，如力、速度、加速度等．

既有大小又有方向的量叫做**向量**（或**矢量**）．

2. 向量的表示

把规定了起点和终点的线段叫做有向线段，如图6-2所示，记作有向线段 $\overrightarrow{AB}$，箭头由 A 指向 B，A 叫做起点，B 叫做终点．

注意：起点一定要写在终点的前面．

常用有向线段表示向量，图 6-2 表示的向量，记作向量 $\overrightarrow{AB}$．线段的长度表示向量的大小，叫做向量 $\overrightarrow{AB}$ 的**模**，记作 $|\overrightarrow{AB}|$；有向线段的方向表示向量的方向．有时也用 a，b，c 等表示向量．

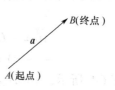

图 6-2

如图 6-1 所示，用 1cm 长的线段表示 5n mile，箭头所指的方向表示船航行的方向，则小船的位移就可以用向量 $\overrightarrow{AB}$ 表示．

3. 几种常用的向量

模为 0 的向量叫做**零向量**，记作 **0**，它的方向是任意的．

模为 1 的向量叫做**单位向量**．

方向相同或相反的非零向量叫做**平行向量**，如图 6-3 所示，a，b，c 就是一组平行向量，记作 $a /\!/ b /\!/ c$．

规定：零向量平行于任一向量．

模相等且方向相同的向量叫做**相等向量**．向量 a 与 b 相等，记作 $a = b$．规定：零向量与零向量相等．

根据向量相等的定义，如果两个向量经过平移能够重合，那么这两个向量就相等，即任意两个相等的非零向量，都可用同一条有向线段来表示，而与有向线段的起点无关．

如图 6-4 所示，任作一条与向量 a 所在直线平行的直线 l，在 l 上任取一点 O，则可在 l 上分别作出 $\overrightarrow{OA} = a$，$\overrightarrow{OB} = b$，$\overrightarrow{OC} = c$．这就是说，任一组平行向量都可以平移到同一直线上，因此平行向量也叫**共线向量**．

思考：平行向量的方向是否一定相同？共线向量一定在同一直线上吗？

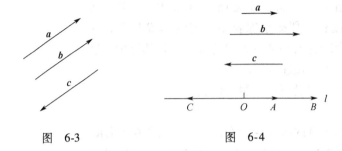

图 6-3　　　　　　　　　　图 6-4

与向量 **a** 长度相等且方向相反的向量叫做 **a** 的**负向量**，记作 $-a$. 规定：零向量的负向量仍为零向量.

显然，

$$\overrightarrow{AB} = -\overrightarrow{BA} \tag{6-1}$$

$$-(-a) = a \tag{6-2}$$

例1　如图 6-5 所示，ABCD 是平行四边形，写出与向量 $\overrightarrow{AB}$ 相等的向量及 $\overrightarrow{AB}$ 的负向量.

解　与 $\overrightarrow{AB}$ 相等的向量为：$\overrightarrow{DC}$，$\overrightarrow{AB}$ 的负向量为：$\overrightarrow{BA}$ 和 $\overrightarrow{CD}$.

例2　如图 6-6 所示，设 O 是正六边形 ABCDEF 的中心，分别写出图中与向量 $\overrightarrow{OA}$，$\overrightarrow{AB}$（1）相等的向量；（2）共线向量.

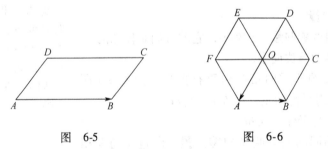

图 6-5　　　　　　　　　　图 6-6

解　（1）与向量 $\overrightarrow{OA}$ 相等的向量有 $\overrightarrow{DO}$，$\overrightarrow{CB}$，$\overrightarrow{EF}$；

与向量 $\overrightarrow{AB}$ 相等的向量有 $\overrightarrow{OC}$，$\overrightarrow{FO}$，$\overrightarrow{ED}$；

（2）与向量 $\overrightarrow{OA}$ 共线的向量有 $\overrightarrow{AO}$，$\overrightarrow{DO}$，$\overrightarrow{OD}$，$\overrightarrow{DA}$，$\overrightarrow{AD}$，$\overrightarrow{EF}$，$\overrightarrow{FE}$，$\overrightarrow{BC}$，$\overrightarrow{CB}$；

与向量 $\overrightarrow{AB}$ 共线的向量有 $\overrightarrow{BA}$，$\overrightarrow{OC}$，$\overrightarrow{CO}$，$\overrightarrow{OF}$，$\overrightarrow{FO}$，$\overrightarrow{CF}$，$\overrightarrow{FC}$，$\overrightarrow{DE}$，$\overrightarrow{ED}$.

练一练

1. 非零向量 $\overrightarrow{AB}$ 的长度怎样表示，非零向量 $\overrightarrow{BA}$ 的长度怎样

表示，这两个向量的长度相等吗，这两个向量相等吗？

2.（1）两个长度相等的向量一定相等吗？

（2）若$\overrightarrow{AB}$与$\overrightarrow{CD}$是共线向量，则A、B、C、D四点一定共线吗？

（3）用有向线段表示两个相等的向量，如果有相同的起点，那么它们的终点是否相同？

（4）用有向线段表示两个方向相同但长度不同的向量，如果有相同的起点，那么它们的终点是否相同？

【习题 6.1】

1. 分别用有向线段表示方向向上、大小为 10N 的力，及方向向下、大小为 20N 的力.

2. 设四边形 $ABCD$ 是一个菱形，在下列各对向量中，哪对向量是相等向量，哪对向量是共线向量？

（1）$\overrightarrow{AD}$与$\overrightarrow{BC}$；（2）$\overrightarrow{AD}$与$\overrightarrow{DC}$；

（3）$\overrightarrow{AB}$与$\overrightarrow{CD}$；（4）$\overrightarrow{AB}$与$\overrightarrow{BC}$.

3. 如图 6-7 所示，D 是△ABC 中 BC 边上的中点，写出与向量$\overrightarrow{BD}$相等的向量、共线向量及负向量.

4. 如图 6-8 所示，D、E、F 分别为△ABC 各边的中点，分别写出与$\overrightarrow{DE}$，$\overrightarrow{EF}$，$\overrightarrow{FD}$相等的向量.

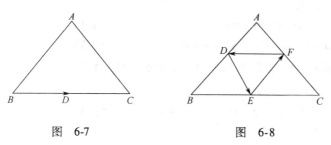

图 6-7　　　　　图 6-8

6.2　向量的加法和减法

1. 向量的加法

如图 6-9 所示，在力的作用下，一个物体从 A 点运动到

B 点，又从 B 点运动到 C 点，则物体最终位移是 $\overrightarrow{AC}$，可以看作是位移 $\overrightarrow{AB}$ 与位移 $\overrightarrow{BC}$ 的和.

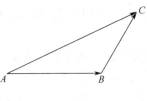

如图 6-10 所示，已知向量 $\boldsymbol{a}$、$\boldsymbol{b}$，在平面内任取一点 A，作 $\overrightarrow{AB} = \boldsymbol{a}$，$\overrightarrow{BC} = \boldsymbol{b}$，则向量 $\overrightarrow{AC}$ 叫做 $\boldsymbol{a}$ 与 $\boldsymbol{b}$ 的和，记作 $\boldsymbol{a} + \boldsymbol{b}$，即

图 6-9

$$\boldsymbol{a} + \boldsymbol{b} = \overrightarrow{AB} + \overrightarrow{BC} = \overrightarrow{AC} \quad (6\text{-}3)$$

求两个向量和的运算，叫做**向量的加法**.

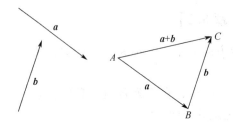

图 6-10

上述求两个向量和的方法叫做**向量加法的三角形法则**. 容易看出和向量的方向是由第一个向量的起点指向第二个向量的终点. 利用这个特点，不用作图就可以写出两个向量的和向量.

例如，$\overrightarrow{CD} + \overrightarrow{DE} = \overrightarrow{CE}$，$\overrightarrow{MN} + \overrightarrow{NF} = \overrightarrow{MF}$.

对于任一向量 $\boldsymbol{a}$，有

$$\boldsymbol{a} + \boldsymbol{0} = \boldsymbol{0} + \boldsymbol{a} = \boldsymbol{a} \quad (6\text{-}4)$$

$$\boldsymbol{a} + (-\boldsymbol{a}) = (-\boldsymbol{a}) + \boldsymbol{a} = \boldsymbol{0} \quad (6\text{-}5)$$

例1 已知向量 $\boldsymbol{a}$、$\boldsymbol{b}$，如图 6-11a、b、c 所示，分别作出向量 $\boldsymbol{a} + \boldsymbol{b}$.

作法 在平面内任取一点 O，作 $\overrightarrow{OA} = \boldsymbol{a}$，$\overrightarrow{AB} = \boldsymbol{b}$，则 $\overrightarrow{OB} = \boldsymbol{a} + \boldsymbol{b}$，如图 6-12a、b、c 所示.

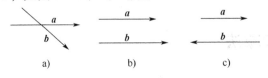

图 6-11

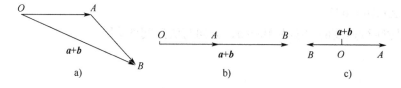

图 6-12

向量的加法满足交换律和结合律，即

$$a + b = b + a \tag{6-6}$$

$$(a + b) + c = a + (b + c) \tag{6-7}$$

以同一点 A 为起点，作两个已知向量 $\overrightarrow{AB} = a$，$\overrightarrow{AD} = b$，以 AB、AD 为邻边作平行四边形 $ABCD$，如图 6-13 所示，则以 A 为起点的对角线 $\overrightarrow{AC}$ 就是 a 与 b 的和，我们把这种求两个向量和的方法叫做**向量加法的平行四边形法则**.

例2 一艘船以 $2\sqrt{3}$ km/h 的速度向垂直于对岸的方向行驶，同时河水的流速为 2km/h. 求船实际航行速度的大小与方向（用与流速的夹角表示）.

解 如图 6-14 所示，设 $\overrightarrow{AD}$ 表示船向垂直于对岸方向行驶的速度，$\overrightarrow{AB}$ 表示水流的速度. 以 $\overrightarrow{AD}$、$\overrightarrow{AB}$ 为邻边作平行四边形 $ABCD$，则 $\overrightarrow{AC}$ 就是船实际航行的速度. 在直角三角形 ABC 中，因为 $|\overrightarrow{AB}| = 2$，$|\overrightarrow{BC}| = 2\sqrt{3}$，所以

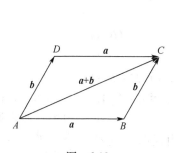

图 6-13

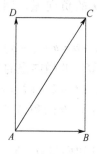

图 6-14

$$|\overrightarrow{AC}| = \sqrt{\left|\overrightarrow{AB}\right|^2 + \left|\overrightarrow{BC}\right|^2} = \sqrt{2^2 + \left(2\sqrt{3}\right)^2} = 4$$

因为 $\quad \tan\angle CAB = \dfrac{2\sqrt{3}}{2} = \sqrt{3}$

147

所以　　　$\angle CAB = 60°$

答：船实际航行速度的大小为4km/h，方向与流速间的夹角为60°.

练一练

1. 已知向量 **a**、**b**，如图 6-15a、b、c、d 所示，作向量 **a** + **b**.

2. 根据图示（见图 6-16）填空.

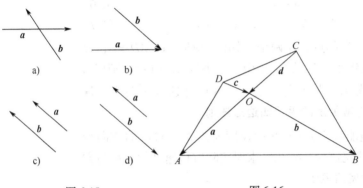

a)　　　　b)

c)　　　　d)

图 6-15　　　　　　　　图 6-16

a + **d** = ＿＿＿＿＿；**c** + **b** = ＿＿＿＿＿.

2. 向量的减法

向量 **a** 加上向量 **b** 的负向量，叫做 **a** 与 **b** 的差，记作 **a** − **b**，即

$$a - b = a + (-b) \qquad (6\text{-}8)$$

求两个向量差的运算，叫做**向量的减法**.

因为 $(a - b) + b = a + (-b) + b = a + 0 = a$，所以求 **a** − **b** 就是求这样一个向量：它与 **b** 的和等于 **a**，从而得到 **a** − **b** 的作图方法.

如图 6-17 所示，已知向量 **a**、**b**，在平面内任取一点 O，作 $\overrightarrow{OA} = a$，$\overrightarrow{OB} = b$，则 $\overrightarrow{BA} = a - b$. 即 **a** − **b** 可以表示为从向量 **b** 的终点指向向量 **a** 的终点的向量.

思考：怎样用平行四边形求向量 **a** 与 **b** 的差?

例3　如图 6-18a 所示，已知向量 **a**、**b**、**c**、**d**，作向量 **a** − **b**，**c** − **d**.

作法　如图 6-18b，在平面内任取一点 O，作 $\overrightarrow{OA} = a$，

图 6-17

$\overrightarrow{OB} = \boldsymbol{b}$, $\overrightarrow{OC} = \boldsymbol{c}$, $\overrightarrow{OD} = \boldsymbol{d}$, 作 $\overrightarrow{BA}$, $\overrightarrow{DC}$, 则 $\overrightarrow{BA} = \boldsymbol{a} - \boldsymbol{b}$,
$\overrightarrow{DC} = \boldsymbol{c} - \boldsymbol{d}$.

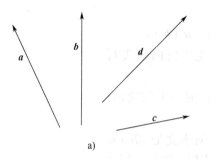
a)

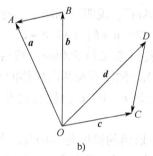
b)

图 6-18

例4 如图 6-19 所示，在平行四边形 $ABCD$ 中，$\overrightarrow{AB} = \boldsymbol{a}$,
$\overrightarrow{AD} = \boldsymbol{b}$，用 $\boldsymbol{a}$、$\boldsymbol{b}$ 表示 $\overrightarrow{AC}$, $\overrightarrow{CA}$, $\overrightarrow{BD}$, $\overrightarrow{DB}$.

解 由向量和的平行四边形法则，得
$\overrightarrow{AC} = \boldsymbol{a} + \boldsymbol{b}$；$\overrightarrow{CA} = -(\boldsymbol{a} + \boldsymbol{b})$；$\overrightarrow{BD} = \boldsymbol{b} - \boldsymbol{a}$；$\overrightarrow{DB} = \boldsymbol{a} - \boldsymbol{b}$.

练一练

1. 如图 6-20a、b、c、d 所示，已知向量 $\boldsymbol{a}$、$\boldsymbol{b}$，作向量 $\boldsymbol{a} - \boldsymbol{b}$.

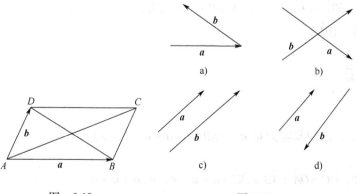

图 6-19   图 6-20

2. 填空.

$\overrightarrow{AB} - \overrightarrow{AD} =$ _____; $\overrightarrow{BC} - \overrightarrow{BD} =$ _____; $\overrightarrow{OA} - \overrightarrow{OB} =$

_____.

【习题 6.2】

1. 设 a 表示"向东走 10km", b 表示"向西走 10km", c 表示"向北走 10km", 说明下列向量的意义.

(1) $a + a$; (2) $a + b$; (3) $b + c$; (4) $a + b + c$.

2. 一架飞机向东飞行 200km, 然后改变方向向西飞行 200km, 求飞机飞行的路程及两次位移的和.

3. 若三个向量 a、b、c 恰能首尾相接构成一个三角形, 求 $a + b + c$.

4. 在静水中划船的速度是 40m/s, 水流的速度是 20m/s, 如果船从岸边出发, 径直沿垂直于水流的航线到达对岸, 那么船行进的方向该指向何处?

5. 在什么条件下, 下列各式成立.

(1) $|a + b| = |a| + |b|$; (2) $|a + b| = ||a| - |b||$.

6. 已知平行四边形 $ABCD$ 的对角线 AC 和 BD 交于点 O, 且 $\overrightarrow{OA} = a$, $\overrightarrow{OB} = b$, 试用 a、b 表示向量 $\overrightarrow{OC}$, $\overrightarrow{OD}$, $\overrightarrow{AB}$, $\overrightarrow{BC}$.

7. 化简.

(1) $\overrightarrow{AB} - \overrightarrow{AC}$; (2) $\overrightarrow{AB} + \overrightarrow{BC} + \overrightarrow{CA}$;

(3) $\overrightarrow{OA} - \overrightarrow{BA} + \overrightarrow{BO} + \overrightarrow{CO}$; (4) $\overrightarrow{AB} - \overrightarrow{CD} + \overrightarrow{BD}$;

(5) $\overrightarrow{MP} - \overrightarrow{MN} - \overrightarrow{QP}$.

6.3 数乘向量

1. 数乘向量

如图 6-21 所示, 已知非零向量 a, 作出 $a + a + a$, $(-a) + (-a) + (-a)$.

由图 6-21 可知, $\overrightarrow{OC} = \overrightarrow{OA} + \overrightarrow{AB} + \overrightarrow{BC} = a + a + a$, 把 $a + a + a$ 记作 $3a$, 即 $\overrightarrow{OC} = 3a$. 显然, $3a$ 的方向与 a 的方向相同, $3a$ 的长度是 a 的长度的 3 倍, 即 $|3a| = 3|a|$.

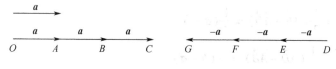

图 6-21

同样,$\overrightarrow{DG} = \overrightarrow{DE} + \overrightarrow{EF} + \overrightarrow{FG} = (-a) + (-a) + (-a)$,把 $(-a) + (-a) + (-a)$ 记作 $-3a$. 显然,$-3a$ 的方向与 a 的方向相反,$-3a$ 的长度是 a 的长度的 3 倍,即 $|-3a| = 3|a|$.

下面给出数乘向量的定义.

实数 λ 与向量 a 的积是一个向量,记作 λa,它的长度与方向规定如下:

(1) $|\lambda a| = |\lambda||a|$;

(2) 当 $\lambda > 0$ 时,λa 的方向与 a 的方向相同;当 $\lambda < 0$,λa 的方向与 a 的方向相反;当 $\lambda = 0$ 时,$\lambda a = 0$.

数与向量相乘的运算叫做**向量的数乘运算**.

根据数乘向量的定义,可以验证下面的运算律.

设 λ,μ 为实数,则

(1) $\lambda(\mu a) = (\lambda\mu)a$ 　　　　　　　　　　　　(6-9)

(2) $(\lambda + \mu)a = \lambda a + \mu a$ 　　　　　　　　　　(6-10)

(3) $\lambda(a + b) = \lambda a + \lambda b$ 　　　　　　　　　　(6-11)

例1 计算.

(1) $(-5) \times 4a$;

(2) $8(a + b) - 2(a - b)$;

(3) $2(a + b - 2c) + 3(-a + b + 3c)$.

解 (1) $(-5) \times 4a = (-5 \times 4)a = -20a$;

(2) $8(a + b) - 2(a - b) = 8a + 8b - 2a + 2b = 6a + 10b$;

(3) $2(a + b - 2c) + 3(-a + b + 3c)$

　　$= 2a + 2b - 4c - 3a + 3b + 9c$

　　$= -a + 5b + 5c$

例2 如图 6-22 所示,已知平行四边形 $ABCD$ 的两条对角线相交于 O 点,若 $\overrightarrow{AB} = a$,$\overrightarrow{AD} = b$,用 a,b 表示向量 $\overrightarrow{AO}$,$\overrightarrow{OD}$.

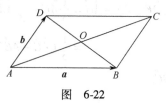

图 6-22

151

解 $\overrightarrow{AO} = \dfrac{1}{2}\overrightarrow{AC} = \dfrac{1}{2}(\overrightarrow{AB} + \overrightarrow{AD}) = \dfrac{1}{2}(\boldsymbol{a} + \boldsymbol{b})$

$\overrightarrow{OD} = \dfrac{1}{2}\overrightarrow{BD} = \dfrac{1}{2}(\overrightarrow{AD} - \overrightarrow{AB}) = \dfrac{1}{2}(\boldsymbol{b} - \boldsymbol{a})$

向量的加法、减法及数乘运算统称为**向量的线性运算**.

练一练

1. 任画一向量 $\boldsymbol{e}$，作向量 $\boldsymbol{a} = 4\boldsymbol{e}$，$\boldsymbol{b} = -\boldsymbol{e}$.

2. 把下列各题中的向量 $\boldsymbol{b}$ 表示为实数与向量 $\boldsymbol{a}$ 的积.

(1) $\boldsymbol{a} = -2\boldsymbol{e}$，$\boldsymbol{b} = 6\boldsymbol{e}$；　　(2) $\boldsymbol{a} = 4\boldsymbol{e}$，$\boldsymbol{b} = -14\boldsymbol{e}$；

(3) $\boldsymbol{a} = -\dfrac{2}{3}\boldsymbol{e}$，$\boldsymbol{b} = \dfrac{1}{3}\boldsymbol{e}$；　　(4) $\boldsymbol{a} = \dfrac{3}{4}\boldsymbol{e}$，$\boldsymbol{b} = -\dfrac{1}{2}\boldsymbol{e}$.

2. 非零向量共线的条件

下面研究向量与非零向量共线的条件.

对于向量 $\boldsymbol{a}$、$\boldsymbol{b}(\boldsymbol{a} \neq 0)$，如果有一个实数 λ，使得 $\boldsymbol{b} = \lambda\boldsymbol{a}$，那么，由数乘向量的定义得，$\boldsymbol{a}$ 与 $\boldsymbol{b}$ 共线.

反之，已知向量 $\boldsymbol{a}$ 与 $\boldsymbol{b}$ 共线，$\boldsymbol{a} \neq 0$，且向量 $\boldsymbol{b}$ 的长度是向量 a 的长度的 μ 倍，那么当 $\boldsymbol{a}$ 与 $\boldsymbol{b}$ 同向时，有 $\boldsymbol{b} = \mu\boldsymbol{a}$；当 $\boldsymbol{a}$ 与 $\boldsymbol{b}$ 反向时，有 $\boldsymbol{b} = -\mu\boldsymbol{a}$.

由此，可得到下面的定理：

向量 $\boldsymbol{b}$ 与非零向量 $\boldsymbol{a}$ 共线的充要条件是，有且仅有一个实数 λ，使得 $\boldsymbol{b} = \lambda\boldsymbol{a}$.

例3 如图 6-23 所示，已知 D、E 分别是 $\triangle ABC$ 中 AB、AC 边上的点，且 $|\overrightarrow{AD}| = \dfrac{1}{3}|\overrightarrow{AB}|$，

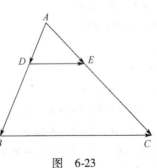

图 6-23

$|\overrightarrow{AE}| = \dfrac{1}{3}|\overrightarrow{AC}|$，求证：$\overrightarrow{DE}/\!/\overrightarrow{BC}$.

证明 因为 $\overrightarrow{DE} = \overrightarrow{AE} - \overrightarrow{AD} = \dfrac{1}{3}\overrightarrow{AC} - \dfrac{1}{3}\overrightarrow{AB}$

$= \dfrac{1}{3}(\overrightarrow{AC} - \overrightarrow{AB}) = \dfrac{1}{3}\overrightarrow{BC}$

所以 $\overrightarrow{DE}/\!/\overrightarrow{BC}$.

练一练

判断向量 a 与 b 是否共线.

（1）$a = -2e$，$b = e$；（2）$a = e_1 - e_2$，$b = -2e_1 + 2e_2$；

（3）$a = 2e_1 - \dfrac{2}{5}e_2$，$b = e_1 - \dfrac{1}{5}e_2$；

（4）$a = e_1 + e_2$，$b = 2e_1 - 2e_1$.

【习题 6.3】

1. 计算.

（1）$5(2a - 3b) + 3(3a - 2b)$；

（2）$\dfrac{1}{2}(a + b) - \dfrac{1}{4}(3a - b) + \dfrac{1}{3}(a - b)$；

2. 已知 $a = e_1 - 2e_2$，$b = e_1 + 2e_2$，求 $a + b$，$a - b$ 与 $2a - 3b$.

3. 根据下列各题条件，判断四边形 $ABCD$ 的形状：

（1）$\overrightarrow{AD} = \overrightarrow{BC}$；（2）$\overrightarrow{AB} = \dfrac{1}{3}\overrightarrow{DC}$；（3）$\overrightarrow{AD} = \overrightarrow{BC}$，且 $|\overrightarrow{AB}| = |\overrightarrow{AD}|$.

4. 已知 M、N 是 $\triangle ABC$ 中 AB、AC 边上的点，且 $|\overrightarrow{AM}| = \dfrac{1}{4}|\overrightarrow{AB}|$，$|\overrightarrow{AN}| = \dfrac{1}{4}|\overrightarrow{AC}|$，求证：$\overrightarrow{MN}$ 与 $\overrightarrow{BC}$ 共线.

5. 设 AM 是 $\triangle ABC$ 的中线，求证：$\overrightarrow{AM} = \dfrac{1}{2}(\overrightarrow{AB} + \overrightarrow{AC})$.

6. 已知在四边形 $ABCD$ 中，$\overrightarrow{AB} = a - 2c$，$\overrightarrow{CD} = 5a + 6b - 8c$，对角线 AC、BD 的中点分别为 E、F，求 $\overrightarrow{EF}$.

6.4 向量的坐标表示及运算

1. 向量的坐标表示

在平面直角坐标系内，平面上的每一点都可用一对实数（即它的坐标）来表示. 同样，在平面直角坐标系内，每一个平面向量也都可以用一对实数来表示.

如图 6-24 所示，在平面上建立直角坐标系 Oxy，记 x 轴上

的单位向量为 i，y 轴上的单位向量为 j，则 x 轴上的向量总可以表示成 xi 的形式，y 轴上的向量总可以表示成 yj 的形式.

过点 $P(x,y)$ 分别做 x 轴、y 轴的垂线，垂足分别为 M、N，则 $\overrightarrow{OM}=xi$，$\overrightarrow{ON}=yj$. 于是，以原点为起点的向量 $\overrightarrow{OP}=\overrightarrow{OM}+\overrightarrow{ON}=xi+yj$，$(x,y)$ 叫做向量 $\overrightarrow{OP}$ 的坐标，记作 $\overrightarrow{OP}=(x,y)$. 其中，$x$ 叫做 $\overrightarrow{OP}$ 在 x 轴上的坐标，y 叫做 $\overrightarrow{OP}$ 在 y 轴上的坐标.

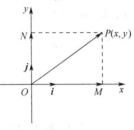

图 6-24

事实上，以原点为起点的向量 $\overrightarrow{OP}$ 的坐标就是终点 P 的坐标.

一般地，若 $a=x_1i+y_1j$，$b=x_2i+y_2j$，则有

$$a+b=(x_1+x_2)i+(y_1+y_2)j=(x_1+x_2,y_1+y_2) \tag{6-12}$$

$$a-b=(x_1-x_2)i+(y_1-y_2)j=(x_1-x_2,y_1-y_2) \tag{6-13}$$

$$k\,a=kx_1i+ky_1j=(kx_1,ky_1)$$

$$a=b\Leftrightarrow x_1=x_2,\ y_1=y_2$$

例1 已知向量 $a=(m+n)i+2j$，$b=3i+(m-n)j$，且 $a=b$，求 m，n 的值.

解 根据向量相等的条件，有

$$\begin{cases} m+n=3 \\ m-n=2 \end{cases}$$

解，得 $m=\dfrac{5}{2}$，$n=\dfrac{1}{2}$.

例2 已知 $a=(1,1)$，$b=(3,4)$，$c=(-2,2)$，求 $2a-b+3c$.

解
$$\begin{aligned} 2a-b+3c &=2\times(1,1)-(3,4)+3\times(-2,2) \\ &=(2,2)-(3,4)+(-6,6) \\ &=(-7,4). \end{aligned}$$

如图 6-25 所示，起点不是坐标原点的向量 $\overrightarrow{AB}$，点 A 的坐标为 (x_1,y_1)，点 B 的坐标为 (x_2,y_2)，则

$$\overrightarrow{AB}=\overrightarrow{OB}-\overrightarrow{OA}$$

$$=(x_2i+y_2j)-(x_1i+y_1j)$$

$$= (x_2 - x_1)\boldsymbol{i} + (y_2 - y_1)\boldsymbol{j}$$

即任意向量的坐标为向量的终点坐标减去起点坐标.

例3 已知平行四边形 $ABCD$ 的三个顶点 A、B、C 的坐标分别为 $(-2,1)$、$(-1,3)$、$(3,4)$，求顶点 D 的坐标.

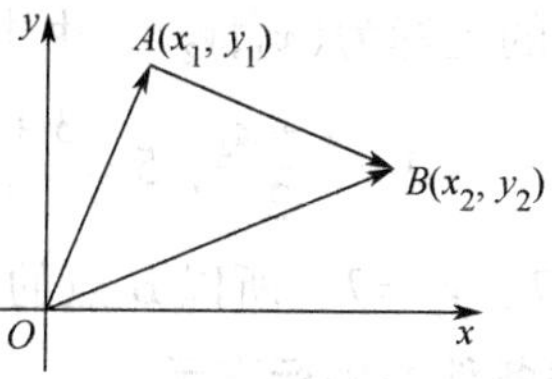

解 设顶点 D 的坐标为 (x,y)，

因为 $\overrightarrow{AB} = (-1-(-2),3-1) = (1,2)$，$\overrightarrow{DC} = (3-x,4-y)$，

由 $\overrightarrow{AB} = \overrightarrow{DC}$，得

$$(1,2) = (3-x,4-y)$$

所以

$$\begin{cases} 1 = 3 - x \\ 2 = 4 - y \end{cases}$$

解方程组得

$$\begin{cases} x = 2 \\ y = 2 \end{cases}$$

所以，顶点 D 的坐标为 $(2,2)$

图 6-25

2. 中点公式

例4 已知两点 $A(2,4)$，$B(6,3)$，求 AB 的中点 M 的坐标.

解 设点 M 的坐标为 (x,y)，因为 M 为向量 $\overrightarrow{AB}$ 的中点，所以有向量 $\overrightarrow{AM} = \overrightarrow{MB}$，

代入坐标有 $(x,y) - (2,4) = (6,3) - (x,y)$，

即

$$(x-2,y-4) = (6-x,3-y)$$

由

$$x - 2 = 6 - x, \quad y - 4 = 3 - y$$

解得

$$x = \frac{2+6}{2} = 4, \quad y = \frac{4+3}{2} = \frac{7}{2}$$

所以点 M 的坐标为 $\left(4, \dfrac{7}{2}\right)$.

一般地，若线段 AB 的两个端点 A、B 的坐标分别为 (x_1, y_1)，(x_2, y_2)，中点 M 的坐标是 (x,y)，则有线段的**中点公式**

$$x = \frac{x_1 + x_2}{2}, \quad y = \frac{y_1 + y_2}{2} \qquad (6\text{-}14)$$

155

例5 已知线段 AB 的中点 M 的坐标为 $(-3,5)$，一个端点 A 的坐标为 $(1,3)$，求端点 B 的坐标.

解 设 B 点的坐标为 (x_2,y_2)，由中点公式有

$$-3 = \frac{1+x_2}{2}, \quad 5 = \frac{3+y_2}{2},$$

解得 $x_2 = -7$，$y_2 = 7$，所以 B 点的坐标为 $(-7,7)$.

3. 向量共线条件的坐标表示

若 $\boldsymbol{a}$ 与 $\boldsymbol{b}$ 平行，则有 $\boldsymbol{a} = \lambda \boldsymbol{b}$，用坐标表示为 $(x_1,y_1) = \lambda(x_2,y_2)$，

即 $x_1 = \lambda x_2$，$y_1 = \lambda y_2$，消去 λ，得 $x_1 y_2 - x_2 y_1 = 0$.

所以

$$\boldsymbol{a}/\!/\boldsymbol{b} \Leftrightarrow \boldsymbol{a} = \lambda \boldsymbol{b} \Leftrightarrow x_1 y_2 - x_2 y_1 = 0 \qquad (6\text{-}15)$$

例6 已知 $\boldsymbol{a} = (-2,y)$，$\boldsymbol{b} = (-3,6)$，且 $\boldsymbol{a}/\!/\boldsymbol{b}$，求 y.

解 由 $\boldsymbol{a}/\!/\boldsymbol{b}$，得 $(-2)\times 6 - (-3)y = 0$

所以 $y = 4$.

【习题 6.4】

1. 已知向量，写出它们的坐标.

(1) $3\boldsymbol{i} + \boldsymbol{j}$；

(2) $\frac{3}{2}\boldsymbol{i} - 2\boldsymbol{j}$；

(3) $\sqrt{5}\boldsymbol{i} + 2\boldsymbol{j}$；

(4) $-4\boldsymbol{j}$.

2. 已知向量的坐标，写出它们的坐标形式.

(1) $(3,-2)$；

(2) $(\sqrt{2},\sqrt{3})$；

(3) $\left(\frac{3}{4}, -\frac{1}{2}\right)$；

(4) $(0,-6)$.

3. 已知点 A、B 的坐标，求 $\overrightarrow{AB}$、$\overrightarrow{BA}$ 的坐标.

(1) $A(1,2)$，$B(3,5)$；

(2) $A(5,0)$，$B(0,2)$；

(3) $A(0,0)$，$B(4,9)$.

4. 已知向量 $\boldsymbol{a}$ 及表示该向量的有向线段的起点 A 的坐标，求其终点的坐标.

(1) $\boldsymbol{a} = (-3,2)$，$A(0,0)$；

(2) $\boldsymbol{a} = (2,3)$，$A(-2,5)$；

(3) $\boldsymbol{a} = (-1,-2)$，$A(2,6)$.

156

5. 已知作用在坐标原点的三个力 $F_1 = (2,4)$，$F_2 = (2,-3)$，$F_3 = (2,1)$.

（1）求作用在原点的合力 $F_1 + F_2 + F_3$ 的坐标；

（2）若 $F_3 = (x, y)$，且 $F_1 + F_2 + F_3 = 0$，求 F_3 的坐标.

6. 若 $A(0,1)$，$B(1,2)$，$C(3,4)$，求 $\overrightarrow{AB} - 2\overrightarrow{BC}$.

7. 已知点 $O(0,0)$，$A(1,3)$，$B(-2,3)$，且 $\overrightarrow{OA'} = 3\overrightarrow{OA}$，$\overrightarrow{OB'} = -3\overrightarrow{OB}$，求点 A'、B' 的坐标及向量 $\overrightarrow{A'B'}$.

8. 已知点 $O(0,0)$，$A(2,3)$，$B(-4,5)$，$\overrightarrow{OP} = \overrightarrow{OA} + t\overrightarrow{AB}$，求当 t 取 1，$\dfrac{1}{2}$，-1，2 时，其对应点 P 的坐标，并在坐标平面内表示这些点.

9. 已知平行四边形 $ABCD$ 的顶点 A、B、C 的坐标分别为 $(-2,-5)$，$(3,-2)$，$(1,4)$，求两条对角线交点 M 的坐标以及顶点 D 的坐标.

6.5 向量的数量积

1. 向量的数量积

在物理学中，曾经学过功的概念，如果一个物体在力 F 的作用下产生位移 S，那么力 F 所做的功 W 可由下式计算

$$W = |F||S|\cos\theta$$

其中，θ 是 F 与 S 的夹角.

显然，力 F 和位移 S 都是向量，上式表明力 F 所做的功等于力 F 的大小、位移 S 的大小及力 F 与位移 S 夹角余弦的乘积.

下面学习向量的夹角.

已知两个非零向量 a、b，作 $\overrightarrow{OA} = a$，$\overrightarrow{OB} = b$，把 $\angle AOB = \theta(0° \leqslant \theta \leqslant 180°)$ 叫做向量 a 与 b 的夹角. 如图 6-26 所示.

注意：两向量的夹角定义中，两向量必须有公共起点. 对不同点的两个向量，要将它们平移到同一起点.

显然，当 $\theta = 0°$ 时，a 与 b 同向；当 $\theta = 180°$ 时，a 与 b 反向；若 $\theta = 90°$，则称 a 与

图 6-26

b 垂直，记作 $a \perp b$.

由上面的例子可以引出向量的数量积的概念.

已知两个非零向量 a 和 b，其夹角为 θ，把数量 $|a||b|\cos\theta$ 叫做 a 与 b **数量积**（或**内积**），记作 $a \cdot b$，即

$$a \cdot b = |a||b|\cos\theta \qquad (6\text{-}16)$$

规定：零向量与任一向量的数量积为 0.

由此可以看出，两个向量的数量积是一个数量，这个数量的大小与两个向量的模及其夹角有关. 前面提到的力所做的功，就是力 F 与其作用下物体产生的位移 S 的数量积 $F \cdot S$.

例 1 已知 $|a| = 5$，$|b| = 2$，a 与 b 的夹角 $\theta = 60°$，求 $a \cdot b$.

解 $a \cdot b = |a||b|\cos\theta = 5 \times 2 \times \dfrac{1}{2} = 5$

例 2 已知 $a \cdot b = -4$，$|a| = 2$，$|b| = 4$，求 a 与 b 的夹角 θ.

解 因为 $\cos\theta = \dfrac{a \cdot b}{|a||b|} = \dfrac{-4}{2 \times 4} = -\dfrac{1}{2}$

所以 a 与 b 的夹角 $\theta = 120°$.

已知向量 a、b、c 和实数 λ，则向量的数量积满足下列运算律：

(1) $a \cdot b = b \cdot a$ \hfill (6-17)

(2) $(\lambda a) \cdot b = a \cdot (\lambda b)$ \hfill (6-18)

(3) $(a + b) \cdot c = a \cdot c + b \cdot c$ \hfill (6-19)

且由数量积的定义容易看出：

(1) $a \cdot a = |a|^2$ 或 $|a| = \sqrt{a^2}$（$a \cdot a$ 可以写成 a^2）

(2) $a \perp b \Leftrightarrow a \cdot b = 0$（$a, b$ 均为非零向量）

例 3 已知 $|a| = 3$，$|b| = 4$，a 与 b 的夹角为 $120°$，求 $(a - 2b) \cdot (3a + b)$，$|a + b|$.

解 $(a - 2b) \cdot (3a + b)$

$= 3a \cdot a - 5a \cdot b - 2b \cdot b$

$= 3|a|^2 - 5|a||b|\cos\theta - 2|b|^2$

$= 3 \times 3^2 - 5 \times 3 \times 4 \times \left(-\dfrac{1}{2}\right) - 2 \times 4^2$

$= 25$

$$|a+b|^2 = (a+b) \cdot (a+b)$$
$$= a \cdot a + a \cdot b + b \cdot a + b \cdot b$$
$$= |a|^2 + 2a \cdot b + |b|^2$$
$$= 3^2 + 2 \times 3 \times 4 \times \left(-\frac{1}{2}\right) + 4^2$$
$$= 13$$

由此得 $|a+b| = \sqrt{13}$.

例4 已知 $|a| = 3$，$|b| = 4$（a 与 b 不共线），当且仅当 k 为何值时，向量 $a + k\,b$ 与 $a - k\,b$ 互相垂直.

解 $a + k\,b$ 与 $a - k\,b$ 互相垂直的条件是

$$(a+kb) \cdot (a-kb) = 0，即$$
$$a^2 - k^2 b^2 = 0$$
$$|a|^2 - k^2 b^2 = 0$$

因为 $|a|^2 = 9$，$|b|^2 = 16$

所以 $9 - 16k^2 = 0$

即 $k = \pm\dfrac{3}{4}$

练一练

1. 已知 $|a| = 3$，$|b|^2 = 4$，a 与 b 的夹角 $\theta = 120°$，求 $a \cdot b$.

2. 已知 $\triangle ABC$ 中，$\overrightarrow{AB} = a$，$\overrightarrow{AC} = b$，当 $a \cdot b > 0$；$a \cdot b = 0$；$a \cdot b < 0$ 时，$\triangle ABC$ 各是什么样的三角形？

2. 向量的数量积的坐标表示

已知两个非零向量 $a = (x_1, y_1)$，$b = (x_2, y_2)$，下面讨论如何用 a、b 的坐标表示 $a \cdot b$.

设 x 轴、y 轴上的单位向量分别为 i、j，因为

$$i^2 = i \cdot i = |i||i|\cos 0 = 1$$

$$i \cdot j = |i||j|\cos\frac{\pi}{2} = 0$$

$$j^2 = j \cdot j = j|j|\cos 0 = 1$$

所以 $a \cdot b = (x_1 i + y_1 j) \cdot (x_2 i + y_2 j)$

$$= x_1 x_2 i^2 + x_1 y_2 i \cdot j + x_2 y_1 i \cdot j + y_1 y_2 j^2$$

$$= x_1 x_2 + y_1 y_2$$

这就是说，两个向量的数量积，等于它们对应坐标乘积之和. 即

$$\boldsymbol{a} \cdot \boldsymbol{b} = x_1 x_2 + y_1 y_2 \tag{6-20}$$

由此还容易得到以下结论：

(1) $\boldsymbol{a} \perp \boldsymbol{b} \Leftrightarrow \boldsymbol{a} \cdot \boldsymbol{b} = 0 \Leftrightarrow x_1 x_2 + y_1 y_2 = 0$ (6-21)

(2) 如果 $\boldsymbol{a} = (x, y)$，那么 $|\boldsymbol{a}| = \sqrt{x^2 + y^2}$ (6-22)

(3) $\cos\theta = \dfrac{\boldsymbol{a} \cdot \boldsymbol{b}}{|\boldsymbol{a}| \cdot |\boldsymbol{b}|} = \dfrac{x_1 x_2 + y_1 y_2}{\sqrt{x_1^2 + y_1^2} \cdot \sqrt{x_2^2 + y_2^2}}$ (6-23)

例5 已知 $\boldsymbol{a} = (2, -5)$，$\boldsymbol{b} = (-8, -6)$，求 $\boldsymbol{a} \cdot \boldsymbol{b}$.

解 $\boldsymbol{a} \cdot \boldsymbol{b} = 2 \times (-8) + (-5) \times (-6) = 14$

3. 两点间距离公式

设 A、B 的坐标分别为 (x_1, y_1)，(x_2, y_2)，则

$$\overrightarrow{AB} = (x_2 - x_1, \ y_2 - y_1)$$

$$|\overrightarrow{AB}| = \sqrt{(x_2 - x_1)^2 + (y_2 - y_1)^2}$$

由于 $\overrightarrow{AB}$ 的模就是 A，B 两点间的距离，所以两点间距离公式为

$$|AB| = \sqrt{(x_2 - x_1)^2 + (y_2 - y_1)^2} \tag{6-24}$$

例6 已知 $M(3,5)$，$N(-1,4)$，求 M、N 两点间的距离.

解 $|MN| = \sqrt{(-1-3)^2 + (4-5)^2} = \sqrt{17}$

例7 已知 $\boldsymbol{a} = (\sqrt{3}, 1)$，$\boldsymbol{b} = (2\sqrt{3}, 0)$，求 $\boldsymbol{a}$ 与 $\boldsymbol{b}$ 的夹角 θ.

解 因为 $\cos\theta = \dfrac{\sqrt{3} \times 2\sqrt{3} + 1 \times 0}{\sqrt{(\sqrt{3})^2 + 1^2} \times \sqrt{(2\sqrt{3})^2 + 0^2}} = \dfrac{\sqrt{3}}{2}$

所以 $\boldsymbol{a}$ 与 $\boldsymbol{b}$ 的夹角 $\theta = 30°$.

4. 向量垂直条件的坐标表示

已知两个非零向量 $\boldsymbol{a} = (x_1, y_1)$，$\boldsymbol{b} = (x_2, y_2)$，如果 $\boldsymbol{a}$ 与 $\boldsymbol{b}$ 垂直，那么 $\boldsymbol{a}$ 与 $\boldsymbol{b}$ 的夹角为 $90°$，而 $\cos 90° = 0$，所以

$$\boldsymbol{a} \perp \boldsymbol{b} \Leftrightarrow \boldsymbol{a} \cdot \boldsymbol{b} = 0 \Leftrightarrow x_1 x_2 + y_1 y_2 = 0$$

例8 已知 $A(-1, -4)$，$B(5, 2)$，$C(3, 4)$，求证：

$\triangle ABC$ 为直角三角形.

    证明 $\overrightarrow{AB} = (5 - (-1),\ 2 - (-4)) = (6,6)$

            $\overrightarrow{BC} = (3 - 5, 4 - 2) = (-2,2)$

            $\overrightarrow{AB} \cdot \overrightarrow{BC} = 6 \times (-2) + 6 \times 2 = 0$

            所以 $\overrightarrow{AB} \perp \overrightarrow{BC}$，即 $\triangle ABC$ 为直角三角形.

练一练

    已知 $\boldsymbol{a} = (1,2)$，$\boldsymbol{b} = (-1,2)$，$\boldsymbol{c} = (0,1)$，求 $\boldsymbol{a} \cdot \boldsymbol{b}$，$\boldsymbol{a} \cdot (\boldsymbol{b} + \boldsymbol{c})$，$\boldsymbol{a} \cdot \boldsymbol{b} \cdot \boldsymbol{c}$，$(\boldsymbol{a} + \boldsymbol{b})^2$.

【习题 6.5】

1. 计算.

（1）已知 $|\boldsymbol{a}| = 2$，$|\boldsymbol{b}| = 3$，$\boldsymbol{a}$ 与 $\boldsymbol{b}$ 的夹角 $\theta = 60°$，求 $\boldsymbol{a} \cdot \boldsymbol{b}$；

（2）已知 $|\boldsymbol{a}| = 1$，$|\boldsymbol{b}| = 2$，$\boldsymbol{a} \cdot \boldsymbol{b} = 1$，求 $\boldsymbol{a}$ 与 $\boldsymbol{b}$ 的夹角；

（3）已知 $|\boldsymbol{a}| = 2$，$\boldsymbol{a} \cdot \boldsymbol{b} = 2$，$\boldsymbol{a}$ 与 $\boldsymbol{b}$ 的夹角 $\theta = 60°$，求 $|\boldsymbol{b}|$；

（4）已知 $\boldsymbol{a} = (1,1)$，$\boldsymbol{b} = (-1,1)$，求 $\boldsymbol{a}$ 与 $\boldsymbol{b}$ 的夹角.

2. 已知 $\boldsymbol{a} = (3,-1)$，$\boldsymbol{b} = (1,2)$，求满足 $\boldsymbol{c} \cdot \boldsymbol{a} = 9$ 与 $\boldsymbol{c} \cdot \boldsymbol{b} = -4$ 的向量 $\boldsymbol{c}$.

3. 已知 $|\boldsymbol{a}| = 4$，$|\boldsymbol{b}| = 3$，$(2\boldsymbol{a} - 3\boldsymbol{b}) \cdot (2\boldsymbol{a} + \boldsymbol{b}) = 61$，求 $\boldsymbol{a}$ 与 $\boldsymbol{b}$ 的夹角 θ.

4. 求证：以 $A(-2,-3)$、$B(19,4)$、$C(-1,-6)$ 为顶点的三角形是直角三角形.

5. 求证：$(\lambda \boldsymbol{a}) \cdot \boldsymbol{b} = \lambda(\boldsymbol{a} \cdot \boldsymbol{b}) = \boldsymbol{a} \cdot (\lambda \boldsymbol{b})$.

6. 已知 $|\boldsymbol{a}| = 4$，$|\boldsymbol{b}| = 3$，$\boldsymbol{a} \cdot \boldsymbol{b} = -2$，求 $|\boldsymbol{a} - \boldsymbol{b}|$.

7. 已知 $\boldsymbol{a} = (1,2)$，$\boldsymbol{b} = (-3,2)$，当 k 为何值时，$k\boldsymbol{a} + \boldsymbol{b}$ 与 $\boldsymbol{a} - 3\boldsymbol{b}$ 垂直.

8. 求证：$A(1,0)$、$B(5,-2)$、$C(8,4)$、$D(4,6)$ 是一个矩形的四个顶点.

9. 已知某零件一个面上有 3 个孔，孔中心的坐标分别为 $A(-2,3)$，$B(-1,3)$，$C(0,-1)$，求每两孔间的距离.

10. 已知点 P 的纵坐标是 5，点 P 到 $(2,-3)$ 的距离为 8，

求点 P 的横坐标.

11. 已知 $\triangle ABC$ 顶点 A、B、C 的坐标分别为 $(2,3)$，$(-12,-2)$，$(-9,-7)$，求证：$\triangle ABC$ 为等腰三角形.

12. 已知 $\triangle ABC$ 三个顶点的坐标分别为 $A(2,1)$，$B(-2,3)$，$C(0,-1)$，求中线 AD 的长度.

复 习 题 6

A 组

1. 填空题.

（1）$\overrightarrow{AB} + \overrightarrow{BC} + \overrightarrow{CA} = $ _____；

（2）$\overrightarrow{PD} + \overrightarrow{PF} + \overrightarrow{EP} + \overrightarrow{FP} = $ _____；

（3）$\overrightarrow{AB} + \overrightarrow{BD} - \overrightarrow{AC} - \overrightarrow{CD} = $ _____；

（4）已知向量 $\boldsymbol{a} = (1,5)$，$\boldsymbol{b} = (2,-3)$，则 $2\boldsymbol{a} - 3\boldsymbol{b} = $ _____；

（5）已知 $\boldsymbol{a} /\!/ \boldsymbol{b}$，且 $\boldsymbol{a} = (2,4)$，$\boldsymbol{b} = (x,6)$，则 $x = $ _____；

（6）已知 $\boldsymbol{a} \perp \boldsymbol{b}$，且 $\boldsymbol{a} = (-1,-2)$，$\boldsymbol{b} = (m,-3)$，则 $m = $ _____；

（7）已知 $A(2,-1)$，$B(6,-4)$，则 $|\overrightarrow{AB}| = $ _____；

（8）已知 $P(0,0)$，$Q(1,2)$，$M(4,2)$，$N(3,0)$，此四边形是_____.

2. 选择题.

（1）下列命题中正确的是（ ）.

A. 若 $\boldsymbol{a} = \boldsymbol{b}$，$\boldsymbol{b} = \boldsymbol{c}$，则 $\boldsymbol{a} = \boldsymbol{c}$

B. 若 $|\boldsymbol{a}| = |\boldsymbol{b}|$，则 $\boldsymbol{a} = \boldsymbol{b}$

C. 若 $\boldsymbol{a} /\!/ \boldsymbol{b}$，$\boldsymbol{b} /\!/ \boldsymbol{c}$，则 $\boldsymbol{a} /\!/ \boldsymbol{c}$

D. 若 $\boldsymbol{a} /\!/ \boldsymbol{b}$，则 $\boldsymbol{a}$ 与 $\boldsymbol{b}$ 的方向相同或相反

（2）若 $P(3,-2)$，$Q(-5,-1)$，$PO = \dfrac{1}{2}PQ$，则 O 点坐标为（ ）.

A. $(8,-1)$　　　　B. $(-8,-1)$

C. $\left(1, \dfrac{3}{2}\right)$ D. $\left(-1, -\dfrac{3}{2}\right)$

（3）已知 $A(1,2)$，$B(-1,3)$，$C(3,2)$，则 $2\overrightarrow{AB}-3\overrightarrow{BC}=$
（   ）.

A. $(-2,0)$ B. $(-16,5)$

C. $(2,0)$ D. $(16,-5)$

（4）下列命题正确的是（   ）.

A. 任意实数与零向量的乘积为零

B. 任意两个单位向量都相等

C. 互为负向量的两个向量模相等

D. 平行向量的方向都相同

（5）已知 $\boldsymbol{a}(2,1)$，$\boldsymbol{b}(1,2)$，θ 为 $\boldsymbol{a}$ 与 $\boldsymbol{b}$ 的夹角，则 $\sin\theta =$
（   ）.

A. $\pm\dfrac{4}{25}$ B. $\dfrac{3}{5}$ C. $\pm\dfrac{4}{5}$ D. $\dfrac{4}{5}$

（6）已知 $\boldsymbol{a}(3,5)$，$\boldsymbol{b}(2,y)$，且 $\boldsymbol{a}/\!/\boldsymbol{b}$，则 $y=$（   ）.

A. $\dfrac{3}{10}$ B. $\dfrac{10}{3}$ C. $\dfrac{5}{6}$ D. $\dfrac{6}{5}$

（7）已知向量 $\boldsymbol{a}(x,12)$ 的模为 13，则 $x=$（   ）.

A. 5 B. -5 C. ± 5 D. 25

（8）下列各式不正确的是（   ）.

A. $\overrightarrow{OP}-\overrightarrow{OQ}=\overrightarrow{QP}$ B. $\boldsymbol{0}(\boldsymbol{a}+\boldsymbol{b})=0$

C. $3\boldsymbol{a}>2\boldsymbol{a}$ D. $(3\boldsymbol{a}-\boldsymbol{b})+\boldsymbol{b}=3\boldsymbol{a}$

（9）非零且不共线的向量 $\boldsymbol{a}$、$\boldsymbol{b}$ 的关系中，只有（   ）可能有意义.

A. $\boldsymbol{a}>\boldsymbol{b}$ B. $\boldsymbol{a}<\boldsymbol{b}$ C. $\boldsymbol{a}=\boldsymbol{b}$ D. $|\boldsymbol{a}|=|\boldsymbol{b}|$

（10）已知向量 $\overrightarrow{AB}=\boldsymbol{a}-\boldsymbol{b}$，$\overrightarrow{BC}=\boldsymbol{b}-\boldsymbol{c}$，则 $\overrightarrow{CA}=$（   ）.

A. $\boldsymbol{a}-\boldsymbol{c}$ B. $\boldsymbol{c}-\boldsymbol{a}$

C. $\boldsymbol{a}+\boldsymbol{c}$ D. $\boldsymbol{a}-2\boldsymbol{b}+\boldsymbol{c}$

B 组

1. 已知三点 $A(2,1)$，$B(-2,-3)$，$C(0,4)$，求另一点 $D(x,y)$，使 $\overrightarrow{AB}=\overrightarrow{CD}$.

2. 已知 $\boldsymbol{a}=(3,-4)$，且 $|\lambda\boldsymbol{a}|=10$，求 λ.

3. m 为何值时，向量 $\boldsymbol{a}(m,2)$ 与 $\boldsymbol{b}(3,m)$ 方向相同.

4. 求点 $A(-1,3)$ 关于点 $O(2,0)$ 对称的点 B 的坐标.

5. 一条船渡河，水从西向东流，流速为 2m/s，船以 2m/s 的速度沿南偏西30°方向航行，求船实际航行速度的大小和方向.

6. 已知 $a(1,2)$，$b(0,-1)$，当 λ 为何值时，$a+\lambda b$ 与 a 垂直.

7. 已知 $\triangle ABC$ 的顶点 A、B、C 的坐标分别为 $(7,-\sqrt{3})$，$(4,0)$，$(5,-\sqrt{3})$，求 $\angle ACB$.

8. 已知 $|a|=5$，$|b|=4$，a 与 b 的夹角 $\theta=60°$，求 $|a+2b|$.

第 7 章　直 线 和 圆

【学习目标】

1. 了解曲线与方程的概念, 会求曲线的方程.

2. 理解直线的倾斜角和斜率的概念, 掌握直线的斜率公式, 掌握直线方程的点斜式, 一般式, 并能熟练地求出直线的方程.

3. 掌握两条直线平行与垂直的条件, 掌握两条直线所成的角和点到直线的距离公式; 能够根据直线的方程判断两条直线的位置关系.

4. 掌握圆的标准方程和一般方程.

5. 培养学生数形结合的思想及对立统一的观点, 培养学生分析问题和解决问题的能力.

7.1　曲线与方程

1. 曲线与方程的定义

第一、三象限的两坐标轴所成角的平分线的方程为 $x - y = 0$. 这就是说, 如果点 $M(x_0, y_0)$ 是这条直线上的任意一点, 它的横、纵坐标一定相等, 即 $x_0 = y_0$, 那么 x_0、y_0 是方程 $x - y = 0$ 的解; 反过来, 如果 x_0、y_0 是方程 $x - y = 0$ 的解, 那么以这个解为坐标的点 (x_0, y_0) 一定在这条平分线上, 如图 7-1a 所示.

例如, 函数 $y = x^2$ 的图像是关于 y 轴对称的抛物线. 这条抛物线是由所有以方程 $y = x^2$ 的解为坐标的点组成. 这就是说, 如果 $M(x_0, y_0)$ 是抛物线上的点, 那么 x_0、y_0 一定是这个方程的解; 反过来, 如果 x_0、y_0 是方程 $y = x^2$ 的解, 那么以它为坐标的点 (x_0, y_0) 一定在这条抛物线上, 如图 7-1b 所示.

根据上述曲线与方程之间的对应关系, 给出如下定义.

如果一条曲线上的点与一个二元方程 $f(x, y) = 0$ 的解具有如下的对应关系:

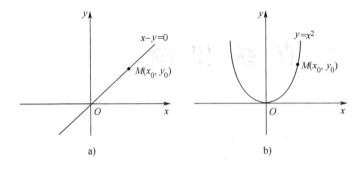

图 7-1

（1）曲线上的点的坐标都是这个方程的解

（2）以这个方程的解为坐标的点都是曲线上的点.

那么，这个方程就叫做这条曲线的**方程**，这条曲线叫做**方程的曲线**（图像）.

由曲线方程的定义可知，如果曲线 C 的方程是 $f(x, y) = 0$，并且点 $P(x_0, y_0)$ 在曲线 C 上，那么一定有 $f(x_0, y_0) = 0$.

例1 判定 $A(3, -4)$、$B(-6, 5)$ 两点是否在曲线 $x^2 + y^2 = 25$ 上.

解 将点 A 的坐标代入方程的左边，得

$$左边 = 3^2 + (-4)^2 = 25$$

这说明，点 A 的坐标满足所给方程，所以点 $A(3, -4)$ 在曲线 $x^2 + y^2 = 25$ 上.

将点 B 的坐标代入方程的左边，得

$$左边 = (-6)^2 + 5^2 = 61 \neq 25$$

所以点 $B(-6, 5)$ 不在曲线 $x^2 + y^2 = 25$ 上.

例2 点 $A(2, m)$ 在曲线 $2x^2 - y^2 = 1$ 上，求 m 的值.

解 由于 $A(2, m)$ 在 $2x^2 - y^2 = 1$ 上，所以

$$2 \times 2^2 - m^2 = 1$$
$$m^2 = 7$$
$$m = \pm\sqrt{7}$$

2. 求曲线方程

掌握了曲线的方程、方程的曲线的概念，利用这些概念，可以借助于坐标系，用坐标表示点，把曲线看成满足某种条

166

件的点的集合或轨迹，用曲线上点的坐标(x,y)所满足的方程 $f(x,y)=0$ 表示曲线，通过研究方程的性质，来研究曲线的性质. 把这种借助坐标系研究几何图形的方法叫做**坐标法**.

在数学中，用坐标法研究几何图形的知识，形成了一门叫做**解析几何**的学科. 因此可以说，解析几何是用代数方法研究几何问题的一门数学学科.

平面解析几何研究的主要问题是：

（1）根据已知条件，求出表示平面曲线的方程；

（2）通过方程，研究平面曲线的性质.

下面举例说明求曲线方程的一般方法.

例3 求以 $A(-3,2)$、$B(5,4)$ 两点为端点的线段 AB 的垂直平分线的方程.

解 设 $M(x,y)$ 是线段 AB 的垂直平分线上任意一点（见图7-2），

根据线段垂直平分线的性质，有 $|MA|=|MB|$

由两点间距离公式，有

$$\sqrt{[x-(-3)]^2+(y-2)^2}=\sqrt{(x-5)^2+(y-4)^2}$$

化简，得 $4x+y-7=0$，即为所求线段 AB 的垂直平分线的方程.

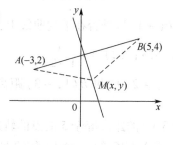

图 7-2

由例3，可以看出求曲线方程的一般步骤为：

（1）建立适当的坐标系，并设 $M(x,y)$ 为曲线上的任意一点；

（2）写出点 M 所适合的条件等式；

（3）用坐标表示条件等式，列出方程；

（4）化简方程.

例4 设动点 M 与两个定点 A、B 所连的直线互相垂直，求动点 M 的轨迹方程.

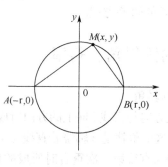

解 以 A、B 所在直线为 x 轴，线段 AB 的垂直平分线为 y 轴，建立直角坐标系（见图7-3）.

图 7-3

设 $AB=2r$ (r 为大于零的常量)，则 A、B 两点的坐标分别为 $(-r,0)$ 和 $(r,0)$.

设 $M(x,y)$ 为曲线上的任意一点，按题意，$MA \perp MB$，得
$$|MA|^2 + |MB|^2 = |AB|^2$$

由两点间距离公式，有
$$\left[\sqrt{(x+r)^2+y^2} \right]^2 + \left[\sqrt{(x-r)^2+y^2} \right]^2 = (2r)^2$$
化简得 $x^2+y^2=r^2$ ($y \neq 0$)，即为所求动点 M 的轨迹方程.

建立坐标系时，如果取线段 AB 的任一端点为坐标原点，所得圆的方程就比较复杂，因此，求曲线方程时要注意选择适当的坐标系，以使方程比较简单.

【习题 7.1】

1. 判断点 $P(-1,7)$ 是否在下列曲线上：

（1）$y=2x^2-5x$；（2）$y=\dfrac{x}{1-2x}$.

2. 求与点 $A(-2,0)$ 和 $B(1,-3)$ 距离相等的点的轨迹方程.

3. 求与点 $(3,0)$ 的距离等于 5 的点的轨迹方程.

4. 已知等腰 $\triangle ABC$ 的三个顶点的坐标分别是 $A(0,5)$，$B(-3,0)$ 和 $C(3,0)$. 中线 AO 的方程是 $x=0$ 吗，为什么？

5. 已知点 $M(m,3)$ 在方程为 $x^2+y^2=25$ 的圆上，求 m 的值.

6. 动点 $M(x,y)$ 到点 $F_1(-3,0)$ 和 $F_2(3,0)$ 的距离之和等于 10，求动点 M 的轨迹方程.

7.2 直线的倾斜角、斜率

1. 直线的倾斜角

把 x 轴的正方向与直线 l 向上的方向所成的最小正角叫做直线 l 的**倾斜角**. 这个角就是 x 轴绕着直线与 x 轴的交点，按逆时针方向，旋转到与直线第一次重合时所成的角，如图 7-4 所示.

当直线与 x 轴平行或重合时，规定直线的倾斜角为 $0°$.

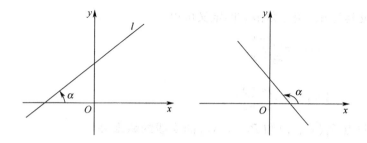

图 7-4

因此，倾斜角的取值范围是 $0° \leqslant \alpha < 180°$（或 $0 \leqslant \alpha < \pi$）.

倾斜角可用来刻画直线对于 x 轴的倾斜程度.

2. 直线的斜率

倾斜角不是90°的直线，它的倾斜角的正切叫做这条**直线的斜率**. 通常用 k 表示，即

$$k = \tan\alpha \tag{7-1}$$

倾斜角是90°的直线没有斜率，倾斜角不是 90°的直线都有斜率.

例如，倾斜角为30°的直线，它的斜率 $k = \tan 30° = \dfrac{\sqrt{3}}{3}$.

由倾斜角的取值范围和斜率的定义可知，直线的斜率和倾斜角的关系如下：

（1）当 $k = 0$ 时，直线与 x 轴平行或重合，倾斜角为0°；

（2）当 $k > 0$ 时，直线的倾斜角为锐角；

（3）当 $k < 0$ 时，直线的倾斜角为钝角；

（4）当直线与 x 轴垂直时，直线斜率的不存在，倾斜角为90°.

如果不与 x 轴垂直的直线经过点 $P_1(x_1, y_1)$ 和 $P_2(x_2, y_2)$，向量 $\overrightarrow{P_1P_2} = (x_2 - x_1, y_2 - y_1)$，作向量 $\overrightarrow{OP} = \overrightarrow{P_1P_2} = (x_2 - x_1, y_2 - y_1)$，如图 7-5 所示，可得点 P 的坐标为 $(x_2 - x_1, y_2 - y_1)$，此时，向量 $\overrightarrow{OP}$ 所在直线的倾斜角与直线 P_1P_2

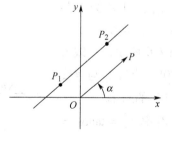

图 7-5

的倾斜角相等，设其为 α，由三角函数的定义可得

$$\tan\alpha = \frac{y_2 - y_1}{x_2 - x_1}$$

所以

$$k = \tan\alpha = \frac{y_2 - y_1}{x_2 - x_1}$$

从而，经过两点 $P_1(x_1, y_1)$ 和 $P_2(x_2, y_2)$ 的直线的**斜率公式**为

$$k = \frac{y_2 - y_1}{x_2 - x_1} \qquad (7\text{-}2)$$

例 1　求经过两点 $A(-3, -1)$，$B(-6, 2)$ 的直线的斜率 k 和倾斜角 α.

解　$k = \dfrac{y_2 - y_1}{x_2 - x_1} = \dfrac{2 - (-1)}{(-6) - (-3)} = -1$

因为 $k = \tan\alpha = -1$，且 $0 \le \alpha < \pi$，所以 $\alpha = \dfrac{3}{4}\pi$

练一练

求经过两点 $A(-1, 0)$，$B(1, 1)$ 的直线的斜率 k 和倾斜角，并画出该直线.

例 2　求证：$A(0, 3)$、$B(-1, 5)$、$C(2, -1)$ 三点在同一直线上.

证明　$k_{AB} = \dfrac{y_2 - y_1}{x_2 - x_1} = \dfrac{5 - 3}{-1 - 0} = -2$

$$k_{BC} = \dfrac{-1 - 5}{2 - (-1)} = -2$$

因为 $k_{AB} = k_{BC}$，且 B 为公共点，故 A、B、C 三点共线.

例 3　如图 7-6 所示，直线 l_1 的倾斜角 $\alpha_1 = 30°$，直线 l_2 与直线 l_1 垂直，求 l_1 与 l_2 的斜率.

解　l_1 的斜率 $k_1 = \tan\alpha_1 = \tan 30° = \dfrac{\sqrt{3}}{3}$

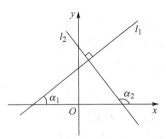

图 7-6

170

因为 l_2 与 l_1 垂直，所以 l_2 的倾斜角

$$\alpha_2 = 90° + \alpha_1 = 90° + 30° = 120°,$$

所以 l_2 的斜率

$$k_2 = \tan 120° = \tan(180° - 60°) = -\tan 60° = -\sqrt{3}.$$

3. 截距

如果直线 l 与 x 轴交点为 $(a,0)$，那么 a 叫做直线 l 在 x 轴上的**截距**，也叫**横截距**. 如果直线 l 与 y 轴交点为 $(0,b)$，那么 b 叫做直线 l 在 y 轴上的**截距**，也叫**纵截距**.

注：截距可以是任意实数.

例4 已知直线的方程为 $2x - y + 6 = 0$，求它在两轴上的截距.

解 令 $y = 0$，代入方程 $2x - y + 6 = 0$ 中，解得 $x = -3$，故直线与 x 轴的交点为 $(-3,0)$，所以在 x 轴上的截距为 -3. 同理，令 $x = 0$，代入方程 $2x - y + 6 = 0$ 中，得直线在 y 轴上的截距为 6.

练一练

求下列直线在两轴上的截距：$(1)\, x - 2y - 1 = 0$；$(2)\, 5x + 7y = 0$.

【习题 7.2】

1. 根据直线的倾斜角 α 的取值，确定斜率 k 的数值或范围.

（1）当 $\alpha = 0°$ 时，k _____；

（2）当 $0° < \alpha < 90°$ 时，k _____；

（3）当 $\alpha = 90°$ 时，k _____；

（4）当 $90° < \alpha < 180°$ 时，k _____；

2. 填空.

（1）直线 l 平行于 x 轴，则 $\alpha = $ _____，$k = $ _____；

（2）直线 l 平行于 y 轴，则 $\alpha = $ _____，$k = $ _____；

3. 求经过下列每两个点的直线的斜率与倾斜角.

(1) $A(-2,0)$，$B(-5,3)$；(2) $C(0,0)$，$D(-1,\sqrt{3})$.

4. 当 m 为何值时，经过两点 $A(-m,6)$、$B(1,3m)$ 的直线的斜率是 12.

5. 已知直线 l 的倾斜角 α 的正弦值等于 $\dfrac{5}{13}$，求此直线的斜率.

6. 设直线 AB 的倾斜角是 $C(2,-2)$、$D(4,2)$ 两点所确定的直线的倾斜角的 2 倍，求直线 AB 的斜率.

7.3 直线的方程

1. 点斜式

已知直线 l 经过点 $P_1(x_1,y_1)$，且斜率为 k，求直线 l 的方程(见图 7-7).

设点 $P(x,y)$ 是直线 l 上不同于点 P_1 的任意一点，根据直线的斜率公式，得

$$k = \frac{y-y_1}{x-x_1}$$

可化为

$$y - y_1 = k(x - x_1) \qquad (7\text{-}3)$$

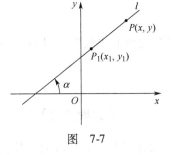

图 7-7

上式是由直线上的一点和直线的斜率确定的，所以叫做**直线方程的点斜式**.

当直线 l 的倾斜角 $\alpha = 0°$ 时，$\tan 0° = 0$，即 $k = 0$，这时直线 l 的方程为 $y = y_1$. 当 $y_1 \neq 0$ 时，它与 x 轴平行(见图 7-8a)；当 $y_1 = 0$ 时，得 $y = 0$，为 x 轴所在直线的方程.

当直线 l 的倾斜角 $\alpha = 90°$ 时(见图 7-8b)，直线的斜率不存在，这时直线 l 与 y 轴平行或重合，由于直线 l 上每一点的横坐标都等于 x_1，因而直线 l 的方程为 $x = x_1$.

例1 一条直线经过点 $P_1(-2,3)$，倾斜角 $\alpha = 30°$，求这条直线的方程.

解 由已知条件得 $x_1 = -2$，$y_1 = 3$，$k = \tan 30° = \dfrac{\sqrt{3}}{3}$，

代入点斜式方程中，得 $y - 3 = \dfrac{\sqrt{3}}{3}(x + 2)$

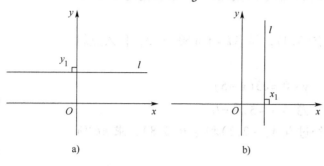

图 7-8

所以 $\sqrt{3}x - 3y + 2\sqrt{3} + 9 = 0$ 即为所求直线的方程.

练一练

（1）经过点 $A(1,2)$，斜率 $k = -1$ 的直线的方程是_____；

（2）经过点 $B(5,-1)$，倾斜角 $\alpha = 0°$ 的直线方程是_____；

（3）经过点 $C(1,3)$，倾斜角 $\alpha = 90°$ 的直线方程是_____；

（4）经过点 $D(1,2)$，且平行于 x 轴的直线方程是_____；

（5）经过点 $E(6,2)$，且平行于 y 轴的直线方程是_____.

例2 求与 y 轴交于点 $(0,b)$，且斜率为 k 的直线方程.

解 因为直线过点 $(0,b)$，且斜率为 k，

由点斜式方程，得 $\qquad y - b = k(x - 0)$

所求直线的方程为

$$y = kx + b \qquad (7-4)$$

此方程叫做直线方程的**斜截式**.

例3 已知直线 l 的纵截距是 $\dfrac{2}{5}$，且其倾斜角与直线

$l_1: y = 2x - 3$ 的倾斜角相等，求直线 l 的方程.

解 因为直线 l 的倾斜角与已知直线 l_1 的倾斜角相等，所

以斜率相等，即 $k = k_1 = 2$，将 $k = 2$，$b = \dfrac{2}{5}$ 代入斜截式中，得

$$y = 2x + \frac{2}{5}$$

即 $10x - 5y + 2 = 0$ 为所求直线 l 的方程.

例 4 已知直线 l 在 x 轴上的截距是 5，倾斜角是 $60°$，求直线 l 的方程.

解 直线 l 经过点 $(5,0)$，斜率 $k = \tan 60° = \sqrt{3}$，代入点斜式得

$$y - 0 = \sqrt{3}(x - 5)$$

即 $\sqrt{3}x - y - 5\sqrt{3} = 0$

例 5 已知直线经过点 $A(-2,3)$ 和点 $B(3,8)$，求 AB 所在直线的方程.

解 直线经过点 $A(-2,3)$ 和点 $B(3,8)$，由斜率公式得

直线 AB 的斜率 $k = \dfrac{8-3}{3-(-2)} = 1$

所求直线方程为 $y - 3 = 1 \times (x + 2)$

即 $x - y + 5 = 0$

2. 一般式

无论是点斜式方程还是斜截式方程，它们都是二元一次方程. 一般地，二元一次方程可以写成 $Ax + By + C = 0$（A、B 不同时为零）的形式.

可以证明，在平面直角坐标系中，任何含有 x 和 y 的二元一次方程都表示一条直线.

我们把方程

$$Ax + By + C = 0 \qquad\qquad (7\text{-}5)$$

（A、B 不同时为零）叫做**直线方程的一般式**.

特别地，当 $B \neq 0$ 时，直线 $Ax + By + C = 0$ 可化为

$y = -\dfrac{A}{B}x - \dfrac{C}{B}$，直线的斜率 $k = -\dfrac{A}{B}$，在 y 轴上的截距 $b = -\dfrac{C}{B}$.

例 6 直线 l 的方程为 $2x - 3y + 6 = 0$，求该直线的斜率及在两坐标轴上的截距，并画图.

解 直线的斜率 $k = -\dfrac{A}{B} = \dfrac{2}{3}$

在方程中，令 $y = 0$，得 $x = -3$，直线在 x 轴上的截距为 -3.

令 $x = 0$，得 $y = 2$，直线在 y 轴上的截距为 2.

所以直线 l 与 x 轴、y 轴的交点为

$$A(-3,0)、B(0,2)$$

过点 A、B 作直线即可（见图 7-9）.

练一练

1. 直线 l 的方程为 $x - y - 2 = 0$，求该直线的斜率及在两轴上的截距，并画图.

2. (1) 当 $B \neq 0$ 时，直线 $Ax + By + C = 0$ 的斜率 $k = $ _____，在 y 轴上的截距 $b = $ _____，在 x 轴上的截距 $a = $ _____；

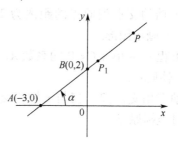

图 7-9

(2) 当 $B = 0$ 时，直线 $Ax + By + C = 0$ 与_____轴平行或重合，它的斜率是_____；

(3) 当 $A = 0$ 时，直线 $Ax + By + C = 0$ 与_____轴平行或重合，它的斜率是_____；

(4) 当_____时，直线 $Ax + By + C = 0$ 通过原点.

【习题 7.3】

1. 直线的点斜式方程为 $y + 10 = \dfrac{5}{6}(x - 2)$，求它在 y 轴上的截距.

2. 直线的一般式方程为 $3x + 4y - 5 = 0$，求该直线的斜率及在两轴上的截距.

3. 根据下列条件写出直线的方程.

(1) 经过点 $(3,1)$，斜率为 2；

(2) 经过点 $(0,4)$，倾斜角为 $0°$；

(3) 经过点 $(-2,0)$，与 x 轴垂直；

（4）纵截距为 3，斜率为 -2；

（5）横截距为 -2，斜率为 1.

4. 分别画出下列直线.

（1）$3x + y - 6 = 0$；（2）$y = \dfrac{1}{2}x - 4$；

（3）$2x - 3y = 0$；　（4）$2x - 5 = 0$.

5. 设直线 $y = kx + 3$ 经过点 $M(-4, 2)$，求 k 值.

6. 直线与 y 轴的交点到原点的距离为 2，且斜率为 -3，求直线的方程，并画出图形.

7. 当直线方程 $Ax + By + C = 0$ 的系数 A、B、C 取何值时，该直线具有如下性质：

（1）与两轴都相交；（2）仅与 x 轴相交；（3）仅与 y 轴相交；（4）通过坐标原点.

7.4　平面内两条直线的位置关系

1. 平行

如果直线 $l_1 /\!/ l_2$（见图7-10），那么 l_1 和 l_2 在 y 轴上的截距不相等，但它们的倾斜角相等，即 $\alpha_1 = \alpha_2 \neq 90°$，从而 $\tan\alpha_1 = \tan\alpha_2$，即 $k_1 = k_2$；反之，如果 $k_1 = k_2$，即 $\tan\alpha_1 = \tan\alpha_2$，根据倾斜角的取值范围，并利用正切函数的图像，可知 $\alpha_1 = \alpha_2$，所以 $l_1 /\!/ l_2$.

由上述讨论可知，当两条直线不重合（即直线在 y 轴上的截距不相等）且斜率存在时，如果它们平行，那么斜率相等；反之，如果斜率相等，那么两条直线平行，即

$$l_1 /\!/ l_2 \Leftrightarrow k_1 = k_2 \qquad (7\text{-}6)$$

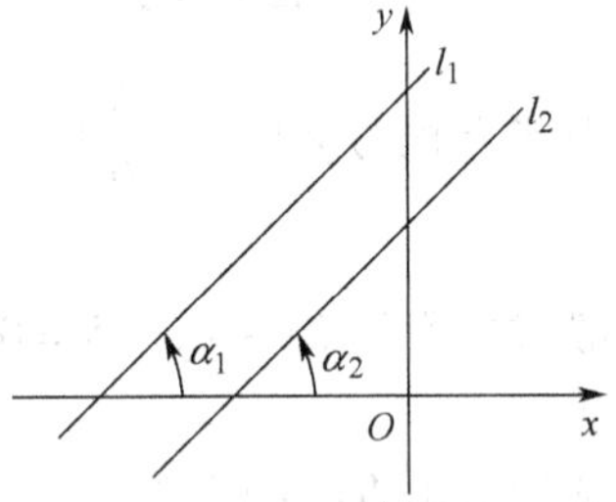

例1　已知两条直线 l_1、l_2 的方程分别为

$$l_1: 2x - 3y + 6 = 0, \quad l_2: 4x - 6y - 12 = 0$$

求证：$l_1 /\!/ l_2$.

图 7-10

证明　把 l_1、l_2 的方程写成斜截式

$$l_1 : y = \frac{2}{3}x + 2 , \quad l_2 : y = \frac{2}{3}x - 2$$

因为 $k_1 = k_2$，且 $b_1 \neq b_2$

所以 $l_1 /\!/ l_2$

练一练

若直线 $2x + 3y + 1 = 0$ 与直线 $2x + 3y + m = 0$ 平行，则求 m 的取值范围.

例2　求过点 $A(-3,5)$ 且与直线 $l : 4x - 3y + 7 = 0$ 平行的直线方程.

解法一　因为所求直线与直线 l 平行，所以，所求直线的斜率 $k = \frac{4}{3}$，由点斜式，得到所求直线的方程为

$$y - 5 = \frac{4}{3}(x + 3)$$

即 $4x - 3y + 27 = 0$

解法二　设所求直线方程为

$$4x - 3y + c = 0$$

将点 $A(-3,5)$ 代入得 $c = 27$

所以，所求的直线方程为

$$4x - 3y + 27 = 0$$

练一练

求经过点 $B(0,-2)$，且平行于直线 $x + 2y - 7 = 0$ 的直线方程.

2. 垂直

如果 $l_1 \perp l_2$（见图7-11），则由三角形外角定理得 $\alpha_2 = \alpha_1 + 90°$.

若 l_1、l_2 都有斜率，分别为 k_1、k_2，必有 $\alpha_1 \neq 90°$，$\alpha_2 \neq 90°$.

则 $\tan\alpha_2 = \tan(\alpha_1 + 90°) = -\dfrac{1}{\tan\alpha_1}$

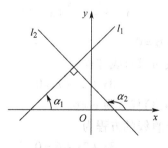

图 7-11

即 $k_2 = -\dfrac{1}{k_1}$ 或 $k_1 k_2 = -1$.

反之，如果 $k_2 = -\dfrac{1}{k_1}$，则有 $\tan\alpha_2 = -\dfrac{1}{\tan\alpha_1} = -\cot\alpha_1 = \tan(\alpha_1 + 90°)$，根据倾斜角的取值范围得 $\alpha_2 = \alpha_1 + 90°$，即

$$l_1 \perp l_2$$

由上述讨论可知，当两条直线都有斜率时，如果它们垂直，那么它们的斜率互为负倒数；反之也成立，即

$$l_1 \perp l_2 \Leftrightarrow k_2 = -\dfrac{1}{k_1} \qquad (7\text{-}7)$$

例3 已知两条直线 $l_1: 2x - 3y + 6 = 0$，$l_2: 3x + 2y - 12 = 0$，求证：$l_1 \perp l_2$.

证明 直线 l_1 与 l_2 的斜率分别是

$$k_1 = \dfrac{2}{3}, \quad k_2 = -\dfrac{3}{2}$$

因为 $k_1 k_2 = -1$，

所以 $l_1 \perp l_2$.

例4 求过点 $P(-4, 3)$，且与直线 $l: 2x - 3y + 6 = 0$ 垂直的直线方程.

解法一 直线 l 的斜率是 $\dfrac{2}{3}$，因为所求直线与直线 l 垂直，所以，所求直线的斜率是

$$k = -\dfrac{3}{2}$$

根据点斜式，得到所求直线的方程为

$$y - 3 = -\dfrac{3}{2}(x + 4)$$

即 $3x + 2y + 6 = 0$.

解法二 设所求直线方程为

$$3x + 2y + c = 0$$

将点 $P(-4, 3)$ 代入得 $c = 6$

所以，所求直线的方程为

$$3x + 2y + 6 = 0$$

练一练

求经过点 $B(0, -2)$，且垂直于直线 $x + 2y - 7 = 0$ 的直线方程.

3. 点到直线的距离

在平面几何中，过直线 l 外一点 P 向直线 l 作垂线，垂足为 Q，那么垂线段 PQ 的长，就是点 P 到直线 l 的距离.

例5 求点 $P(2, -1)$ 到直线 l：$3x - 4y + 5 = 0$ 的距离.

解 如图 7-12 所示，作 $PQ \perp l$，交 l 于 Q，点 $P(2, -1)$ 到直线 l 的距离 $d = |PQ|$. 直线 l 的斜率 $k = \dfrac{3}{4}$，所以 PQ 所在直线的斜率 $k' = -\dfrac{4}{3}$，由点斜式，得直线 PQ 的方程为

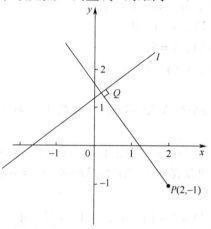

图 7-12

$$y + 1 = -\frac{4}{3}(x - 2)$$

即 $4x + 3y - 5 = 0$

解方程组 $\begin{cases} 3x - 4y + 5 = 0 \\ 4x + 3y - 5 = 0 \end{cases}$，得 $\begin{cases} x = \dfrac{1}{5} \\ y = \dfrac{7}{5} \end{cases}$.

由两点间距离公式，得 $|PQ| = \sqrt{\left(2 - \dfrac{1}{5}\right)^2 + \left(-1 - \dfrac{7}{5}\right)^2} = 3$

即点 P 到直线 l 的距离为 3.

上面的例5，给出了求点到直线的距离的一般方法. 用这种方法，可以推导出点 $P(x_0, y_0)$ 到直线 $Ax + By + C = 0$ 的**距离公式**

$$d = \frac{|Ax_0 + By_0 + C|}{\sqrt{A^2 + B^2}} \tag{7-8}$$

例 5 中，$x_0 = 2$，$y_0 = -1$，$A = 3$，$B = -4$，$C = 5$，

所以，点 P 到直线 l 的距离 $d = \dfrac{|3 \times 2 - 4 \times (-1) + 5|}{\sqrt{3^2 + (-4)^2}} = 3$.

练一练

求下列点到直线的距离.

（1）$P(-2,3)$，$3x - 4y - 2 = 0$；

（2）$O(0,0)$，$3x + 4y - 1 = 0$；

（3）$A(4,-2)$，$x - 1 = 0$；

（4）$B(1,-2)$，$y = 5$；

（5）$C(1,1)$，$x + y - 2 = 0$.

例 6 求两条平行线 $3x - 4y + 3 = 0$ 与 $3x - 4y - 1 = 0$ 间的距离.

解 在直线 $3x - 4y - 1 = 0$ 上任取一点 $P(-1,-1)$，则两条平行线间的距离就是点 P 到直线 $3x - 4y + 3 = 0$ 的距离. 由点到直线的距离公式得

$$d = \frac{|3 \times (-1) - 4 \times (-1) + 3|}{\sqrt{3^2 + (-4)^2}} = \frac{4}{5}$$

练一练

（1）求两条平行直线 $2x + 3y - 8 = 0$ 与 $2x + 3y - 10 = 0$ 间的距离；

（2）用多种方法求证：$A(-1,1)$，$B(5,4)$，$C(3,3)$ 三点在一条直线上（提示：从直线的斜率公式、直线方程、两条直线的位置关系、点到直线的距离公式等多方面考虑）.

4. 两条直线的夹角

两条直线相交，构成四个角. 把不大于 $90°$ 的角叫做**两条直线的夹角**. 下面根据两条直线的斜率，求它们的夹角.

设两条相交直线 l_1 和 l_2 的方程分别为

$$l_1：y = k_1 x + b_1，\quad l_2：y = k_2 x + b_2$$

夹角为 $\theta(0° < \theta \leqslant 90°)$，倾斜角分别为 α_1，α_2，则

$$k_1 = \tan\alpha_1，\quad k_2 = \tan\alpha_2$$

当 $k_1k_2 = -1$ 时，两条直线互相垂直，因而 $\theta = 90°$.

当 $k_1k_2 \neq -1$ 时，因 l_1 和 l_2 是相交直线，倾斜角 $\alpha_1 \neq \alpha_2$，不妨设 $\alpha_2 > \alpha_1$，如图 7-13 所示.

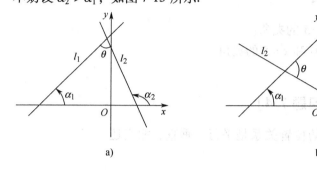

图　7-13

当 $0° < \alpha_2 - \alpha_1 < 90°$时（见图 7-13a），$\theta = \alpha_2 - \alpha_1$，

$$\tan\theta = \tan(\alpha_2 - \alpha_1) > 0$$

当 $90° < \alpha_2 - \alpha_1 < 180°$时（见图 7-13b），$\theta = 180° - (\alpha_2 - \alpha_1)$，

$$\tan\theta = \tan[180° - (\alpha_2 - \alpha_1)] = -\tan(\alpha_2 - \alpha_1) > 0$$

由上述讨论可知，无论 $\alpha_2 - \alpha_1$ 是锐角还是钝角，都有

$$\tan\theta = \left|\tan(\alpha_2 - \alpha_1)\right| = \left|\frac{\tan\alpha_2 - \tan\alpha_1}{1 + \tan\alpha_2\tan\alpha_1}\right|$$

即

$$\tan\theta = \left|\frac{k_2 - k_1}{1 + k_1k_2}\right| \quad (0° < \theta < 90°) \tag{7-9}$$

上式称为**两条直线的夹角公式**.

例 7　求下列各对直线的夹角.

（1）l_1：$2x - y + 6 = 0$，l_2：$x + 2y - 12 = 0$；

（2）l_1：$2x + y - 3 = 0$，l_2：$3x - y + \dfrac{7}{2} = 0$.

解　（1）两条直线的斜率分别为 $k_1 = 2$，$k_2 = -\dfrac{1}{2}$，

因为 $k_1 \cdot k_2 = -1$，所以 $l_1 \perp l_2$，$\theta = 90°$；

（2）两条直线的斜率分别为 $k_1 = -2$，$k_2 = 3$，代入两条直线的夹角公式，得

$$\tan\theta = \left| \frac{(-2) - 3}{1 + (-2) \times 3} \right| = 1$$

所以 $\qquad\qquad\qquad\qquad \theta = 45°$

练一练

（1）求直线 $x = 2$ 和 $y = 5$ 的夹角；

（2）求直线 $x - y + 2 = 0$ 和 $x = 5$ 的夹角.

【习题7.4】

1. 判断下列两条直线的位置关系是平行、垂直、相交还是重合.

（1）l_1：$3x + 2y - 4 = 0$，l_2：$6x + 4y - 8 = 0$；

（2）l_1：$x + 3y - 4 = 0$，l_2：$2x + 6y + 8 = 0$；

（3）l_1：$x + 3y - 4 = 0$，l_2：$3x - y + 1 = 0$；

（4）l_1：$x + 3y - 4 = 0$，l_2：$2x + 5y + 1 = 0$.

2. 根据下列条件，求直线方程.

（1）经过点 $(2, -3)$，且平行于 $3x - 4y + 3 = 0$ 的直线；

（2）经过点 $(2, 0)$，且垂直于 $3x - 2y + 4 = 0$ 的直线；

（3）经过两条直线 $2x + y - 8 = 0$ 与 $x - 2y + 1 = 0$ 的交点，且平行于直线 $4x - 3y - 7 = 0$ 的直线；

（4）连接 $A(2, 4)$，$B(6, -2)$ 两点的线段的垂直平分线；

（5）平行于直线 $x + y - 3 = 0$，在 y 轴上的截距是 -3 的直线；

（6）过点 $P(2, -1)$，并且与直线 $5x - 2y + 3 = 0$ 相交成 $45°$ 角的直线.

3. 填空.

（1）求直线 $2x - y + 8 = 0$ 与 $3x + y - 7 = 0$ 的夹角_____；

（2）点 $M(-1, 3)$ 到直线 $3x - y + 1 = 0$ 的距离 $d =$ _____；

（3）平行线 $x + 3y - 4 = 0$ 与 $2x + 6y + 1 = 0$ 的距离 $d =$ _____.

4. 判断正误.

（1）互相垂直的两条直线的斜率一定互为负倒数；

（2）斜率互为负倒数的两条直线一定互相垂直.

5. 判断下列各对直线是否互相垂直.

（1）$x - y + 3 = 0$ 和 $x + y - 3 = 0$；

（2）$5x + 2y - 7 = 0$ 和 $2x - 5y + 8 = 0$；

（3）$2x + y - 7 = 0$ 和 $2x - y - 1 = 0$；

（4）$y = x$ 和 $2x + 2y + 5 = 0$.

6. 求下列点到直线的距离.

（1）$O(0,0)$，$3x + 2y - 26 = 0$；

（2）$B(1,0)$，$\sqrt{3}x + y - \sqrt{3} = 0$；

（3）$D(4,-3)$，$y = 5$.

7.5 圆的方程

1. 圆的标准方程

圆是生活中随处可见的一种曲线. 如车轮的轮廓、各种圆柱形容器横断面的轮廓、球体截面的轮廓等.

平面内与一定点的距离等于定长的点的轨迹（集合）叫做**圆**，定点叫做**圆心**，定长叫做**半径**.

根据圆的定义，求圆心为 $C(a,b)$，半径为 r 的圆的方程.

设 $M(x,y)$ 是圆上任意一点，根据定义，点 $M(x,y)$ 到圆心 C 的距离等于 r，有 $|MC| = r$.

由两点间距离公式，有

$$\sqrt{(x-a)^2 + (y-b)^2} = r$$

两边平方，得

$$(x-a)^2 + (y-b)^2 = r^2 \qquad (7\text{-}10)$$

这是圆心为 $C(a,b)$，半径为 r 的**圆的标准方程**.

如果圆心在坐标原点，即 $a = 0$，$b = 0$，那么圆的方程为

$$x^2 + y^2 = r^2 \qquad (7\text{-}11)$$

练一练

指出下列各圆的圆心和半径：

（1）$x^2 + y^2 = 4$；

（2）$(x-2)^2 + (y+1)^2 = 16$；

183

（3）$(x+2)^2 + y^2 = b^2$.

例1 求以 $C(1，-2)$ 为圆心，并且与直线 $3x-4y-7=0$ 相切的圆的方程.

解 因为圆 C 和直线 $3x-4y-7=0$ 相切，所以半径 r 等于圆心 C 到直线的距离，根据点到直线的距离公式，得

$$r = \frac{|3 \times 1 - 4 \times (-2) - 7|}{\sqrt{3^2 + (-4)^2}} = \frac{4}{5}$$

因此，所求圆的方程为 $(x-1)^2 + (y+2)^2 = \dfrac{16}{25}$

练一练

求圆心为点 $C(-2,1)$，并且过点 $A(2，-2)$ 的圆的标准方程.

例2 已知两点 $P_1(4，-9)$，$P_2(6,3)$，求以线段 P_1P_2 为直径的圆的标准方程.

解 由条件知，圆心 $C(a,b)$ 是线段 P_1P_2 的中点，根据中点坐标公式，得

$$a = \frac{4+6}{2} = 5，\quad b = \frac{-9+3}{2} = -3$$

即圆心 $C(5，-3)$.

根据两点间的距离公式，圆的半径

$$r = |CP_1| = \sqrt{(4-5)^2 + (-9+3)^2} = \sqrt{37}$$

因此，所求圆的标准方程是

$$(x-5)^2 + (y+3)^2 = 37$$

2. 圆的一般方程

把圆的标准方程

$$(x-a)^2 + (y-b)^2 = r^2$$

展开，得

$$x^2 + y^2 - 2ax - 2by + a^2 + b^2 - r^2 = 0$$

可见，圆的方程可以写成下面的形式

$$x^2 + y^2 + Dx + Ey + F = 0 \tag{7-12}$$

这个方程叫做**圆的一般方程**.

有时要进行圆的标准方程与一般方程的互化. 把标准方程化为一般方程时，只要将标准方程展开整理便可得到；把一般方程化为标准方程时，可将一般方程 $x^2 + y^2 + Dx + Ey + F = 0$ 配方，得圆的标准方程为

$$\left(x + \frac{D}{2}\right)^2 + \left(y + \frac{E}{2}\right)^2 = \frac{D^2 + E^2 - 4F}{4}$$

圆的一般方程是 x 与 y 的二次方程，对比二元二次方程 $Ax^2 + By^2 + Cxy + Dx + Ey + F = 0$，圆的方程的特点是：

（1）x^2 与 y^2 的系数为 1；

（2）不含 xy 项；

（3）$D^2 + E^2 - 4F > 0$.

例 3 判定方程 $2x^2 + 2y^2 + 2x + 4y - 5 = 0$ 所表示的曲线的形状.

解 将方程两边同除以 2，得

$$x^2 + y^2 + x + 2y - \frac{5}{2} = 0$$

配方，得

$$\left(x + \frac{1}{2}\right)^2 + (y + 1)^2 = \left(\frac{\sqrt{15}}{2}\right)^2$$

因此，原方程表示一个圆，其圆心为 $\left(-\dfrac{1}{2}, -1\right)$，半径为 $\dfrac{\sqrt{15}}{2}$.

练一练

（1）化圆的标准方程 $(x - 1)^2 + (y + 2)^2 = 3$ 为一般方程；

（2）化圆的一般方程 $x^2 + y^2 + 8x - 6y = 0$ 为标准方程，并求出圆心和半径.

圆的方程有三个待定系数，在标准方程中是 a，b，r，在一般方程中是 D，E，F，因此，确定一个圆，需要三个独立条件.

例 4 求过三点 $O(0,0)$，$M(1,1)$，$N(4,2)$ 的圆的方程.

解 设所求的圆的方程为

$$x^2 + y^2 + Dx + Ey + F = 0$$

因为 D，E，F 三点在圆上，所以它们的坐标是方程的解。把它们的坐标依次代入下面的方程，得到关于 D，E，F 的三元一次方程组

$$\begin{cases} F = 0 \\ D + E + F + 2 = 0 \\ 4D + 2E + F + 20 = 0 \end{cases}$$

解这个方程组，得 $F = 0$，$D = -8$，$E = 6$，所求圆的方程为

$$x^2 + y^2 - 8x + 6y = 0$$

例5 某圆与 x 轴相切于点 $A(2,0)$，且经过点 $B(-1,3)$，求该圆的方程。

解 设圆心为 $C(a,b)$，所求的圆的方程为 $(x-a)^2 + (y-b)^2 = r^2$，如图 7-14 所示。

连接 AC，$AC \perp x$ 轴，则 $a = 2$，$b = r$，又因为圆经过点 $B(-1,3)$，代入圆的方程 $(x-a)^2 + (y-b)^2 = r^2$，得

$$(-1-2)^2 + (3-r)^2 = r^2$$

解得 $b = r = 3$，所求的圆的方程为

$$(x-2)^2 + (y-3)^2 = 9$$

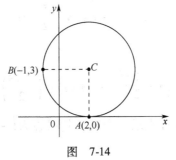

图 7-14

【习题 7.5】

1. 指出下列各圆的圆心坐标和半径。

(1) $x^2 + y^2 = 4$；

(2) $(x-2)^2 + (y+3)^2 = 16$；

(3) $(x+1)^2 + y^2 = 5$；

(4) $x^2 + (y-b)^2 = b^2 (b \neq 0)$。

2. 求经过点 $A(-1,5)$，$B(5,5)$，$C(6,-2)$ 的圆的方程。

3. 求圆心为点 $C(3,-5)$，且与直线 $x - 7y + 2 = 0$ 相切的圆的方程。

4. 求以直线 $4x + 3y - 12 = 0$ 在坐标轴间的线段为直径的

圆的方程.

5. 求经过点 $A(4,-2)$，且与两坐标轴相切的圆的方程.

6. 写出下列圆的方程.

（1）圆心在原点，半径是 5；

（2）圆心在点 $C(-1,3)$，半径是 2；

（3）圆心在点 $D(-3,0)$，半径是 3；

（4）圆心在点 $E(2,-3)$，并与直线 $2x-3y+13=0$ 相切；

（5）经过点 $P(5,1)$，圆心在点 $F(8,-3)$.

复 习 题 7

A 组

1. 填空题.

（1）直线 $\sqrt{3}x-y+6=0$ 的斜率 $k=$ _____，倾斜角 $\alpha=$ _____；

（2）直线 $x-y+4=0$ 的倾斜角 $\alpha=$ _____；

（3）经过两点 $A(-3,-2)$，$B(4,5)$ 的直线的倾斜角是_____；

（4）直线 $2x+3y-4=0$ 在 x 轴上的截距为_____，在 y 轴上的截距为_____；

（5）过原点且倾斜角是 $0°$ 的直线方程是_____；

（6）直线方程 $x+2y-4=0$ 的斜截式为_____；

（7）经过点 $(-3,4)$，且与直线 $5x+12y-4=0$ 平行的直线的方程为_____；

（8）点 $(-3,4)$ 到直线 $5x+12y-4=0$ 的距离是_____；

（9）圆 $x^2+y^2-2x+2y=0$ 的周长是_____.

2. 选择题.

（1）直线 $x=3+2(y-4)$ 在 y 轴上的截距为(   ).

A. 5　　B. -5　　C. $\dfrac{5}{2}$　　D. $-\dfrac{5}{2}$

（2）直线 $y=(m-3)x+1$ 的倾斜角 α 的取值范围是 $\dfrac{\pi}{2}<$

$\alpha < \pi$，则 m 的取值范围是(　　).

A. $m > -3$　B. $m > 3$　C. $m < 3$　D. $m < -3$

（3）垂直于 x 轴且与 y 轴距离为 5 的直线方程是(　　).

A. $x = 5$　　B. $x = -5$　　C. $x = \pm 5$　　D. $y = \pm 5$

3. 求经过点 $(-2, -3)$，且符合下列条件的直线的方程.

（1）平行于 x 轴;

（2）平行于 y 轴;

（3）倾斜角为直线 $y = \dfrac{\sqrt{3}}{3}x + 3$ 的倾斜角的 2 倍;

（4）与直线 $y = \dfrac{1}{3}x + 4$ 的夹角为 $\dfrac{\pi}{4}$.

4. 求在 y 轴上的截距为 5，并且与圆 $x^2 + y^2 = 5$ 相切的直线方程.

B 组

1. 填空题.

（1）经过点 $(-3, 4)$，且与直线 $5x + 12y - 4 = 0$ 垂直的直线的方程为_____;

（2）直线 $x + 3y - 5 = 0$ 与直线 $x - 2y + 3 = 0$ 的夹角是_____;

（3）若 $A(2, 3)$，$B(6, 5)$ 是圆的直径的两个端点，则此圆的圆心坐标为_____，半径为_____;

（4）以 $C(-3, 4)$ 为圆心，且和直线 $5x + 12y - 4 = 0$ 相切的圆的方程是_____.

2. 选择题.

（1）直线 $ax + 5y + 2 = 0$ 与直线 $x + 2y + 3 = 0$ 互相垂直，那么 a 的值是(　　).

A. -10　　B. -8　　C. -6　　D. 10

（2）若直线 $x + y + m = 0$ 通过圆 $x^2 + y^2 - 2x + 4y - 6 = 0$ 的圆心，则 m 的值是(　　).

A. -2　　B. 1　　C. -1　　D. 2

3. 求经过点 $M(2, -1)$ 且与圆 $x^2 + y^2 - 2x + 10y - 10 = 0$ 同心的圆的方程，并求此圆过点 M 的切线的方程.

第8章 圆锥曲线

【学习目标】

1. 了解椭圆、双曲线、抛物线的定义、标准方程和图像;

2. 培养学生数形结合的能力、解决简单实际问题的能力和运算能力.

8.1 椭圆

1. 椭圆的定义

椭圆是日常生活中又一种常见的曲线,如倾斜着的圆柱形水杯的水面边界线,汽车油罐横截面的轮廓线,水平放置的圆的直观图,等等.

如图 8-1 所示,取一条定长的细绳,把它的两端分别固定在画板上的 F_1 和 F_2 两点(绳长大于 $|F_1F_2|$),然后用笔尖把绳拉紧,使笔尖在画板上慢慢移动一周,则笔尖画出的曲线就是椭圆.

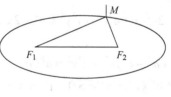

图 8-1

由以上画图过程可以看出,笔尖(即动点 M)在移动时,它到两个定点 F_1、F_2 的距离之和总等于定长,即绳长.

平面内与两个定点 F_1、F_2 的距离之和等于常数(大于 $|F_1F_2|$)的点的轨迹叫做椭圆. 两个定点 F_1 和 F_2 叫做椭圆的**焦点**,两焦点间的距离 $|F_1F_2|$ 叫做椭圆的**焦距**.

2. 椭圆的标准方程

根据椭圆的定义,求椭圆的方程.

以过两焦点 F_1 和 F_2 的直线为 x 轴,线段 F_1F_2 的垂直平分线为 y 轴,建立直角坐标系,如图 8-2 所示.

设 $M(x, y)$ 为椭圆上任意一点，椭圆的焦距为 $2c(c > 0)$，则 F_1、F_2 的坐标分别为 $(-c, 0)$、$(c, 0)$. M 到两焦点 F_1、F_2 的距离之和为常数 $2a(a > c > 0)$，根据椭圆的定义，有

$$|MF_1| + |MF_2| = 2a$$

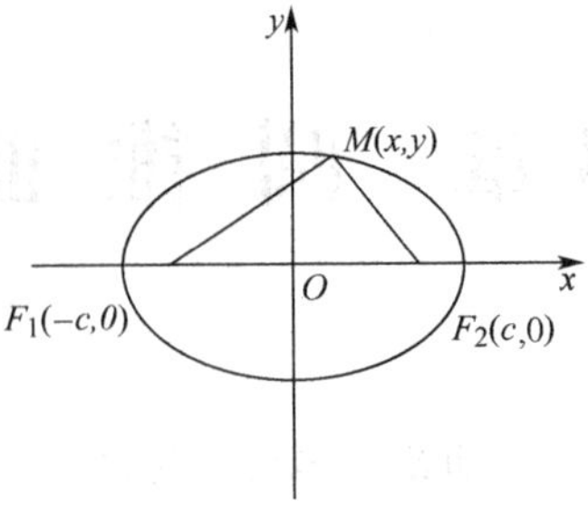

由两点间距离公式，可得

$$\sqrt{(x+c)^2 + y^2} + \sqrt{(x-c)^2 + y^2} = 2a$$

移项，得

$$\sqrt{(x+c)^2 + y^2} = 2a - \sqrt{(x-c)^2 + y^2}$$

两边平方，得

$$(x+c)^2 + y^2 = 4a^2 - 4a\sqrt{(x-c)^2 + y^2} + (x-c)^2 + y^2$$

化简，得

$$a\sqrt{(x-c)^2 + y^2} = a^2 - cx$$

两边再平方，得

$$a^2 x^2 - 2a^2 cx + a^2 c^2 + a^2 y^2 = a^4 - 2a^2 cx + c^2 x^2$$

整理，得

$$(a^2 - c^2)x^2 + a^2 y^2 = a^2(a^2 - c^2)$$

由椭圆定义可知 $2a > 2c > 0$，即 $a > c > 0$，从而 $a^2 > c^2$，所以 $a^2 - c^2 > 0$.

设 $a^2 - c^2 = b^2(b > 0)$，代入上式，得

$$b^2 x^2 + a^2 y^2 = a^2 b^2$$

两边同除以 $a^2 b^2$，得

$$\frac{x^2}{a^2} + \frac{y^2}{b^2} = 1 (a > b > 0) \tag{8-1}$$

这个方程叫做**椭圆的标准方程**，它所表示的椭圆的焦点在 x 轴上，焦点是 $F_1(-c, 0)$，$F_2(c, 0)$，椭圆与 x 轴的交点为 $(-a, 0)$，$(a, 0)$，与 y 轴的交点为 $(0, -b)$，$(0, b)$.

如果以 $F_1 F_2$ 所在的直线为 y 轴，线段 $F_1 F_2$ 的中点为原点，建立直角坐标系，如图 8-3 所示. 所得方程为

图 8-2

$$\frac{y^2}{a^2}+\frac{x^2}{b^2}=1(a>b>0) \qquad\qquad (8\text{-}2)$$

这个方程所表示的椭圆的焦点在 y 轴上，焦点是 $F_1(0,-c)$，$F_2(0,c)$，椭圆与 x 轴的交点为 $(-b,0)$，$(b,0)$，与 y 轴的交点为 $(0,-a)$，$(0,a)$.

不论焦点在 x 轴上，还是在 y 轴上，下面的式子总是成立的.

$$a^2=b^2+c^2(a>b>0)$$

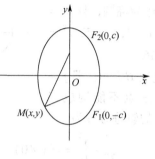

图 8-3

思考：如何根据椭圆的方程判断其焦点在哪个坐标轴上？

练一练

1. 判断下列椭圆焦点的位置：

(1) $\dfrac{x^2}{16}+\dfrac{y^2}{9}=1$ 的焦点在_____轴上；

(2) $\dfrac{y^2}{5}+\dfrac{x^2}{4}=1$ 的焦点在_____轴上；

(3) $4x^2+5y^2=20$ 的焦点在_____轴上.

2. 椭圆 $\dfrac{x^2}{9}+\dfrac{y^2}{4}=1$ 的焦点是 F_1、F_2，椭圆上一个点 P 到 F_1 的距离是 1，则 P 到 F_2 的距离是_____.

例1 已知椭圆的焦点为 $F_1(-3,0)$、$F_2(3,0)$，椭圆上一点 P 到两焦点的距离之和为 10，求椭圆的标准方程.

解 由已知条件可知 $c=3$，$2a=10$，从而 $a=5$，于是

$$b^2=a^2-c^2=5^2-3^2=16$$

因为椭圆的焦点在 x 轴上，所以椭圆的标准方程为

$$\frac{x^2}{25}+\frac{y^2}{16}=1$$

例2 已知 B、C 为两定点，$|BC|=6$，且 $\triangle ABC$ 的周长等于 16，求顶点 A 的轨迹方程.

解 以 BC 所在直线为 x 轴，以线段 BC 的中点为原点 O，建立直角坐标系，如图 8-4 所示.

由已知 $|AB| + |AC| + |BC| =$ 16，$|BC| = 6$，可得 $|AB| + |AC| =$ 10，即点 A 的轨迹为椭圆，且 $2c =$ 6，$2a = 10$，所以 $c = 3$，$a = 5$，$b^2 =$ $a^2 - c^2 = 5^2 - 3^2 = 16$.

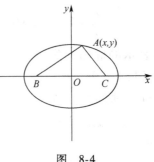

图 8-4

当点 A 在直线 BC 上，即 $y =$ 0 时，A、B、C 三点不能构成三角形，所以点 A 的轨迹方程为

$$\frac{x^2}{25} + \frac{y^2}{16} = 1 (y \neq 0)$$

思考：怎样选择直角坐标系，才能使所得的方程取较简单的形式？

练一练

（1）椭圆方程是 $\frac{x^2}{4} + y^2 = 1$，则 $a =$ _____，$b =$ _____，$c =$ _____，焦点在 _____ 轴上；焦距是 _____，椭圆上任意一点到两焦点的距离之和是_____；

（2）写出 $a = 5$，焦距为 6，焦点在 y 轴的椭圆的标准方程.

3. 椭圆的离心率

因为 $b^2 = a^2 - c^2$，而且 $b > 0$，所以 $b = \sqrt{a^2 - c^2} = a\sqrt{1 - \left(\frac{c}{a}\right)^2}$.

$\frac{c}{a}$ 越大，则 b 越小，椭圆越扁平；$\frac{c}{a}$ 越小，则 b 越大，椭圆越鼓一些. 因此，把 $e = \frac{c}{a}$ 叫做椭圆的**离心率**，因为 $a > c > 0$，所以 $0 < e < 1$，用它来表示椭圆的扁平程度.

例3 求椭圆 $16x^2 + 25y^2 = 400$ 的离心率、焦点坐标，并用描点法画出它的图像.

解 把已知方程化成标准方程

$$\frac{x^2}{5^2} + \frac{y^2}{4^2} = 1$$

其中，$a = 5$，$b = 4$，于是 $c = \sqrt{a^2 - b^2} = \sqrt{25 - 16} = 3$.

因此离心率 $e = \frac{c}{a} = \frac{3}{5}$，两个焦点为 $F_1(-3, 0)$、$F_2(3, 0)$.

将已知方程变形为 $y = \pm \dfrac{4}{5} \sqrt{25 - x^2}$，在第一象限的范围内求出几个点的坐标 (x, y)，列表：

x	0	1	2	3	4	5
y	4	3.9	3.7	3.2	2.4	0

描点画出椭圆在第一象限的图像，再利用椭圆的对称性画出整个椭圆（见图 8-5）.

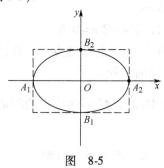

图　8-5

练一练

（1）椭圆 $9x^2 + 4y^2 = 36$ 的焦距是 _____，焦点在 _____ 轴上，焦点坐标是 _____，离心率是 _____，椭圆上任意一点到两焦点的距离之和是 _____；

（2）将（1）中的椭圆绕中心旋转 $90°$ 后，所得到的椭圆方程是 _____，焦距是 _____，焦点在 _____ 轴上，焦点坐标是 _____，离心率是 _____．

【习题 8.1】

1. 填空题.

（1）椭圆方程是 $\dfrac{x^2}{9} + \dfrac{y^2}{4} = 1$，则 $a = $ _____，$b = $ _____，$c = $ _____，焦点坐标是 _____，焦距是 _____，椭圆上任意一点到两焦点的距离之和是 _____；

（2）椭圆方程是 $\dfrac{x^2}{4} + y^2 = 1$，则 $a = $ _____，$b = $ _____，

$c = $ _____ ，焦点在 _____ 轴上.

2. 求满足下列条件的椭圆标准方程.

（1）焦点在 x 轴上，焦距为 12，离心率 $e = 0.6$；

（2）两焦点坐标为 $(0, \pm 2)$，过点 $\left(-\dfrac{3}{2}, \dfrac{5}{2} \right)$；

（3）过点 $(-3, 0)$ 和 $(0, -2)$；

（4）椭圆两顶点为 $(\pm 4, 0)$，一焦点为 $(2, 0)$；

（5）焦距为 8，焦点在 y 轴上，$a = 10$；

（6）两焦点坐标为 $(\pm 3, 0)$，$b = 4$；

（7）焦点在 x 轴上，焦距为 12，离心率 $e = 0.6$.

3. 某圆的圆心在椭圆 $16x^2 + 25y^2 = 400$ 的右焦点上，并且此圆通过椭圆在 y 轴上的顶点，求圆的方程.

4. 求椭圆 $\dfrac{x^2}{16} + \dfrac{y^2}{25} = 1$ 上的一点 $M(2.4, 4)$ 到两焦点的距离及距离之和.

5. 用椭圆的面积公式 $S = \pi ab$，求下列椭圆的面积：

（1）$16x^2 + 25y^2 = 400$；（2）$9x^2 + y^2 = 4$；

（3）当 $a = b$ 时，椭圆变成什么图形？公式 $S = \pi ab$ 变成什么形式？

6. 椭圆的中心在原点，一个顶点和一个焦点分别为直线 $x + 3y - 6 = 0$ 与两坐标轴的交点，求椭圆的标准方程.

7. 一动点到定点 $A(3, 0)$ 的距离与它到直线 $x = 12$ 的距离的比值为 $\dfrac{1}{2}$，求动点的轨迹方程.

8. 已知地球运行的轨道是一个 $a = 1.50 \times 10^8 \, \text{km}$，离心率 $e = 0.0192$ 的椭圆，且太阳在这个椭圆的一个焦点上，求地球到太阳的最大距离和最小距离.

8.2 双曲线

1. 双曲线的定义

双曲线也是日常生活中的一种常见曲线，如发电厂双曲线型通风塔的外部轮廓，一些天体运动的轨道等都是双曲线.

如图 8-6 所示，取一条拉链先拉开它的一部分，将拉链分成两支，在拉开的两支上各选取一点 F_1、F_2，分别固定在画板上，拉链头 M 到 F_1、F_2 两点的距离不等，把笔尖放在拉链头 M 处（$|MF_1| < |MF_2|$），笔尖随着拉链的拉开或合上，就会画出一条曲线，如图 8-6a 所示；再交换位置（$|MF_1| > |MF_2|$），同样画出另一条曲线，如图 8-6b 所示．这两条曲线合起来叫做双曲线，每一条叫做双曲线的一支．

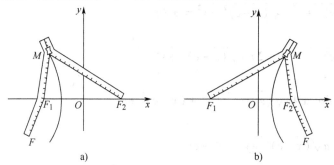

a)   b)

图 8-6

由以上画图过程可以看出，笔尖（即动点 M）在移动时，它到两个定点 F_1、F_2 的距离之差的绝对值，都等于长短两支拉链的长度之差．

根据上面的分析，给出双曲线的定义：

平面内与两定点 F_1、F_2 的距离之差的绝对值等于常数（小于 $|F_1F_2|$）的点的轨迹叫做**双曲线**．两定点 F_1、F_2 叫做双曲线的**焦点**．两焦点间的距离 $|F_1F_2|$ 叫做双曲线的**焦距**．

2. 双曲线的标准方程

可以仿照求椭圆的标准方程的做法求双曲线的标准方程．

如图 8-7 所示，建立直角坐标系，以过两焦点 F_1、F_2 的直线为 x 轴，以线段 F_1F_2 的垂直平分线为 y 轴．

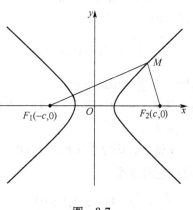

图 8-7

设 $M(x,y)$ 是双曲线上任意一点, 双曲线的焦距为 $2c(c>0)$, 那么 F_1、F_2 的坐标分别为 $(-c,0)$、$(c,0)$.

设点 M 到两焦点的距离之差的绝对值为常数 $2a$, 那么根据双曲线的定义, 有

$$\| |MF_1| - |MF_2| \| = 2a$$

即

$$|MF_1| - |MF_2| = \pm 2a$$

由两点间的距离公式, 可得

$$\sqrt{(x+c)^2 + y^2} - \sqrt{(x-c)^2 + y^2} = \pm 2a$$

移项, 得

$$\sqrt{(x+c)^2 + y^2} = \pm 2a + \sqrt{(x-c)^2 + y^2}$$

两边平方, 得

$$(x+c)^2 + y^2 = 4a^2 \pm 4a\sqrt{(x-c)^2 + y^2} + (x-c)^2 + y^2$$

化简, 得

$$\pm a\sqrt{(x-c)^2 + y^2} = a^2 - cx$$

两边再平方, 得

$$a^2 x^2 - 2a^2 cx + a^2 c^2 + a^2 y^2 = a^4 - 2a^2 cx + c^2 x^2$$

整理, 得

$$(c^2 - a^2)x^2 - a^2 y^2 = a^2(c^2 - a^2)$$

由双曲线定义可知, $2c > 2a > 0$, 即 $c > a > 0$, 从而 $c^2 > a^2$, 所以 $c^2 - a^2 > 0$.

设 $c^2 - a^2 = b^2 (b>0)$, 代入上式, 得

$$b^2 x^2 - a^2 y^2 = a^2 b^2$$

两边同时除以 $a^2 b^2$, 得

$$\frac{x^2}{a^2} - \frac{y^2}{b^2} = 1 \ (a>0, b>0) \tag{8-3}$$

这个方程叫做**双曲线的标准方程**, 它所表示的双曲线的焦点在 x 轴上, 焦点是 $F_1(-c,0)$ 和 $F_2(c,0)$, 双曲线与 x 轴的交点为 $(-a,0)$, $(a,0)$.

如果两焦点在 y 轴上, 则焦点坐标为 $F_1(0,-c)$、$F_2(0,c)$, 如图 8-8 所示, 得到它的方程

$$\frac{y^2}{a^2} - \frac{x^2}{b^2} = 1 \ (a>0, b>0) \tag{8-4}$$

196

这个方程也是**双曲线的标准方程**. 双曲线与 y 轴的交点为 $(0,-a)$，$(0,a)$.

不论焦点是在 x 轴上，还是在 y 轴上，下面的式子总是成立的.

$$c^2 = a^2 + b^2$$

特别地，当 $a = b$ 时，双曲线方程为

$$x^2 - y^2 = a^2 \quad \text{或} \quad y^2 - x^2 = a^2$$

此时的双曲线称为**等轴双曲线**.

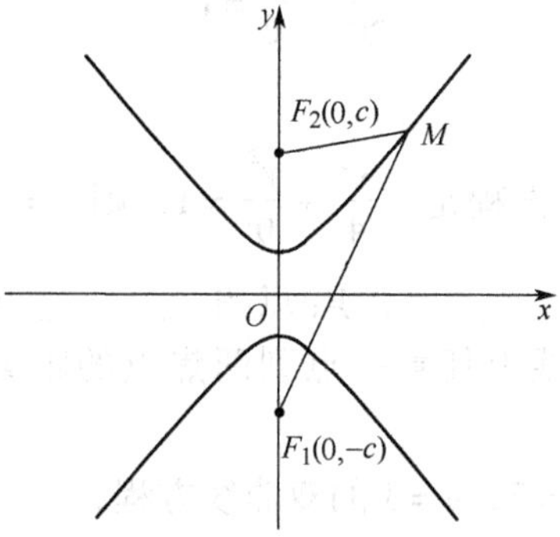

思考：如何根据双曲线的方程判断其焦点在哪个坐标轴上？a 和 b 是否有确定的大小关系？

图 8-8

练一练

判断下列双曲线的焦点的位置：

(1) $\dfrac{x^2}{16} - \dfrac{y^2}{9} = 1$ 的焦点在_____轴上；

(2) $\dfrac{y^2}{9} - \dfrac{x^2}{16} = 1$ 的焦点在_____轴上；

(3) $x^2 - y^2 = 20$ 的焦点在_____轴上.

例1 已知双曲线的焦点为 $F_1(-5,0)$、$F_2(5,0)$，双曲线上一点 P 到两焦点的距离之差的绝对值是 6，求双曲线的标准方程.

解 由已知条件可知 $c = 5$，$2a = 6$，从而 $a = 3$，于是 $b^2 = c^2 - a^2 = 5^2 - 3^2 = 16$.

因为双曲线的焦点在 x 轴上，所求双曲线的标准方程为

$$\frac{x^2}{9} - \frac{y^2}{16} = 1$$

例2 已知 $a = 2\sqrt{5}$，且双曲线经过点 $A(2,-5)$，焦点在 y 轴上且关于原点对称，求双曲线的标准方程.

解 因为 $a = 2\sqrt{5}$，且双曲线经过点 $A(2,-5)$，所以有

$$\frac{(-5)^2}{(2\sqrt{5})^2} - \frac{2^2}{b^2} = 1$$

得 $b^2 = 16$，

因为双曲线的焦点在 y 轴上，故所求双曲线的标准方程为

197

$$\frac{y^2}{20} - \frac{x^2}{16} = 1$$

练一练

（1）双曲线方程是 $-\frac{x^2}{4} + \frac{y^2}{9} = 1$，则 $a =$ _____ ，$b =$ _____ ，$c =$ _____ ，焦点在 _____ 轴上，焦距是 _____ ，双曲线上任意一点到两焦点的距离之差的绝对值是 _____ ；

（2）写出 $a = 5$，$b = 3$ 的双曲线方程．

3. 双曲线的离心率

与椭圆类似，把 $e = \frac{c}{a}$ 叫做**双曲线的离心率**，它是表示双曲线开口大小的量．

因为 $c > a$，所以 $e > 1$，即双曲线的离心率是大于 1 的数．

例 3 求等轴双曲线的离心率．

解 因为双曲线是等轴双曲线，所以 $a = b$

又因为 $c^2 = a^2 + b^2 = 2a^2$，所以 $c = \sqrt{2}a$，

所以等轴双曲线的离心率 $e = \frac{c}{a} = \frac{\sqrt{2}a}{a} = \sqrt{2}$.

例 4 求双曲线 $16x^2 - 9y^2 = 144$ 的 a、b、e 并用描点法画出它的图像．

解 把已知方程化成标准方程

$$\frac{x^2}{9} - \frac{y^2}{16} = 1$$

可知焦点在 x 轴上，且 $a = 3$，$b = 4$，于是 $c = \sqrt{a^2 + b^2} = \sqrt{9 + 16} = 5$.

因此，双曲线的离心率 $e = \frac{c}{a} = \frac{5}{3}$

将已知方程变形为 $y = \pm \frac{4}{3}\sqrt{x^2 - 9}$，在第一象限的范围内求出几个点的坐标 (x, y)，列表：

x	3	4	5	6	…
y	0	3.5	5.3	6.9	…

用描点法作出双曲线在第一象限的图像，再利用双曲线的对称性画出整个双曲线(见图 8-9).

例 5 已知双曲线的焦点在 x 轴上，$a = 2b$，焦距等于 10，求双曲线的标准方程.

解 设所求双曲线的方程为

$$\frac{x^2}{a^2} - \frac{y^2}{b^2} = 1$$

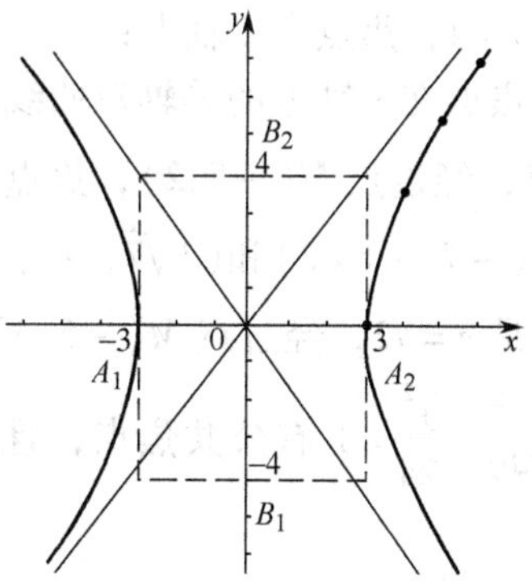

由已知条件可得 $\begin{cases} 2c = 10 \\ a = 2b \\ c^2 = a^2 + b^2 \end{cases}$

解得 $a = 2\sqrt{5}$，$b = \sqrt{5}$，

因此，所求双曲线的标准方程为

$$\frac{x^2}{20} - \frac{y^2}{5} = 1$$

图 8-9

练一练

(1) 双曲线 $16x^2 - 9y^2 = 144$ 的焦距是_____，焦点在_____轴上，焦点坐标是_____，离心率是_____，双曲线上任意一点到两焦点的距离之差的绝对值是_____；

(2) 将(1)中的双曲线绕中心旋转 $90°$ 后，所得到的双曲线方程是_____，焦距是_____，焦点在_____轴上，焦点坐标是_____，离心率是_____.

【习题 8.2】

1. 填空题.

(1) 双曲线方程是 $\frac{x^2}{2} - \frac{y^2}{3} = 1$，则 $a = $ _____，$b = $ _____，$c = $ _____，焦点坐标是 _____，焦距是 _____，双曲线上任意一点到两焦点的距离之差的绝对值是 _____；

(2) 双曲线方程是 $x^2 - y^2 = -4$，则 $a = $ _____，$b = $ _____，$c = $ _____，焦点坐标是 _____，焦距是

_____，焦点在_____轴上．

2. 求满足下列条件的双曲线的标准方程.

（1）$a=3$，$b=4$，焦点在 x 轴上；

（2）$a=3$，焦点在 x 轴上的等轴双曲线；

（3）$a=2\sqrt{5}$，经过点 $M(-5,2)$，焦点在 x 轴上；

（4）经过点 $(-7,-6\sqrt{2})$ 和 $(2\sqrt{7},-3)$；

（5）离心率是 $e=\sqrt{2}$，经过点 $M(-5,3)$.

3. 求与椭圆 $\dfrac{x^2}{49}+\dfrac{y^2}{24}=1$ 有公共焦点，且离心率 $e=\dfrac{5}{4}$ 的双曲线方程.

4. 求以椭圆 $\dfrac{x^2}{16}+\dfrac{y^2}{25}=1$ 的焦点为顶点、y 轴上的顶点为焦点的双曲线方程.

5. 求经过点 $A(3,-1)$，并且对称轴都在坐标轴上的等轴双曲线的方程.

8.3 抛物线

1. 抛物线的定义

初中时学习过了二次函数 $y=ax^2$，它的图像就是抛物线．抛物线也是日常生活中一种常见的曲线，如被抛出去的铅球所行进的路线，探照灯或手电筒的反射镜面的纵切面的轮廓等．

如图 8-10 所示，把一根直尺固定在画图板内直线 l 的位置上，一块三角板的一条直角边紧靠直尺的边缘；把绳子的一端固定于三角板上的点 A，截取绳长等于点

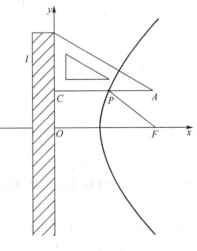

图 8-10

A 到直线 l 的距离 AC，并把绳子另一端固定在图板上的一点 F；用一支铅笔扣着绳子，使点 A 到笔尖 P 的一段绳子紧靠着三角板的这条直角边，然后将三角板沿着直尺上下滑动，这样笔尖就在画板上描出一条曲线，这条曲线即为抛物线．

由画图过程可以看出，笔尖（即动点 P）在移动时，它到定点 F 的距离与它到定直线 l 的距离始终相等．

平面内与一定点 F 及一条定直线 l 的距离相等的点的轨迹叫做**抛物线**（定点 F 不在定直线 l 上）．定点 F 叫做抛物线的**焦点**，定直线 l 叫做抛物线的**准线**．

2. 抛物线的标准方程

设定点 F 到定直线 l 的距离为 p（p 为已知数且大于零）．下面，来求抛物线的方程．

如图 8-11 所示，建立直角坐标系，以经过焦点 F 且垂直于准线 l 的直线为 x 轴，x 轴与 l 相交于点 K，取 KF 的中点为原点，则

$$|KF| = p(p > 0)$$

焦点 F 的坐标为 $\left(\dfrac{p}{2}, \ 0 \right)$，

准线 l 的方程为 $x = -\dfrac{p}{2}$.

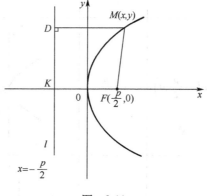

图 8-11

设 $M(x, y)$ 是抛物线上任意一点，过点 M 作 $MD \perp l$，根据抛物线的定义，有

$$|MF| = |MD|$$

即

$$\sqrt{\left(x - \frac{p}{2} \right)^2 + y^2} = \left| x + \frac{p}{2} \right|$$

化简，得

$$y^2 = 2px(p > 0) \qquad (8\text{-}5)$$

这个方程叫做**抛物线的标准方程**．它所表示的抛物线的焦点在 x 轴上，坐标为 $\left(\dfrac{p}{2}, \ 0 \right)$，其准线方程为 $x = -\dfrac{p}{2}$，与坐标轴交于原点，该点叫做抛物线的顶点．

一条抛物线，它在坐标平面内的位置不同，方程也不同，所以抛物线的标准方程还有其他几种形式，即 $y^2 = -2px$，$x^2 = 2py$，$x^2 = -2py$. 这四种抛物线的图形、标准方程、焦点坐标以及准线方程如表 8-1 所示：

表 8-1

方程	焦点	准线	图形
$y^2 = 2px(p>0)$	$F\left(\dfrac{p}{2},0\right)$	$x = -\dfrac{p}{2}$	
$y^2 = -2px(p>0)$	$F\left(-\dfrac{p}{2},0\right)$	$x = \dfrac{p}{2}$	
$x^2 = 2py(p>0)$	$F\left(0,\dfrac{p}{2}\right)$	$y = -\dfrac{p}{2}$	
$x^2 = -2py(p>0)$	$F\left(0,-\dfrac{p}{2}\right)$	$y = \dfrac{p}{2}$	

思考：p 的几何意义是什么？

例1 求下列抛物线的焦点坐标和准线方程.

(1) $y^2 = 6x$；（2）$x = -\dfrac{1}{2}y^2$；（3）$x^2 = -6y$.

解 （1）因为 $p = 3$，所以焦点坐标为 $\left(\dfrac{3}{2}, 0\right)$，准线方程为 $x = -\dfrac{3}{2}$；

（2）将抛物线化为标准方程，得 $y^2 = -2x$，于是 $p = 1$，焦点在 x 轴负半轴，所以焦点坐标为 $\left(-\dfrac{1}{2}, 0\right)$，准线方程为 $x = \dfrac{1}{2}$；

（3）因为 $p = 3$，焦点在 y 轴负半轴，所以焦点坐标为 $\left(0, -\dfrac{3}{2}\right)$，准线方程为 $y = \dfrac{3}{2}$.

例2 点 M 与点 $F(4,0)$ 的距离等于它到直线 l：$x + 4 = 0$ 的距离，求点 M 的轨迹方程.

解 设 M 的坐标为 (x, y)，由已知条件点 M 与点 $F(4, 0)$ 的距离等于它到直线 l：$x + 4 = 0$ 的距离，根据抛物线的定义，点 M 的轨迹是以 $F(4, 0)$ 为焦点的抛物线.

因为 $\dfrac{p}{2} = 4$，所以 $p = 8$.

又因为焦点在 x 轴正半轴上，所以点 M 的轨迹方程为

$$y^2 = 16x$$

练一练

（1）抛物线 $x = 2y^2$ 的焦点坐标是_____；准线方程是_____；

（2）抛物线 $5y + 3x^2 = 0$ 的焦点坐标是_____；准线方程是_____；

（3）抛物线 $y = 6x^2$ 的焦点坐标是_____；准线方程是_____.

3. 抛物线的离心率

抛物线上的点 M 与焦点及准线的距离的比，叫做抛物线的**离心率**，用 e 表示. 由抛物线的定义可知 $e = 1$.

例3 已知抛物线关于 x 轴对称，它的顶点为坐标原点，抛物线经过点 $M(-2,4)$，求它的标准方程，并用描点法画出它的图像.

解 因为抛物线关于 x 轴对称，顶点为坐标原点，且抛物线经过点 $M(-2,4)$，所以设它的标准方程为

$$y^2 = -2px \quad (p > 0)$$

又因为点 $M(-2,4)$ 在抛物线上，所以

$$4^2 = (-2p) \times (-2)$$

即 $p = 4$，于是所求方程为

$$y^2 = -8x$$

将已知方程变形为 $y = \pm\sqrt{-8x}$.

根据上式，在第二象限，计算出 x，y 的几组对应值：

x	0	−1	−2	−3	……
y	0	2.8	4	4.8	……

先描点画出抛物线在第二象限的部分，再根据抛物线的对称性，画出整条抛物线(见图8-12).

前面学习了椭圆、双曲线、抛物线的定义与方程，它们都可以统一定义为"到定点和定直线的距离之比等于常数 e 的点的轨迹". 当 $0 < e < 1$ 时，轨迹为椭圆；当 $e > 1$ 时，轨迹为双曲线；当 $e = 1$ 时，轨迹为抛物线. 这三种曲线统称为**圆锥曲线**.

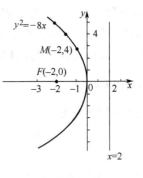

图 8-12

【习题8.3】

1. 求满足下列条件的抛物线的标准方程.

(1) 焦点是 $F(3,0)$；

(2) 准线方程是 $x = -\dfrac{1}{4}$；

(3) 顶点在原点、对称轴为 x 轴，并且顶点与焦点的距离等于6；

（4）顶点在原点、对称轴为 y 轴，并且经过点 P（-6，-3）.

2. 若抛物线 $y^2 = 8x$ 上的一点 M 到焦点的距离是 5，求点 M 到准线的距离及 M 的坐标.

3. 已知两条抛物线的顶点都在原点，焦点分别在点（2，0）和（0，2），求它们的交点.

4. 已知抛物线的顶点是双曲线 $16x^2 - 9y^2 = 144$ 的中心，焦点是双曲线的左顶点，求抛物线的标准方程.

5. 在抛物线 $y^2 = 4x$ 上求一点，使它到焦点的距离为 10.

6. 一拱桥成抛物线形状，已知跨度（即桥孔宽）为 24m，高为 6m，试建立直角坐标系求此抛物线方程.

复 习 题 8

A 组

1. 填空题.

（1）椭圆 $4x^2 + 16y^2 = 1$ 的焦点坐标是_____，离心率是_____；

（2）双曲线 $16x^2 - 9y^2 = 144$ 的焦点坐标是_____，离心率是_____，渐近线方程是_____；

（3）抛物线 $2x^2 - 3y = 0$ 的开口方向为_____；焦点坐标是_____，离心率是_____，准线方程是_____，对称轴为_____.

2. 选择题.

（1）若方程 $ax^2 + by^2 = c$ 表示椭圆，则有（　　）.

A. $abc > 0$　　　　　　　　B. $ac > 0$ 且 $bc > 0$

C. $abc < 0$　　　　　　　　D. $ab > 0$ 且 $bc < 0$

（2）在双曲线的标准方程中，已知 $a = 6$，$b = 8$，则其方程是（　　）.

A. $\dfrac{x^2}{36} - \dfrac{y^2}{64} = 1$　　　　　　B. $\dfrac{x^2}{64} - \dfrac{y^2}{36} = 1$

C. $\dfrac{y^2}{36} - \dfrac{x^2}{64} = 1$　　　　　　D. $\dfrac{x^2}{36} - \dfrac{y^2}{64} = 1$，$\dfrac{y^2}{36} - \dfrac{x^2}{64} = 1$

（3）双曲线 $\frac{x^2}{16} - \frac{y^2}{9} = 1$ 上的点 P 到点 $(5,0)$ 的距离为 15，则点 P 到点 $(-5,0)$ 的距离是(　).

A. 7　　　　　　　　B. 23

C. 25 或 7　　　　　D. 7 或 23

（4）抛物线 $x^2 + y = 0$ 的焦点位于(　).

A. x 轴负半轴　　　B. x 轴正半轴

C. y 轴负半轴　　　D. y 轴正半轴

3. 动点 P 到两定点 $F_1(-2,0)$，$F_2(2,0)$ 的距离之和为 8，求点 P 的轨迹方程.

4. 已知双曲线的焦点为 $(0,-6)$ 和 $(0,6)$，且经过点 $(2,-5)$，求双曲线的标准方程.

B 组

1. 填空题.

（1）$a = 2\sqrt{5}$，经过点 $A(-5,2)$，焦点在 x 轴上的双曲线的标准方程是_____；

（2）准线方程是 $y = -\frac{1}{3}$ 的抛物线的标准方程是_____.

2. 选择题.

（1）如果方程 $x^2 + ky^2 = 2$ 表示焦点在 y 轴上的椭圆，那么实数 k 的取值范围是(　).

A. $(0, +\infty)$　　　　B. $(0,2)$

C. $(1, +\infty)$　　　　D. $(0,1)$

（2）椭圆 $\frac{x^2}{16} + \frac{y^2}{7} = 1$ 的左、右焦点为 F_1、F_2，一直线过 F_1 交椭圆于 A、B 两点，则 $\triangle ABF_2$ 的周长为(　).

A. 32　　B. 16　　C. 8　　　D. 4

（3）在方程 $mx^2 - my^2 = n$ 中，若 $mn < 0$，则方程的曲线是(　).

A. 焦点在 x 轴上的椭圆；

B. 焦点在 x 轴上的双曲线；

C. 焦点在 x 轴上的椭圆；

D. 焦点在 y 轴上的双曲线.

3. 如果双曲线的离心率为 $\dfrac{5}{4}$，并且与椭圆 $\dfrac{x^2}{49}+\dfrac{y^2}{24}=1$ 有公共焦点，求双曲线的标准方程.

4. 已知抛物线顶点在原点，焦点在 y 轴上，抛物线上一点 $P(m,-3)$ 到焦点的距离等于 5，求 m 的值，并求抛物线的标准方程、准线方程和焦点坐标.

第9章 空间图形

【学习目标】

1. 了解空间图形的概念、基本构成元素和相互位置关系.

2. 了解直棱柱、直棱锥的概念,掌握直棱柱、直棱锥面积和体积的计算方法.

3. 了解圆柱、圆锥和球的概念,掌握圆柱、圆锥和球的面积和体积的计算方法.

4. 培养学生的基本运算能力和空间想象能力.

9.1 空间图形的位置关系

1. 构成空间图形的基本元素

观察我们生活的空间,一切物体都占据着空间的一部分. 如果只考虑一个物体占有空间部分的形状和大小,而不考虑其他因素,则这个空间部分叫做一个空间图形. 例如,一个包装箱,它占有的空间部分就是一个空间图形,把这个空间图形叫做长方体.

下面以长方体为例,来分析构成空间图形的基本元素以及它们之间的关系.

长方体由六个矩形(包括它的内部)围成(见图9-1),围成长方体的各个矩形,叫做**长方体的面**;相邻两个面的公共边,叫做**长方体的棱**;棱和棱的公共点,叫做**长方体的顶点**. 长方体有12 条棱,8 个顶点. 通过观察长方体和各种空间图形的构成可以发现,一个空间图形是由点、线、面构成的,点、线、面是构成空间图形的基本元素.

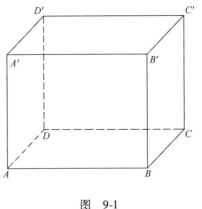

图 9-1

可以通过折纸练习,自己制作一些空间图形的模型,来学习本节内容.

208

线有直线（段）和曲线（段）之分，面有平面和曲面之分. 工程人员为了检查一个物体的表面是不是平的，通常把直尺放在物体表面的各个方向上，看看直尺的边缘与物体的表面有没有缝隙，如果都不出现缝隙，就判断这个物体表面是平的. 由此可见，平面是处处平直的面，而曲面就不是处处平直的.

在立体几何中，平面是无限延展的，通常画一个平行四边形表示一个平面（见图9-2），并把它想象成无限延展的.

平面一般用希腊字母 α，β，γ，… 来表示，还可以用表示它的平行四边形对角顶点的字母来表示. 例如，图9-2中的平面可记

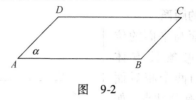

图 9-2

为平面 α、平面 $ABCD$ 或平面 AC 等.

2. 空间图形的位置关系

通过长方体的顶点、棱和面之间的位置关系，来直观认识一下空间点、直线、平面之间的位置关系.

设想长方体的棱可延伸为直线（见图9-3），容易看出，在长方体的棱所在直线中，有些相交，有些平行，另外还可观察到直线 AA' 和直线 BC，它们既不相交也不平行. 空间中，这种既不相交也不平行的关系叫做**异面**，有这种关系的两条直线叫做**异面直线**. 这种关系在生活中比比皆是，如交叉走向的高压线等.

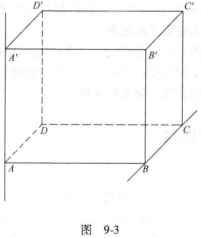

图 9-3

思考：观察图 9-3 中，还有哪些直线是异面直线？

思考：观察图 9-3 中，还有哪些直线和平面 $A'C'$ 平行？哪些直线和平面 $A'C'$ 垂直？

观察长方体中的棱所在直线与平面的位置关系，容易看出，除直线在平面内、直线与平面相交外，直线和平面有可能没有公共点，这时称**直线和平面平行**. 如直线 AB 平行平面 $A'C'$，记作 $AB /\!/$ 平面 $A'C'$.

观察直线 AA' 和平面 $ABCD$（见图9-4），容易看出直线 AA' 和平面内的两条直线 AB、AD 都垂直，可以想象，当 AD 在平面 AC 内绕点 A 旋转到任何位置时，都会和 AA' 垂直，这时称**直线 AA' 与平面 AC 垂直**，A 为**垂足**，也叫做点 A' 在平面 AC 内的**射影**. 记作直线 $AA' \perp$ 平面 AC. 直线 AA' 称做平面 AC 的**垂线**. 平面 AC 称做直线 AA' 的**垂面**. 容易验证，线段 AA' 为点 A' 到平面 AC 内的点所连线段中最短的一条. 线段 AA' 的长叫做**点 A' 到平面 AC 的距离**.

再观察平面与平面的位置关系，可以想象长方体 $ABCD$-$A'B'C'D'$的两个相对面所在的平面，没有公共点. 如果两个平面没有公共点，则说这**两个平面平行**. 如果面 $ABCD$ 和面 $A'B'C'D'$分别作为长方体的底面，则棱 AA'、BB'、

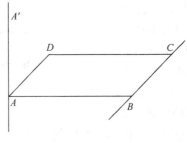

图 9-4

CC'、DD'都与底面垂直且等长. 它们都是这个底面上的高，它们的长度叫做**两底面间的距离**.

容易看出，两个平面会相交于一条直线，这时称**两个平面相交**. 如果两个平面相交，并且其中一个平面通过另一个平面的一条垂线，这时称**两平面互相垂直**.

9.2 棱柱和棱锥

1. 棱柱

棱柱可以看作是一个多边形（包括图形围成的平面部分）上各点都沿着同一个方向移动相同的距离所形成的几何体. 如图9-5所示，图中的棱柱，可以看作是由五边形 $ABCDE$ 向上平行移动到五边形 $A'B'C'D'E'$ 的位置形成的几何体.

棱柱有两个面互相平行，这两个面叫做**棱柱的底面**；其余各面叫做**棱柱的侧面**；两侧面的公共边叫做**棱柱的侧棱**；棱柱两底面之间的距离叫做**棱柱的高**.

棱柱按照底面是三角形、四边形、五边形……分别叫做三

棱柱、四棱柱、五棱柱……如图9-6
所示.

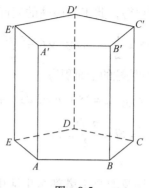

棱柱用表示两底面的对应顶点
的字母，或者用一条对角线端点的两
个字母来表示. 例如，图9-5中的五
棱柱可表示为棱柱 $ABCDE\text{-}A'B'C'D'E'$
或棱柱 AC'.

棱柱又分为斜棱柱和直棱柱.

侧棱与底面不垂直的棱柱叫做
斜棱柱.

图 9-5

侧棱与底面垂直的棱柱叫做**直棱柱**. 其中，底面是正多边
形的直棱柱叫做**正棱柱**.

如图9-6所示，图9-6a为斜棱柱，图9-6b为直棱柱，图
9-6c为正棱柱.

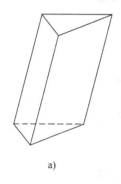
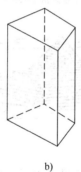
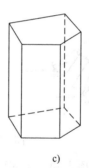

a)   b)   c)

图 9-6

长方体是指底面是矩形的直棱柱，所有的棱长都相等的
长方体叫做**正方体**.

设直棱柱的底面面积为 S，底面周长为 c，高为 h，
则此棱柱的**侧面积**、**全面积**和**体积**公式为

$$S_{直棱柱侧} = ch \tag{9-1}$$

$$S_{直棱柱全} = 2S + ch \tag{9-2}$$

$$V_{棱柱} = Sh \tag{9-3}$$

例1 已知正六棱柱的高为 h，底面边长为 a，求它的全
面积和体积.

211

解 根据题意得，此正六棱柱的底面周长为 $c = 6a$，

底面面积为 $S = \dfrac{1}{2}a^2 \sin 60° \times 6 = \dfrac{3\sqrt{3}}{2}a^2$，

所以，此正六棱柱的全面积为

$$S_{六棱柱全} = 2S + ch = 3\sqrt{3}a^2 + 6ah$$

体积为 $V_{六棱柱} = Sh = \dfrac{3\sqrt{3}}{2}a^2h.$

2. 棱锥

帆布帐篷、埃及的金字塔都是生活中常见的棱锥的形象，如图9-7所示.

有一个面是多边形，其余各面是有一个公共顶点的三角形的几何体叫做**棱锥**. 其中，多边形的面叫做**棱锥的底面**，其余各面叫做**棱锥的侧面**，相邻两侧面的公共边叫做**棱锥的侧棱**，各侧面的公共顶点叫做**棱锥的顶点**，顶点到底面的距离叫做**棱锥的高**.

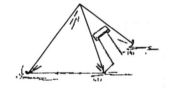 

图 9-7

棱锥由表示顶点和表示底面顶点的字母来表示，如图9-8所示的棱椎，记作棱锥 $S\text{-}ABCDE$ 或简写为棱锥 $S\text{-}AC.$

棱锥按照底面是三角形、四边形、六边形……分别叫做三棱锥、四棱锥、六棱锥……如图9-9所示.

如果棱锥的底面是一个正多边形，并且顶点在底面的射影是底面正多边形的中心，这样的棱锥叫做**正棱锥**. 如图9-9a、b、c所示，分别为正三棱锥、正四棱锥、正六棱锥.

正棱锥的侧面都是等腰三角形，其底边上的高，叫做正棱锥的**斜高**.

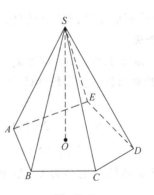

图 9-8

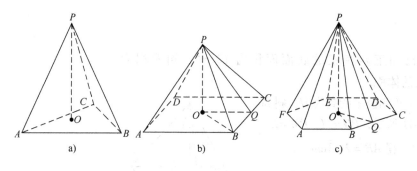

图 9-9

设正棱锥底面周长为 c，底面面积为 S，高为 H，斜高为 h，则此棱锥的**侧面积**、**全面积**和**体积**为

$$S_{\text{正棱锥侧}} = \frac{1}{2}ch \tag{9-4}$$

$$S_{\text{正棱锥全}} = \frac{1}{2}ch + S \tag{9-5}$$

$$V_{\text{棱锥}} = \frac{1}{3}SH \tag{9-6}$$

例 2 已知正四棱锥底面正方形的边长为 4cm，高与斜高的夹角为 30°，如图 9-10 所示，求此正四棱锥的侧面积、全面积和体积(精确到 0.01cm).

解 正四棱锥的高 PO、斜高 PE、边心距 OE 组成直角三角形 POE.

因为 $OE = 2$cm，$\angle OPE = 30°$，所以斜高 $PE = \dfrac{2}{\sin 30°} = 4$cm，高 $PO = 2\sqrt{3}$cm，

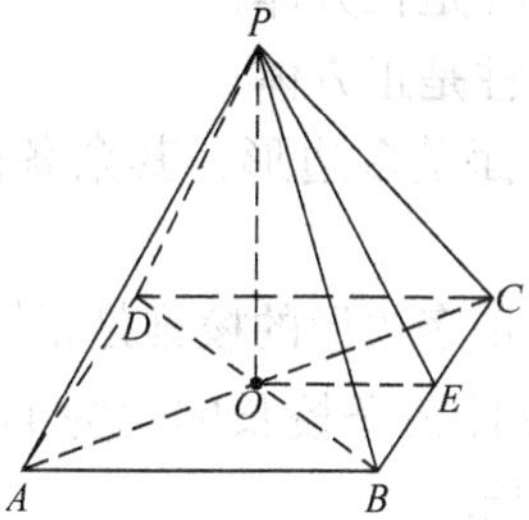

因此

图 9-10

$$S_{\text{侧}} = \frac{1}{2}ch = \frac{1}{2} \times 4 \times 4 \times 4 = 32\text{cm}^2$$

$$S_{\text{全}} = \frac{1}{2}ch + S = 32 + 4 \times 4 = 48\text{cm}^2$$

$$V_{\text{棱锥}} = \frac{1}{3}SH = \frac{1}{3} \times 4 \times 4 \times 2\sqrt{3} = \frac{32\sqrt{3}}{3}\text{cm}^3$$

答：此四棱锥的侧面积为 32cm²，全面积为 48cm²，体积

213

为 $\dfrac{32\sqrt{3}}{3}\,\text{cm}^3$.

例3 已知正四棱锥的底面面积为 $12\,\text{cm}^2$，侧面积为 $24\,\text{cm}^2$，求它的体积.

解 设该正四棱锥的高为 H，斜高为 h，如图9-11所示，$PO=H$，$PM=h$.

$S_{底}=12=AB^2$，得 $AB=2\sqrt{3}\,\text{cm}$

$S_{侧}=24=\dfrac{1}{2}\times 4AB\times h$，得 $h=2\sqrt{3}\,\text{cm}$

$OM=\dfrac{1}{2}BC=\dfrac{1}{2}AB=\sqrt{3}\,\text{cm}$

$PO=H=\sqrt{PM^2-OM^2}=3\,\text{cm}$

$V_{棱锥}=\dfrac{1}{3}SH=\dfrac{1}{3}\times 12\times 3=12\,\text{cm}^3$

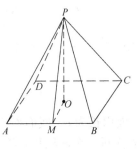

图 9-11

【习题9.2】

1. 判断正误.

（1）底面是矩形的四棱柱是长方体；

（2）直四棱柱是长方体；

（3）正四棱柱是正方体；

（4）有一个面是多边形，其余各面是三角形的几何体是棱锥；

（5）底面是正多边形的棱锥是正棱锥.

2. 一个长方体三条棱长的比为 $1:2:3$，全面积是 $88\,\text{cm}^2$，求长方体三边的长.

3. 正四棱柱的一条对角线长为 $5\,\text{cm}$，高为 $3\,\text{cm}$，求它的底面边长.

4. 正四棱柱的对角面是面积为 a^2 的正方形，求它的底面边长和侧面积.

5. 正四棱柱的侧面积是 $32\,\text{dm}^2$，全面积是 $40\,\text{dm}^2$，求它的体积.

6. 长方体相邻的两个侧面面积分别为 $12\,\text{cm}^2$ 和 $8\,\text{cm}^2$，底面积 $6\,\text{cm}^2$，求这个长方体的体积.

7. 底面边长为 a，高为 H，求下列棱锥的侧棱长和斜高：

（1）正三棱锥；（2）正四棱锥；（3）正六棱锥.

8. 正三棱锥的所有棱长都是 a，求它的全面积.

9. 正三棱锥的高是 3cm，侧面和底面所成的二面角是 60°，求它的全面积.

10. 正四棱锥底面边长为 a，斜高也为 a，求它的每一个侧面与底面所成的角.

9.3 圆柱、圆锥和球

1. 圆柱

圆柱是日常生活中常见的几何体，它是怎么形成的呢？

以矩形的一条边为轴，将矩形旋转一周，所围成的几何体叫做**圆柱**.

如图 9-12 所示，OO' 所在的直线叫做**圆柱的轴**，线段 OO' 的长叫做**圆柱的高**，线段 AA' 旋转所形成的面叫做**圆柱的侧面**，线段 AA' 无论旋转到什么位置都叫做**圆柱的母线**，线段 OA 和 $O'A'$ 旋转所形成的圆面叫做**圆柱的底面**，O、O' 叫做**底面的圆心**.

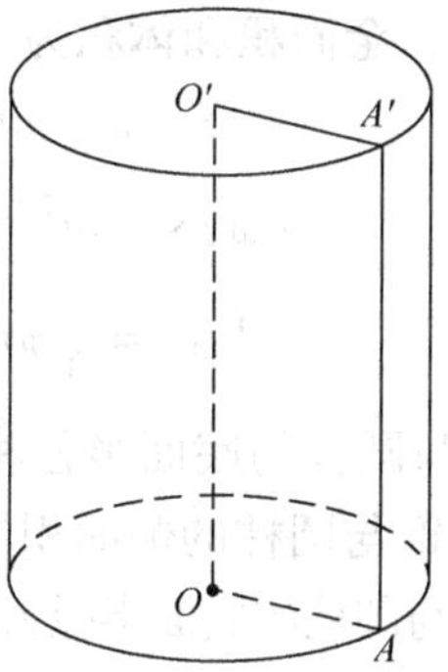

思考：为什么圆柱的侧面积公式是 $S = 2\pi rh$?

图　9-12

设圆柱的底面半径为 r，高为 h，则其侧面积、全面积和体积为

$$S_{圆柱侧} = 2\pi rh \qquad (9\text{-}7)$$

$$S_{圆柱全} = 2\pi rh + 2\pi r^2 \qquad (9\text{-}8)$$

$$V_{圆柱} = \pi r^2 h \qquad (9\text{-}9)$$

例1　制作一个底面半径为 15cm，高为 40cm 的圆柱形铁桶，求所需铁皮的面积及其容积(结果保留整数).

解　所需铁皮面积为一个圆柱侧面积与一个底面积的和

$$S_{圆柱侧} + S_{底} = 2\pi rh + \pi r^2 = 2\pi \times 15 \times 40 + \pi \times 15^2$$

$$= 1425\pi \approx 4475\text{cm}^2$$

$$V_{圆柱} = \pi r^2 h = \pi \times 15^2 \times 40 = 9000\pi \approx 28260\text{cm}^3$$

答：所需铁皮面积为 4475cm²，铁桶容积为 28260cm³.

2. 圆锥

以直角三角形的一条直角边为轴，将直角三角形旋转一周，所围成的几何体叫做**圆锥**.

如图 9-13 所示，OO' 所在的直线叫做**圆锥的轴**，线段 OO' 的长叫做圆锥的**高**，线段 $O'A$ 旋转所形成的面叫做**圆锥的侧面**，线段 $O'A$ 无论旋转到什么位置都叫做**圆锥的母线**，线段 OA 旋转所形成的圆面叫做**圆锥的底面**，O 叫做**底面的圆心**，O' 叫做圆锥的**顶点**.

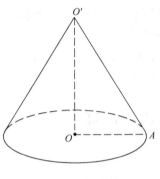

图　9-13

设圆锥的底面半径为 r，高为 h，侧面母线的长为 l，

则其**侧面积**、**全面积**和**体积**为

$$S_{圆锥侧} = \pi r l \qquad (9\text{-}10)$$

$$S_{圆锥全} = \pi r l + \pi r^2 \qquad (9\text{-}11)$$

$$V_{圆锥} = \frac{1}{3}\pi r^2 h \qquad (9\text{-}12)$$

例 2　圆锥与圆柱的底面半径相等，高也相等，且高等于底面直径，求圆锥与圆柱的侧面积的比.

解　设圆锥与圆柱的底面半径为 r，高为 h，根据题意，得

$$h = 2r$$

所以，圆锥的母线 $l = \sqrt{h^2 + r^2} = \sqrt{5}\,r$

$$\frac{S_{圆锥侧}}{S_{圆柱侧}} = \frac{\pi r \sqrt{5}\,r}{2\pi r 2r} = \frac{\sqrt{5}}{4}$$

思考：沿着圆锥的母线 $O'A$ 将圆锥展开后得到的平面图形是什么？

3. 球

由一个半圆弧绕着直径旋转所形成的曲面叫做**球面**，球面所围成的几何体叫做**球**，半圆的圆心叫做**球心**，连接球心和球面上任意一点的线段叫做球的**半径**，连接球面上任意两点的线段叫做球的**弦**，通过球心的弦叫做球的**直径**.

球用其球心的字母表示，如图 9-14 所示的球，记作球 O.

设球的半径为 R，则其表面积和体积为

$$S_{球面} = 4\pi R^2 \qquad (9\text{-}13)$$

$$V_{球} = \frac{4}{3}\pi R^3 \qquad (9\text{-}14)$$

例 3 球的半径为 3.5dm,
求球的表面积和体积(分别精确
到 $1dm^2$ 和 $1dm^3$).

解 $S_{球面} = 4\pi R^2 \approx 4 \times 3.14 \times$

$3.5^2 \approx 154dm^2$

$V_{球} = \frac{4}{3}\pi R^3 = \frac{4}{3} \times 3.14 \times 3.5^3$

$\approx 180dm^3$

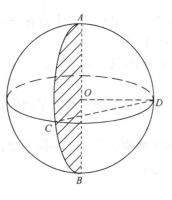

图 9-14

练一练

球的半径为 2,求球的表面积和体积.

【习题 9.3】

1. 一个圆柱形的粮囤,从里面量得底面周长是 9.42m,
高 2m,每立方米稻谷约重 545kg,求这个粮囤约装稻谷多少
(保留整数)?

2. 一个圆柱的体积是 $150.72cm^3$,底面周长是 12.56cm,
求它的高、侧面面积.

3. 把一根长 4m 的圆柱形钢材截成两段,表面积比原来增
加 $15.7cm^2$,求这根钢材的体积(cm^3).

4. 一个圆锥形沙堆,底面半径为 1m,高为 4.5dm. 用这
堆沙在 5m 宽的公路上铺上 2cm 厚的路面,能铺多长?

5. 球半径增大到原来的 3 倍,球表面积扩大到原来的几
倍? 球表面积扩大到原来的 2 倍,球半径如何变化?

6. 已知地球半径为 6370km,计算地球的表面积.

复 习 题 9

A 组

1. 填空题.

（1）空间五个点，其中，三个点在一条直线上，最多可以确定_____个平面；

（2）a、b 是异面直线，$c \parallel a$，则直线 b、c 的位置关系_____；

（3）两条直线分别在两个相交平面内，则这两条直线的位置关系 _____；

（4）两个平面分别和第三个平面相交，则这两个平面的位置关系 _____；

2. 选择题.

（1）下面四句话中正确的是（　　）.

A. 正棱柱侧棱长等于它的高

B. 底面是正多边形，且侧面都是三角形的空间图形称为正棱锥

C. 球的截面是圆，它的半径就是球的半径

D. 正四棱柱是正方体

（2）若棱柱的侧面都是正方形，则这个棱柱是（　　）.

A. 正棱柱　　B. 直棱柱　　C. 正方体　　D. 长方体

（3）侧棱长等于 $2a$ 的正三棱锥，其底面周长为 $9a$，则该棱锥的高（　　）.

A. a 　　　　B. $2a$ 　　　　C. $\dfrac{\sqrt{3}}{2}a$ 　　　　D. $\dfrac{3}{2}a$

3. 判断正误.

（1）棱锥的各个侧面都是三角形；

（2）三棱锥的面有四个，它是面数最少的棱锥；

（3）棱锥的顶点在底面上的射影在底面多边形内；

（4）棱锥的侧棱中至多有一条与底面垂直；

（5）侧棱长都相等的棱锥是正棱锥；

（6）侧面与底面所成的二面角都相等的棱锥是正棱锥；

（7）底面是正多边形，各侧棱与底面所成的角相等的棱锥是正棱锥；

（8）侧棱都相等且底面是正多边形的棱锥是正棱锥.

4. 正三棱锥 $S\text{-}ABC$ 中，已知 $AB = 3$，侧棱长为 2，求此三棱锥的高和斜高.

5. 已知正四棱锥 *S-ABCD* 中，底面边长为 2，斜高为 2，求：

（1）侧棱长；

（2）棱锥的高.

B 组

1. 填空题.

（1）一个正方体的顶点都在球上，其棱长为 2cm，则球的体积为_____；

（2）长方体的底和两个侧面面积分别为 $20dm^2$、$15dm^2$、$12dm^2$，则长方体的体积是_____.

2. 选择题.

（1）长方体的全面积为 22，棱长之和为 24，则其对角线的长为（   ）.

A. $\sqrt{14}$ B. $\sqrt{13}$ C. $\sqrt{12}$ D. $\sqrt{11}$

（2）若正棱锥的底面边长与侧棱长相等，则该棱锥一定不是（   ）.

A. 三棱锥   B. 四棱锥   C. 五棱锥   D. 六棱锥

3. 正三棱锥 *S-ABC* 中，高为 1，斜高为 2，求它的侧棱长和底面边长.

4. 正三棱柱里面有一个内切球，已知球的半径为 *R*，求这个正三棱柱的体积.

5. 一个球的外切正方体的全面积是 $6cm^2$，求球的体积.

219

习 题 答 案

第 1 章

习题1.1

1. (1) 不能；(2) 不能.

2. (1) $\{2,3\}$；
   (2) $\{2,4,6,\cdots\}$或$\{x \mid x=2n, n \in \mathbf{N}_+\}$；
   (3) $\{$红色,黄色$\}$；
   (4) $\{$指南针,造纸术,火药,活字印刷术$\}$.

3. (1) $\{$春,夏,秋,冬$\}$；
   (2) $\{x \mid x=2n, n=1,2,3,4,5\}$；
   (3) $\{-1,1\}$；
   (4) $\{1,2,3,6\}$.

4. 略.

5. C.

习题1.2

1. (1) $\in$；(2) $\in$；(3) $\in$；(4) $\in$；(5) $\notin$；(6) $\in$；(7) $=$；(8) $\subsetneqq$；(9) $\supsetneqq$；
   (10) $\subsetneqq$.

2. $C \subsetneqq B \subsetneqq A$.

3. $\varnothing$、$\{1\}$、$\{3\}$、$\{5\}$、$\{1,3\}$、$\{3,5\}$、$\{1,5\}$、$\{1,3,5\}$.

4. $C=\{1,2,3,4,5,6,7,9\}$.

5. $C=\{1,3\}$.

习题1.3

1. $A \cap B=\{(x,y) \mid (1,-1)\}$.

2. (1) $\complement_I A=\{6,7\}$，$\complement_I B=\{1,2\}$，$A \cap B=\{3,4,5\}$，$A \cup B=I$，$\complement_I(A \cap B)=\{1,2,6,7\}$，$\complement_I(A \cup B)=\varnothing$.

   (2) $\complement_I A=\{0,1,2,3\}$，$\complement_I B=\{-3,-2,-1,3\}$，$A \cap B=\varnothing$，$A \cup B=\{-3,-2,-1,0,1,2\}$，$\complement_I(A \cap B)=I$，$\complement_I(A \cup B)=\{3\}$.

3. $\complement_I A=\{1,2,3,4,5\}$.

4. $a=-1 \pm \sqrt{5}$.

5. $B = \{1,4\}$.

6. (1) $A_1 \cap A_2$, $A_1 \cap A_3$;

    (2) $A_2 \cup A_3 = A_1$;

    (3) $A_1 \cup A_4 = \{$全校学生,教工$\}$;

    (4) A_2、A_3.

习题 1.4

1. (1) $(-1,5)$;

    (2) $[1,4]$;

    (3) $(-\infty,3]$;

    (4) $(-\infty, -3) \cup [5, +\infty)$.

2. (1) 图略, $\{x \mid x \geqslant 7\}$, $[7, +\infty)$;

    (2) 图略, $\{x \mid -3 < x \leqslant 4\}$, $(-3,4]$.

3. 图略, $A \cap B = B = (-2,2]$, $A \cup B = A(-2, +\infty)$.

习题 1.5

1. (1) $\{x \mid x \leqslant -6$ 或 $x \geqslant 6\}$;

    (2) $\left\{x \mid -\dfrac{1}{50} \leqslant x \leqslant \dfrac{1}{50}\right\}$;

    (3) $\{x \mid 5 < x < 7\}$;

    (4) $\{x \mid x < 5$ 或 $x > 11\}$.

2. (1) $\left(-\dfrac{5}{3},\ 7\right)$;

    (2) $[-1,6]$;

    (3) $\left(-\infty,\ -\dfrac{14}{3}\right) \cup \left(-\dfrac{10}{3},\ +\infty\right)$;

    (4) $\left(-\infty,\ \dfrac{4}{3}\right] \cup [4, +\infty)$.

习题 1.6

1. (1) $\left\{x \mid \dfrac{1}{2} < x < \dfrac{2}{3}\right\}$;

    (2) $\left\{x \mid x < -\dfrac{1}{4}$ 或 $x > 3\right\}$.

2. (1) $\{x \mid x \in \mathbf{R}\}$;

    (2) $\varnothing$;

    (3) $\left\{x \mid -\dfrac{1}{2} < x < 0\right\}$;

(4) $\varnothing$.

3. 150.

4. (1) $\{x \mid x < 2 \text{ 或 } x > 5\}$;

   (2) $x = 2$ 或 $x = 5$;

   (3) $\{x \mid 2 < x < 5\}$.

5. $\{k \mid k < -6 \text{ 或 } k > 2\}$.

习题 1.7

1. (1) $\left\{x \mid x < -\dfrac{5}{2} \text{或} x > \dfrac{4}{3}\right\}$;

   (2) $\left\{x \mid x < -\dfrac{12}{5} \text{或} x > \dfrac{15}{2}\right\}$;

   (3) $\{x \mid x < -6 \text{ 或 } x > 3\}$;

   (4) $\left\{x \mid -\dfrac{1}{2} \leqslant x < \dfrac{5}{3}\right\}$.

复 习 题 1

A 组

1. $\notin$, $\in$, $\in$, $\notin$, $\notin$, $\in$, $\subsetneqq$, $\in$, $\subseteq$.

2. (1) $\{-5, 3\}$;

   (2) $B = \{-4, -3, -2, -1, 0, 1, 2, 3, 4\}$;

   (3) $\{-4, 4\}$;

   (4) $\{2\}$.

3. (1) 不能;(2) 不能;(3) 能;(4) 不能.

4. 子集:$\varnothing$、$\{红\}$、$\{绿\}$、$\{蓝\}$、$\{红, 绿\}$、$\{红, 蓝\}$、$\{绿, 蓝\}$、$\{红, 绿, 蓝\}$;

   真子集:$\varnothing$、$\{红\}$、$\{绿\}$、$\{蓝\}$、$\{红, 绿\}$、$\{红, 蓝\}$、$\{绿, 蓝\}$.

5. (1) 图略,A:$[-2, 5)$,B($-3, 2$);

   (2) $A \cap B = \{x \mid -2 \leqslant x < 2\}$,$A \cup B = \{x \mid -3 < x < 5\}$.

6. (1) $\{x \mid -2 \leqslant x \leqslant 2\}$;

   (2) $\{x \mid x < -5 \text{ 或 } x > 5\}$;

   (3) $\{x \mid -5 < x < 10\}$;

   (4) $\left\{x \mid x \leqslant -\dfrac{3}{2} \text{或} x \geqslant \dfrac{1}{2}\right\}$.

7. (1) $\varnothing$;

   (2) $\left\{ x \mid x \in \mathbf{R},\ x \neq \dfrac{3}{2} \right\}$;

   (3) $\left\{ x \mid 1 - \dfrac{\sqrt{3}}{3} < x < 1 + \dfrac{\sqrt{3}}{3} \right\}$;

   (4) $\varnothing$.

8. (1) $\{ x \mid x \leqslant -2 \ \text{或}\ x > 2 \}$;

   (2) $\left\{ x \mid x < 1 \ \text{或}\ x \geqslant \dfrac{6}{5} \right\}$;

   (3) $\left\{ x \mid \dfrac{4}{5} < x < 2 \right\}$;

   (4) $\{ x \mid x > -3 \ \text{或}\ x < -16 \}$.

B 组

1. $A \cap B = \{ (1, -2) \}$;
  $A \cap C = \{ (2, -1) \}$;
  $B \cap C = \{ (-2, 7) \}$.

2. $A \cap B = \{ 4 \}$;
  $A \cup B = \{ 1,2,3,4,5,6,7,8,9,10 \} = I$;
  $\complement_I A \cap \complement_I B = \varnothing$;
  $\complement_I A \cup \complement_I B = \{ 1,2,3,5,6,7,8,9,10 \}$.

3. $a = \dfrac{14}{3},\ b = 6$.

4. (1) $(-\infty, 5)$;

   (2) $(-1, +\infty)$;

   (3) $(-\infty, 1)$;

   (4) $\left(-\infty,\ \dfrac{9}{2} \right)$.

5. $[12, 18]$.

第 2 章

习题 2.1

1. (3).

2. (1) $\{ x \mid x \geqslant -3,\ \text{且}\ x \neq -2 \}$;

   (2) $f(-3) = -1,\ f\left(\dfrac{2}{3} \right) = \dfrac{\sqrt{33}}{3} + \dfrac{3}{8}$;

(3) $f(a) = \sqrt{a+3} + \dfrac{1}{a+2}$, $f(a-1) = \sqrt{a+2} + \dfrac{1}{a+1}$.

3. (1) $\{x \mid x \in \mathbf{R} \; \text{且} \; x \neq 1\}$;

(2) $\{x \mid x \in \mathbf{R}\}$;

(3) $\{x \mid -3 \leqslant x \leqslant 1\}$;

(4) $\{x \mid x \in \mathbf{R}\}$;

(5) $\{x \mid x \geqslant 2 \; \text{或} \; x \leqslant 1\}$;

(6) $\{x \mid -2 \leqslant x \leqslant 2 \; \text{且} \; x \neq 1\}$.

4. $f(x) \in \{-3, -1, 1, 3, 5\}$.

5. $A = x\sqrt{50^2 - x^2}$, $0 < x < 50$.

习题 2.2

1. 略.

2. 图略 (1) $x \in (-\infty, 0) \cup (0, +\infty)$ 是减函数;

(2) $x \in \mathbf{R}$ 是增函数;

(3) $x \in (-\infty, 0)$ 是减函数, $x \in [0, +\infty)$ 是增函数;

(4) $x \in \left(-\infty, \dfrac{5}{2}\right)$ 是减函数, $x \in \left[\dfrac{5}{2}, +\infty\right)$ 是增函数.

3. 当 $a > 0$ 时, $x \in (-\infty, 0)$ 是减函数, $x \in [0, +\infty)$ 是增函数;

当 $a < 0$ 时, $x \in (-\infty, 0)$ 是增函数, $x \in [0, +\infty)$ 是减函数.

4. (1) 是增函数;

(2) 是减函数.

习题 2.3

1. (1) 没有;

(2) 有, $y = \sqrt{x+1}$, $x \in (-1, +\infty)$;

(3) 没有;

(4) 有, $y = -x$, $x \in (0, +\infty)$.

2. 图略.

(1) $y = \sqrt[3]{\dfrac{x}{2}} \; (x \in \mathbf{R})$;

(2) $y = \dfrac{2}{x} \; (x \neq 0)$;

(3) $y = \dfrac{x-5}{3} \; (x \in \mathbf{R})$;

(4) $y = \dfrac{x^2}{2} \; (x \geqslant 0)$.

3. $y = \dfrac{x+1}{2}$, $x \in \{-1,1,3,5,7\}$, 图略.

<h3 align="center">习题 2.4</h3>

1. (1) 0.09; (2) -0.1; (3) $4-\pi$; (4) $y-x$.

2. (1) $(a-b)^{\frac{2}{3}}$; (2) $(a+b)^{\frac{3}{4}}$; (3) $a^{\frac{1}{3}}b^{\frac{1}{3}}(a+b)^{\frac{1}{3}}$; (4) $a^{\frac{3}{7}}b^{\frac{2}{7}}$.

3. (1) $a^{\frac{3}{8}}$; (2) $a^3 b^{-2}$; (3) $\dfrac{2}{3}ab^2$; (4) $ab^{-\frac{1}{3}}$.

<h3 align="center">习题 2.5</h3>

1. 略.

2. (1) $5^3 < 5^{3.1}$; (2) $5^{-0.2} > 5^{-0.21}$; (3) $\pi^{\frac{3}{2}} > \pi^{\frac{2}{3}}$; (4) $0.3^{-0.5} > 0.3^{-0.2}$.

3. $\left(\dfrac{1}{8}\right)^{\frac{7}{6}} < \left(\dfrac{1}{2}\right)^{\frac{1}{3}} < 2^{\frac{2}{3}} < 4^{\frac{5}{2}}$.

4. (1) $\left(\dfrac{5}{4}\right)^{\frac{2}{3}} > 1$; (2) $\left(\dfrac{5}{4}\right)^{-\frac{7}{8}} < 1$; (3) $\left(\dfrac{2}{3}\right)^{-\frac{5}{6}} > 1$; (4) $\left(\dfrac{2}{3}\right)^{\frac{5}{6}} < 1$.

5. (1) $x > 0$; (2) $x < 0$; (3) $x > 0$; (4) $x > 0$.

6. (1) $m < n$; (2) $m < n$; (3) $m > n$; (4) $m > n$.

7. (1) $a > 1$; (2) $0 < a < 1$.

8. (1) $x \in \mathbf{R}$; (2) $x \in [-1, +\infty)$.

<h3 align="center">习题 2.6</h3>

1. (1) $\log_2 64 = 6$; (2) $\log_7 \dfrac{1}{49} = -2$; (3) $\log_{10} 1000 = 3$;

    (4) $\log_5 1 = 0$; (5) $\log_8 \dfrac{1}{4} = -\dfrac{2}{3}$; (6) $\log_5 5 = 1$.

2. (1) $2^x = 32$, $x = 5$; (2) $\left(\dfrac{1}{2}\right)^x = 4$, $x = -2$; (3) $\left(\dfrac{1}{5}\right)^x = \dfrac{1}{5}$, $x = 1$;

    (4) $27^x = \dfrac{1}{9}$, $x = -\dfrac{2}{3}$; (5) $10^x = \dfrac{1}{1000}$, $x = -3$; (6) $\left(\dfrac{9}{4}\right)^x = \dfrac{2}{3}$, $x = -\dfrac{1}{2}$.

3. (1) 1; (2) 0; (3) 5.

4. (1) $\times$; (2) $\times$; (3) $\times$.

5. (1) $\dfrac{\ln 3}{\ln 10}$; (2) $\dfrac{\ln 4.7}{\ln 10}$.

6. (1) $\dfrac{\lg 2}{\lg e}$; (2) $-\dfrac{\lg 5.1}{\lg e}$.

7. (1) $\dfrac{1}{2}\log_a x - 2\log_a y - \log_a z$;

(2) $2\log_a x + 3\log_a y - \log_a(x+y) - \log_a(x-y)$;

(3) $\log_a x + \frac{7}{3}\log_a z - \frac{5}{3}\log_a y$.

8. (1) 0；(2) 2；(3) 2.

9. $\frac{3}{2}$.

习题 2.7

1. (1) $\log_5 7 < \log_5 8$；(2) $\log_{0.5} 7 > \log_{0.5} 8$.

2. (1) $\log_2 \frac{4}{3} > 0$；(2) $\log_2 1 = 0$；

(3) $\log_2 \frac{3}{4} < 0$；(4) $\log_{\frac{1}{2}} \frac{3}{4} > 0$.

3. (1) 增函数；(2) 减函数；(3) 增函数；(4) 增函数.

习题 2.8

1. 长为 40m 宽为 20m 时面积最大.

2. $y = 4x$,（$x > 0$）；28 元.

3. $y = 10000 \times (1 + 0.20)^x$；3 年后为 17280m^2.

复 习 题 2

A 组

1. (1) $y = 2x^2 - 3x + 1$；(2) $(0, +\infty)$；

(3) 1) $<$，2) $<$，3) $>$，4) $>$；(4) 2；(5) 2；(6) $\frac{5}{2}$；

(7) $(0,1)$；(8) $(1,0)$.

2. (1) B；(2) C；(3) A；(4) A；(5) D；(6) D；(7) C；(8) D.

3. (1) $\{x \mid x \geqslant -1\}$；(2) $\{x \mid x > 3$ 或 $x < 2\}$.

4. 图略，在$(-1, +\infty)$内为增函数；在$(-\infty, -1)$内为减函数.

5. (1) 1；(2) $1 - \lg 7$.

6. 图略，$S = \begin{cases} 60(t-8) & t \in \left[8, 8\frac{5}{6}\right) \\ 50 & t \in \left[8\frac{5}{6}, 9\frac{5}{6}\right) \\ 640 - 60t & t \in \left[9\frac{5}{6}, 10\frac{2}{3}\right) \end{cases}$.

7. 略.

B 组

1. (1) $(0,+\infty)$；(2) 相同的；(3) $\sqrt{7}+1$；
   (4) $y=\sqrt{x}$，$[0,+\infty)$，$[0,+\infty)$.

2. (1) C；(2) D；(3) A；(4) C；(5) D；(6) C.

3. (1) $\left\{x\,\middle|\,x>\dfrac{1}{3}\right\}$；(2) $\{x\mid x\geqslant 0\}$.

4. (1) $y=1+\log_2 x$，$(x>0)$；(2) $y=\log_5\sqrt{x-3}$，$(x>3)$.

5. (1) 在$(-\infty,0]$上是减函数，在$[0,+\infty)$上是增函数；
   (2) 在$[0,+\infty)$上是减函数；
   (3) 在$(-\infty,0)\cup(0,+\infty)$上是减函数；
   (4) 在$(-\infty,+\infty)$上是减函数.

6. $f(x)=x^2-x+1$，最小值$f\left(\dfrac{1}{2}\right)=\dfrac{3}{4}$.

7. 40.

8. 9.

9. (1) 19%；(2) 5个月.

第 3 章

习题 3.1

1. (1) $S=\{\beta\mid\beta=45°+k\cdot360°,k\in\mathbf{Z}\}$，$-315°$，$45°$，$405°$；
   (2) $S=\{\beta\mid\beta=-60°+k\cdot360°,k\in\mathbf{Z}\}$，$-60°$，$300°$，$660°$；
   (3) $S=\{\beta\mid\beta=752°25'+k\cdot360°,k\in\mathbf{Z}\}$，$-327°35'$，$32°25'$，$392°25'$；
   (4) $S=\{\beta\mid\beta=-204°+k\cdot360°,k\in\mathbf{Z}\}$，$-204°$，$156°$，$516°$.

2. (1) $264°$，第三象限角；(2) $300°-5\times360°$，第四象限角；
   (3) $132°+2\times360°$，第二象限角；(4) $47°35'-5\times360°$，第一象限角.

3. $-175°$，$-115°$，$-55°$，$5°$，$65°$，$125°$.

4. (1) $\times$；(2) $\times$；(3) $\times$；(4) $\sqrt{}$.

习题 3.2

1. (1) 1.309；(2) 0.393；(3) 0.532；(4) 5.241.

2. (1) $72°$；(2) $126°$；(3) $3.82°$；(4) $277.88°$.

3. (1) $\dfrac{2\pi}{5}+2k\pi$；(2) $\dfrac{3\pi}{8}+2k\pi$.

4. 10800mm.

5. 2.08rad.

6. (1) 5r; (2) 10π; (3) 23.55m.

习题 3.3

1. (1) $\sin\alpha = -\dfrac{4}{5}$, $\cos\alpha = -\dfrac{3}{5}$, $\tan\alpha = \dfrac{4}{3}$, $\cot\alpha = \dfrac{3}{4}$, $\sec\alpha = -\dfrac{5}{3}$,

  $\csc\alpha = -\dfrac{5}{4}$; (2) $\sin\alpha = \dfrac{1}{2}$, $\cos\alpha = -\dfrac{\sqrt{3}}{2}$, $\tan\alpha = -\dfrac{\sqrt{3}}{3}$, $\cot\alpha = -\sqrt{3}$,

  $\sec\alpha = -\dfrac{2\sqrt{3}}{3}$, $\csc\alpha = 2$.

2. (1) $\dfrac{\sqrt{2}}{2}$; (2) $\dfrac{\sqrt{3}}{3}$; (3) $\dfrac{\sqrt{3}}{3}$; (4) 1.

3. (1) 负; (2) 负; (3) 负; (4) 正.

4. (1) 第三象限; (2) 第二或第三象限.

5. $\dfrac{8}{5}$.

习题 3.4

1. (1) $\cos\alpha = -\dfrac{3}{5}$, $\tan\alpha = -\dfrac{4}{3}$, $\cot\alpha = -\dfrac{3}{4}$.

  (2) 当 α 是第二象限角时, $\sin\alpha = \dfrac{15}{17}$, $\tan\alpha = -\dfrac{15}{8}$; 当 α 是第三象限角

  时, $\sin\alpha = -\dfrac{15}{17}$, $\tan\alpha = \dfrac{15}{8}$;

  (3) 当 α 是第一象限角时, $\sin\alpha = \dfrac{2\sqrt{5}}{5}$; 当 α 是第三象限角时, $\sin\alpha = $

  $-\dfrac{2\sqrt{5}}{5}$.

2. (1) $\dfrac{\sqrt{2}}{3}$; (2) $-(3 + 2\sqrt{2})$; (3) $\dfrac{5 - \sqrt{2}}{3}$; (4) $\dfrac{3 + 2\sqrt{2}}{3}$.

3. (1) $-\dfrac{1}{6}$; (2) $\dfrac{8}{5}$.

4. 略.

5. $-2\tan\alpha$.

6. $\sin\alpha$.

习题 3.5

1. 略

228

2. (1) $-\dfrac{1}{2}$; (2) $\dfrac{\sqrt{3}}{2}$; (3) $-\dfrac{\sqrt{3}}{2}$; (4) $\sqrt{3}$.

3. (1) $-\dfrac{3}{2}-2\sqrt{3}$; (2) 0; (3) -6; (4) 6.

4. (1) $\sin\alpha$; (2) -1; (3) 1.

习题 3.6

1. $-\dfrac{63}{65}$.

2. $\dfrac{7}{9}$, $\dfrac{3}{11}$.

3. $\dfrac{4-3\sqrt{3}}{10}$.

4. 略.

5. (1) 0; (2) $6\sqrt{5}\sin\left(x-\dfrac{\pi}{6}\right)$; (3) $\sqrt{3}$; (4) $\tan\alpha$.

6. 略.

7. $-\dfrac{p}{3}$.

8. 略.

习题 3.7

1. $\sin\alpha=\dfrac{4\sqrt{2}}{9}$, $\cos\alpha=-\dfrac{7}{9}$, $\tan\alpha=-\dfrac{4\sqrt{2}}{7}$.

2. $\dfrac{3}{4}$.

3. $\dfrac{9}{5}$.

4. (1) $2\cot\alpha$; (2) 2; (3) $3\tan2\alpha$.

5. 略.

6. $-\dfrac{1}{8}$.

7. $\dfrac{120}{169}$, $-\dfrac{119}{169}$, $-\dfrac{120}{119}$.

习题 3.8

1. (1) $1:3$; (2) $2\sqrt{3}$, $\dfrac{1}{4}$.

2. $(2+2\sqrt{3})$cm.

3. $\dfrac{5}{3}$.

4. $\dfrac{3+\sqrt{3}}{2}$，$\dfrac{3\sqrt{2}}{2}$，$\dfrac{9+3\sqrt{3}}{8}$.

5. $45°$或$135°$，$\dfrac{1+\sqrt{3}}{2}$或$\dfrac{\sqrt{3}-1}{2}$.

6. $1+\sqrt{3}$或$\sqrt{3}-1$，$75°$或$15°$，$60°$或$120°$，$\dfrac{3+\sqrt{3}}{2}$或$\dfrac{3-\sqrt{3}}{2}$.

习题 3.9

1. （1）7；（2）A，$30°$；（3）C，$120°$.

2. （1）$b=\sqrt{6}+\sqrt{2}$，$A=15°$，$\sqrt{3}+1$；（2）12 或 6.

3. $\dfrac{15\sqrt{7}}{4}$.

4. $\dfrac{\sqrt{57}}{19}$.

5. $45°$，$30°$，$105°$.

6. $(\sqrt{2-\sqrt{2}})a$.

习题 3.10

1. 图略.

2. （1）正；（2）负.

3. （1）$\max y=-7$，$\min y=-9$；（2）$\max y=-7$，$\min y=-9$.

4. $\left\{x\,\middle|\,x=2k\pi-\dfrac{\pi}{2},\ k\in\mathbf{Z}\right\}$，$\left\{x\,\middle|\,x=2k\pi+\dfrac{\pi}{2},\ k\in\mathbf{Z}\right\}$.

习题 3.11

1. 图略.

2. （1）正；（2）正；（3）正；（4）正.

3. （1）$\max y=4$，$\min y=-2$；（2）$\max y=\dfrac{3}{2}$，$\min y=\dfrac{1}{2}$.

习题 3.12

1. （1）$\tan\left(-\dfrac{\pi}{5}\right)>\tan\left(-\dfrac{3\pi}{7}\right)$；（2）$\tan\dfrac{7\pi}{8}<\tan\dfrac{\pi}{6}$.

2. $\left\{x\,\middle|\,x\in\mathbf{R},\ x\neq k\pi+\dfrac{\pi}{3},\ k\in\mathbf{Z}\right\}$.

3. 图略.

习题 3.13

1. （1）$\dfrac{4\pi}{3}$，$\dfrac{5\pi}{3}$；（2）$\dfrac{\pi}{3}$，$\dfrac{5\pi}{3}$；（3）$\dfrac{\pi}{3}$，$\dfrac{4\pi}{3}$；

(4) $\arcsin \dfrac{1}{3}$, $\pi - \arcsin \dfrac{1}{3}$.

2. (1) 0；(2) $\dfrac{5\pi}{6}$；(3) $-\dfrac{\pi}{4}$；(4) $\dfrac{\pi}{2}$.

复 习 题 3

A 组

1. (1) 3；(2) 1；(3) 1；(4) 1.

2. (1) $\pm \dfrac{\sqrt{3}}{2}$；(2) $\pm \dfrac{\sqrt{3}}{3}$.

3. $\dfrac{5\sqrt{3} - 2\sqrt{6}}{14}$.

6. $\angle B = 30°$，$c = 5$.

7. $\dfrac{3}{4}\sqrt{759}$.

8. $x_1 = \dfrac{\pi}{6}$，$x_2 = \dfrac{5\pi}{6}$.

9. $x_1 = \dfrac{2\pi}{3}$，$x_2 = \dfrac{4\pi}{3}$.

B 组

1. (1) 1；(2) $\sin\alpha$；(3) 1；(4) $\sin 8\alpha$.

2. 证明略.

3. 约 3°.

4. $4\sqrt{15}$cm，$4\sqrt{3}$cm，48cm^2.

5. 9n mile.

第 4 章

习题 4.1

1. (1) 否；(2) 否；(3) 否.

2. (1) $a_n = n + 2$；(2) $a_n = n + 9$；(3) $a_n = -n$；(4) $a_n = n - 1$；

(5) $a_n = \dfrac{1}{n}$；(6) $a_n = (-1)^n \dfrac{1}{n}$；(7) $a_n = (-1)^{n+1}\dfrac{1}{n}$.

3. (1) 5，11，$a_n = 2n - 1$；(2) 0，25，$a_n = (n-1)^2$；

(3) $\sqrt[3]{3}$，2，$a_n = \sqrt[3]{n}$；

(4) 3, -2, $a_n = 5 - n$；(5) 1, 0, $a_n = \dfrac{1 + (-1)^n}{2}$.

4. (1) 0, 3, 8, 15, 24；(2) 10, 20, 30, 40, 50；

    (3) 5, -5, 5, -5, 5；(4) 0, 2, 0, 2, 0；

    (5) $\dfrac{1}{3}$, $\dfrac{2}{5}$, $\dfrac{3}{7}$, $\dfrac{4}{9}$, $\dfrac{5}{11}$；(6) -2, 2, -2, 2, -2.

5. (1) $a_n = 3n$, 30；(2) $a_n = 2(-1)^{n+1}(n-1)$, -18；

    (3) $a_n = \dfrac{n+1}{n}$, $\dfrac{11}{10}$；(4) $a_n = \dfrac{n+1}{n^2}$, $\dfrac{11}{100}$；(5) $a_n = (-1)^{n+1}\dfrac{2n-1}{2n}$, $-\dfrac{19}{20}$；

    (6) $a_n = 10^n - 1$, $10^{10} - 1$.

6. B.

7. 第 4 项，$a_5 = \dfrac{7}{30}$.

8. $a_n = 4n - 2$.

习题 4.2

1. (1) 43；(2) $a_n = 16 - 5n$；(3) 11；(4) 5；(5) 47；(6) 21.

2. $a_{12} = -\dfrac{43}{2}$.

3. $a_{12} = 0$.

4. 44.

5. 1, 3, 5 或 5, 3, 1.

习题 4.3

1. (1) $a_n = 2n$, $a_{10} = 20$, $S_{10} = 110$；(2) $a_n = 10 - 5n$, $a_{10} = -40$, $S_{10} = -175$；

    (3) $a_n = -1 - 4n$, $a_{10} = -41$, $S_{10} = -230$.

2. (1) $S_{30} = 1695$；(2) $S_{26} = 4030$.

3. (1) 900, 494550；(2) 128, 70336.

4. 11, 16, 21.

5. -4, -1, 2 或 2, -1, -4.

6. C.

7. $S_9 = 63$.

8. $S_{100} = 145$.

9. 570.

10. 33, 1650.

1. (1) 128; (2) $4 \times (-3)^{n-1}$; (3) 8; (4) 32, 32, 32;

     (5) $\dfrac{1}{3}$, 3^3, 3^7.

2. (1) $a_n = 15 \times \left(-\dfrac{1}{3}\right)^{n-1}$, $-\dfrac{5}{81}$; (2) $a_n = \sqrt{2} \times \left(\dfrac{\sqrt{2}}{2}\right)^{n-1}$, $\dfrac{1}{4}$;

     (3) $a_n = (a+b)^2 \left(\dfrac{a-b}{a+b}\right)^{n-1}$, $\dfrac{(a-b)^5}{(a+b)^3}$.

3. (1) $\pm \dfrac{\sqrt{2}}{2}$; (2) ± 2.

4. $\dfrac{\sqrt{2}}{8}$.

5. 6, 12, 24.

6. 8, 16, 32, 64.

7. 1, 3, 9 或 9, 3, 1.

8. 1, -1, 1 或 -1, -1, -1.

1. (1) $a_1 = -27$, $q = -\dfrac{2}{3}$ 或 $a_1 = 27$, $q = \dfrac{2}{3}$; (2) $n = 4$, $a_4 = -1$;

     (3) $a_7 = -729$, $S_4 = 20$; (4) $q = -4$, $S_4 = \dfrac{153}{2}$.

2. $q = -1$ 或 $q = \pm 2$.

3. $a_1 = 1$.

4. 3, 5, 7 或 15, 5, -5.

5. $108 \dfrac{255}{256}$.

6. 927.

7. (1) 2048; (2) 4092.

8. 300.

9. 略.

10. $a_1 = \dfrac{81}{26}$, $q = \dfrac{1}{3}$.

11. D.

12. D.

复习题 4

A 组

1. （1）9；（2）$a_n = \dfrac{1}{(n+2)^2+1}$；（3）$a_n = 1 - \left(\dfrac{1}{10}\right)^n$；（4）$-8$；（5）120；

（6）54；（7）3，± 1；（8）$3 - \sqrt{2}$，3，$3 + \sqrt{2}$；（9）8，4，2.

2. （1）$\checkmark$；（2）$\times$；（3）$\times$；（4）$\checkmark$.

3. （1）A；（2）A；（3）B；（4）A；（5）A；（6）A；（7）C；（8）C；

（9）A；（10）C.

4. （1）15；（2）$\dfrac{243}{4}$.

5. 略.

6. 9，12，15.

B 组

1. $S = \dfrac{1 - a^n}{(1-a)^2} - \dfrac{na^n}{1-a}$.

2. （1）$\dfrac{6a + 5b}{11}$；（2）$\sqrt[11]{a^6 b^5}$.

3. 3，6，12，18 或 $\dfrac{75}{4}$，$\dfrac{45}{4}$，$\dfrac{27}{4}$，$\dfrac{9}{4}$.

4. 15.83%.

5. 60cm³.

6. $T_n = \dfrac{n(n-9)}{4}$.

第 5 章

习题5.1

1. （1）i；（2）$-$i；（3）1.

2. -1.

习题5.2

1. B.

2. （1）$\begin{cases} x = 1 \\ y = 7 \end{cases}$；（2）$\begin{cases} x = 4 \\ y = 1 \end{cases}$，$\begin{cases} x = 1 \\ y = 4 \end{cases}$；

(3) $\begin{cases} x=2 \\ y=3 \end{cases}$, $\begin{cases} x=3 \\ y=2 \end{cases}$, $\begin{cases} x=-2 \\ y=-3 \end{cases}$, $\begin{cases} x=-3 \\ y=-2 \end{cases}$.

3. $m=-1$.

4. (1) $m=-\dfrac{1}{3}$ 或 $m=\dfrac{1}{2}$ 时复数是实数；$m\neq\dfrac{1}{2}$ 且 $m\neq-\dfrac{1}{3}$ 时复数是虚数；

$m=-3$ 时复数是纯虚数；

(2) $m=1$ 或 $m=2$ 时复数是实数；$m\neq1$ 且 $m\neq2$ 时复数是虚数；$m=-\dfrac{1}{2}$ 时

复数是纯虚数.

5. B.

6. $m=-1$.

习题 5.3

1. (1) $-12+6i$；(2) $3-15i$；(3) $-\dfrac{7}{25}-\dfrac{1}{25}i$；(4) $-\dfrac{5}{29}+\dfrac{2}{29}i$；

(5) $5+7i$；(6) $\dfrac{1}{2}$；(7) i；(8) $-i$.

2. (1) $\dfrac{1}{2}$；(2) $\dfrac{3}{2}-\dfrac{3}{2}i$.

3. C.

4. C.

5. $\begin{cases} x=\dfrac{3}{5} \\[2mm] y=-\dfrac{9}{5} \end{cases}$

6. (1) $m=-1$ 或 $m=-2$ 时复数是实数；

(2) $m\neq-1$ 或 $m\neq-2$ 时复数是虚数；

(3) $m=\dfrac{1}{2}$ 时复数是纯虚数.

复 习 题 5

A 组

1. (1) $\times$；(2) $\times$；(3) $\times$；(4) $\sqrt{}$.

2. (1) -1；(2) $\dfrac{1}{2}$，$\dfrac{1}{10}$；(3) $11+8i$；(4) $4+2i$；(5) $16-11i$；(6) i.

3. （1）D；（2）C；（3）D；（4）B；（5）C.

4. （1）$\begin{cases} x = 2 \\ y = 1 \end{cases}$；（2）$\begin{cases} x = 2 \\ y = -3 \end{cases}$

5. $3 + 29i$.

B 组

1. （1）A；（2）B.

2. （1）$\begin{cases} x = 2 \\ y = 1 \end{cases}$ 或 $\begin{cases} x = \dfrac{3}{2} \\ y = \dfrac{1}{2} \end{cases}$；（2）$\begin{cases} x = -1 \\ y = 5 \end{cases}$.

3. （1）$1 + 2i$；（2）6.

4. i.

5. （1）$8 + 10i$；（2）$6 + 2i$.

第 6 章

习题 6.1

1. 略.

2. 相等的向量：（1）；共线的向量：（1）和（3）.

3. 与向量 $\overrightarrow{BD}$ 相等的向量：$\overrightarrow{DC}$；共线的向量：$\overrightarrow{DB}$、$\overrightarrow{DC}$、$\overrightarrow{CD}$、$\overrightarrow{CB}$、$\overrightarrow{BC}$；BD 的负向量：$\overrightarrow{DB}$、$\overrightarrow{CD}$.

4. 与向量 $\overrightarrow{DE}$ 相等的向量：$\overrightarrow{AF}$、$\overrightarrow{FC}$；与向量 $\overrightarrow{EF}$ 相等的向量：$\overrightarrow{BD}$、$\overrightarrow{DA}$；与向量 $\overrightarrow{FD}$ 相等的向量：$\overrightarrow{CE}$、$\overrightarrow{EB}$.

习题 6.2

1. （1）向东走 20km；（2）向东走 10km，再向西走 10km；

   （3）向西走 10km，再向北走 10km；

   （4）向东走 10km，再向西走 10km，最后向北走 10km.

2. 400km；0.

3. **0**.

4. 与水流方向成 120°.

5. （1）向量 **a** 与向量 **b** 同向；

   （2）向量 **a** 与向量 **b** 反向.

6. $\overrightarrow{OC} = -a$；$\overrightarrow{OD} = -b$；$\overrightarrow{AB} = b - a$；$\overrightarrow{BC} = -a - b$.

7. （1）$\overrightarrow{CB}$；（2）**0**；（3）$\overrightarrow{CO}$；（4）$\overrightarrow{AC}$；（5）$\overrightarrow{NQ}$.

1. (1) $19a - 21b$；(2) $\dfrac{1}{12}(a + 5b)$.

2. $2e_1$，$-4e_2$，$-e_1 - 10e_2$.

3. (1) 平行四边形；(2) 梯形；(3) 菱形.

4. 略.

5. 略.

6. $3a + 3b - 5c$.

1. (1) $(3,1)$；(2) $\left(\dfrac{3}{2}, -2\right)$；(3) $(\sqrt{5}, 2)$；(4) $(0, -4)$.

2. (1) $3i - 2j$；(2) $\sqrt{2}i + \sqrt{3}j$；(3) $\dfrac{3}{4}i - \dfrac{1}{2}j$；(4) $-6j$.

3. (1) $(2,3)$，$(-2,-3)$；(2) $(-5,2)$，$(5,-2)$；(3) $(4,9)$，$(-4,-9)$.

4. (1) $(-3,2)$；(2) $(0,8)$；(3) $(1,4)$.

5. (1) $(6,2)$；(2) $(-4,-1)$.

6. $(-3, -3)$.

7. $A'(3,9)$，$B'(6,-9)$，$\overrightarrow{A'B'} = (3, -18)$.

8. $(-4,5)$，$(-1,4)$，$(8,1)$，$(-10,7)$，图略.

9. $M\left(-\dfrac{1}{2}, -\dfrac{1}{2}\right)$，$D(-4,1)$.

1. (1) 3；(2) $60°$；(3) 2；(4) $90°$.

2. $c = (2, -3)$.

3. $120°$.

4. 证明略.

5. 证明略.

6. $\sqrt{29}$.

7. 19.

8. 证明略.

9. $AB = 1$，$BC = \sqrt{17}$，$AC = 2\sqrt{5}$.

10. 2.

11. 证明略.

12. 3.

复 习 题 6

A 组

1. (1) **0**；(2) $\overrightarrow{ED}$；(3) **0**；(4) $(-4,19)$；
   (5) 3；(6) 6；(7) 5；(8) 平行四边形.
2. (1) A；(2) D；(3) B；(4) C；(5) B；
   (6) B；(7) C；(8) C；(9) D；(10) B.

B 组

1. $(-4,0)$.

2. ± 2.

3. $\sqrt{6}$.

4. $(5,-3)$.

5. 速度：2m/s；方向：南偏东30°.

6. $\dfrac{5}{2}$.

7. $\angle ACB = 120°$.

8. $\sqrt{129}$.

第 7 章

习题 7.1

1. (1) 在；(2) 不在.
2. $x - y - 1 = 0$.
3. $(x-3)^2 + y^2 = 25$.
4. 不是，中线 AO 是线段，而 $x = 0$ 是 y 轴.
5. $m = \pm 4$.
6. $\dfrac{x^2}{25} + \dfrac{y^2}{16} = 1$.

习题 7.2

1. (1) $k = 0$；(2) $k > 0$；(3) k 不存在；(4) $k < 0$.
2. (1) 0，0；(2) 90°，不存在.
3. (1) -1，135°；(2) $-\sqrt{3}$，120°.
4. -2.

5. $\dfrac{5}{12}$ 或 $-\dfrac{5}{12}$.

6. $-\dfrac{4}{3}$.

习题 7.3

1. $-\dfrac{35}{3}$.

2. $-\dfrac{3}{4}$, $\dfrac{5}{3}$, $\dfrac{5}{4}$.

3. (1) $2x - y - 5 = 0$; (2) $y = 4$; (3) $x = -2$; (4) $2x + y - 3 = 0$;
   (5) $x - y - 2 = 0$.

4. 略.

5. $\dfrac{1}{4}$.

6. $y = -3x + 2$ 或 $y = -3x - 2$.

7. (1) A、B、C 都不为零; (2) $B = 0$, $A \neq 0$, $C \neq 0$;
   (3) $A = 0$, $B \neq 0$, $C \neq 0$; (4) $C = 0$, $A \neq 0$, $B \neq 0$.

习题 7.4

1. (1) 重合; (2) 平行; (3) 垂直; (4) 相交.

2. (1) $3x - 4y - 18 = 0$; (2) $2x + 3y - 4 = 0$;
   (3) $4x - 3y - 6 = 0$; (4) $2x - 3y - 5 = 0$; (5) $x + y + 3 = 0$;
   (6) $7x + 3y - 11 = 0$ 或 $3x - 7y - 13 = 0$.

3. (1) $45°$; (2) $\dfrac{\sqrt{10}}{2}$; (3) $\dfrac{9\sqrt{10}}{20}$.

4. (1) ×; (2) √.

5. (1) 垂直; (2) 垂直; (3) 不垂直; (4) 垂直.

6. (1) $2\sqrt{13}$; (2) 0; (3) 8.

习题 7.5

1. (1) $(0,0)$, 2; (2) $(2,-3)$, 4; (3) $(-1,0)$, $\sqrt{5}$;
   (4) $(0,b)$, $|b|$.

2. $(x-2)^2 + (y-1)^2 = 25$.

3. $(x-3)^2 + (y+5)^2 = 32$.

4. $\left(x - \dfrac{3}{2}\right)^2 + (y-2)^2 = \dfrac{25}{4}$.

5. $(x-2)^2 + (y+2)^2 = 4$.

6. (1) $x^2 + y^2 = 25$；(2) $(x+1)^2 + (y-3)^2 = 4$；

   (3) $(x+3)^2 + y^2 = 9$；(4) $(x-2)^2 + (y+3)^2 = 52$；

   (5) $(x-8)^2 + (y+3)^2 = 25$.

复 习 题 7

A 组

1. (1) $\sqrt{3}$，$60°$；(2) $45°$；(3) $45°$；(4) 2，$\dfrac{4}{3}$；(5) $y = 0$；

   (6) $y = -\dfrac{1}{2}x + 2$；(7) $5x + 12y - 33 = 0$；(8) $\dfrac{29}{13}$；(9) $2\sqrt{2}\pi$.

2. (1) C；(2) C；(3) C.

3. (1) $y = -3$；(2) $x = -2$；(3) $\sqrt{3}x - y + 2\sqrt{3} - 3 = 0$；

   (4) $2x - y + 1 = 0$ 或 $x + 2y + 8 = 0$.

4. $2x - y + 5 = 0$ 或 $2x + y - 5 = 0$.

B 组

1. (1) $12x - 5y + 56 = 0$；(2) $45°$；(3) $(4,4)$，$\sqrt{5}$；

   (4) $(x+3)^2 + (y-4)^2 = \dfrac{841}{169}$.

2. (1) A；(2) B.

3. $(x-1)^2 + (y+5)^2 = 17$，$x + 4y + 2 = 0$.

第 8 章

习题 8.1

1. (1) 3，2，$\sqrt{5}$，$F_1(-\sqrt{5},0)$，$F_2(\sqrt{5},0)$，$2\sqrt{5}$，6；(2) 2，1，$\sqrt{3}$，x.

2. (1) $\dfrac{x^2}{100} + \dfrac{y^2}{64} = 1$；(2) $\dfrac{x^2}{6} + \dfrac{y^2}{10} = 1$；(3) $\dfrac{x^2}{9} + \dfrac{y^2}{4} = 1$；(4) $\dfrac{x^2}{16} + \dfrac{y^2}{12} = 1$；

   (5) $\dfrac{x^2}{84} + \dfrac{y^2}{100} = 1$；(6) $\dfrac{x^2}{25} + \dfrac{y^2}{16} = 1$；(7) $\dfrac{x^2}{100} + \dfrac{y^2}{64} = 1$.

3. $(x-3)^2 + y^2 = 25$.

4. $\dfrac{13}{5}$，$\dfrac{37}{5}$，10.

5. (1) 20π；(2) $\dfrac{4\pi}{3}$；(3) 圆，$S = \pi a^2$.

6. $\dfrac{x^2}{40} + \dfrac{y^2}{4} = 1$ 或 $\dfrac{x^2}{36} + \dfrac{y^2}{40} = 1$.

7. $\dfrac{x^2}{36} + \dfrac{y^2}{27} = 1$.

8. 最大距离为 $1.53 \times 10^8 \, \mathrm{km}$，最小距离为 $1.47 \times 10^8 \, \mathrm{km}$.

习题 8.2

1. (1) $\sqrt{2}$, $\sqrt{3}$, $\sqrt{5}$, $(\sqrt{5},0)$, $(-\sqrt{5},0)$, $2\sqrt{5}$, $2\sqrt{2}$;

   (2) 2, 2, $2\sqrt{2}$, $(0,2\sqrt{2})$, $(0,-2\sqrt{2})$, $4\sqrt{2}$, y.

2. (1) $\dfrac{x^2}{9} - \dfrac{y^2}{16} = 1$; (2) $\dfrac{x^2}{9} - \dfrac{y^2}{9} = 1$; (3) $\dfrac{x^2}{20} - \dfrac{y^2}{16} = 1$; (4) $\dfrac{x^2}{25} - \dfrac{y^2}{75} = 1$;

   (5) $\dfrac{x^2}{16} - \dfrac{y^2}{16} = 1$.

3. $\dfrac{x^2}{16} - \dfrac{y^2}{9} = 1$.

4. $\dfrac{y^2}{9} - \dfrac{x^2}{16} = 1$.

5. $\dfrac{x^2}{8} - \dfrac{y^2}{8} = 1$.

习题 8.3

1. (1) $y^2 = 12x$; (2) $y^2 = x$; (3) $y^2 = \pm 24x$; (4) $x^2 = -12y$.

2. 5, $(3, \pm 2\sqrt{6})$.

3. $(0,0)$, $(8,8)$.

4. $y^2 = -12x$.

5. $(9,6)$ 或 $(9,-6)$.

6. $x^2 = -24y$.

复习题 8

A 组

1. (1) $\left(\dfrac{\sqrt{3}}{4},0\right)$, $\left(-\dfrac{\sqrt{3}}{4},0\right)$, $\dfrac{\sqrt{3}}{2}$; (2) $(5,0)$, $(-5,0)$, $\dfrac{5}{3}$, $y = \pm\dfrac{4}{3}x$;

   (3) 向上, $\left(0,\dfrac{3}{8}\right)$, 1, $y = -\dfrac{3}{8}$, y 轴.

2. (1) B; (2) D; (3) D; (4) C.

3. $\dfrac{x^2}{16} + \dfrac{y^2}{12} = 1$.

4. $\dfrac{y^2}{20} - \dfrac{x^2}{16} = 1$.

B 组

1. （1） $\dfrac{x^2}{20} - \dfrac{y^2}{16} = 1$；（2） $x^2 = \dfrac{4}{3}y$.

2. （1） D；（2） B；（3） D.

3. $\dfrac{x^2}{16} - \dfrac{y^2}{9} = 1$.

4. $m = \pm 2\sqrt{6}$，$x^2 = -8y$，$y = 2$，$(0, -2)$.

第 9 章

习题 9.2

1. （1） ×；（2） ×；（3） ×；（4） √；（5） ×.

2. 2cm，4cm，6cm.

3. $2\sqrt{2}\text{cm}$.

4. $\dfrac{\sqrt{2}}{2}a$，$S = 2\sqrt{2}a^2$.

5. 16dm^3.

6. 24cm^3.

7. （1） $\sqrt{H^2 + \dfrac{a^2}{3}}$，$\sqrt{H^2 + \dfrac{a^2}{12}}$；（2） $\sqrt{H^2 + \dfrac{a^2}{2}}$，$\sqrt{H^2 + \dfrac{a^2}{4}}$；

（3） $\sqrt{H^2 + a^2}$，$\sqrt{H^2 + \dfrac{3a^2}{4}}$.

8. $\sqrt{3}a^2$.

9. $27\sqrt{3}\text{cm}^2$.

10. $60°$.

习题 9.3

1. 7701kg.

2. 12cm，150.72cm^2.

3. 3140cm^3.

4. 4.71m.

5. 9，扩大到原来半径的 $\sqrt{2}$ 倍.

6. 略.

复 习 题 9

A 组

1. (1) 5；(2) 相交或异面；(3) 相交、异面或平行；(4) 平行或相交.

2. (1) A；(2) A；(3) A.

3. (1) √；(2) √；(3) ×；(4) √；(5) ×；(6) √；(7) √；(8) √.

4. 1，$\dfrac{\sqrt{7}}{2}$.

5. (1) $\sqrt{5}$；(2) $\sqrt{3}$.

B 组

1. (1) $4\sqrt{3}\pi\text{cm}^3$；(2) 60dm^3.

2. (1) A；(2) D.

3. $\sqrt{13}$，6.

4. $6\sqrt{3}R^3$.

5. $\dfrac{\pi}{6}\text{cm}^3$.

参 考 文 献

[1] 中职数学教材编写组. 数学[M]. 3版. 北京：机械工业出版社，2002.

[2] 工科中专数学教材编写组. 数学[M]. 2版. 北京：高等教育出版社，1985.

[3] 人民教育出版社中学数学室. 数学[M]. 2版. 北京：人民教育出版社，2000.

[4] 丁百平. 数学[M]. 北京：高等教育出版社，2000.

[5] 邓俊谦. 应用数学基础[M]. 上海：华东师范大学出版社，2000.

[6] 陈柏林. 数学[M]. 北京：高等教育出版社，2002.

[7] 西部、东北高职高专数学教材编写组. 基础数学：初等数学[M]. 北京：高等教育出版
社，2002.

[8] 王后雄. 高中数学应用题题型突破例释[M]. 北京：龙门书局，2002.